电力大数据
应用知识手册

国网河北省电力有限公司数字化工作部
国网河北省电力有限公司经济技术研究院 组编

ELECTRIC POWER

BIG DATA

中国电力出版社
CHINA ELECTRIC POWER PRESS

内 容 提 要

电力大数据具有实时性强、准确性高、分辨率高、采集范围广等价值特征。电力大数据应用范围持续扩大，数据分析技能的培养成为电力企业的迫切需求。在此背景下，本手册应运而生。

本书共八章，涵盖大数据的多方面知识与应用，结构清晰，层层递进。从大数据的基础概念入手，逐步深入到数据中台、SQL 语句、永洪 BI、Python 使用等具体技术与工具的介绍，最后通过专项练习和案例分析，帮助读者巩固所学知识，了解实际应用场景。

本书为零基础电力企业员工提供全面且易懂的工作指南，助力员工掌握数据分析技能，推动其在业务中的应用，进而提升公司的市场竞争力。同时，也为社会各界相关人士提供电力大数据应用相关技术及典型案例知识，助力电力大数据在更多领域发挥价值。

图书在版编目（CIP）数据

电力大数据应用知识手册/国网河北省电力有限公司数字化工作部，国网河北省电力有限公司经济技术研究院组编. —北京：中国电力出版社，2025.2
ISBN 978-7-5198-8771-1

Ⅰ. ①电… Ⅱ. ①国… ②国… Ⅲ. ①数据处理－应用－电力系统－手册 Ⅳ. ①TM7-62

中国国家版本馆 CIP 数据核字（2024）第 067757 号

出版发行：中国电力出版社
地　　址：北京市东城区北京站西街 19 号（邮政编码 100005）
网　　址：http://www.cepp.sgcc.com.cn
责任编辑：孙　芳（010-63412381）
责任校对：黄　蓓　常燕昆
装帧设计：郝晓燕
责任印制：吴　迪

印　　刷：三河市万龙印装有限公司
版　　次：2025 年 2 月第一版
印　　次：2025 年 2 月北京第一次印刷
开　　本：787 毫米×1092 毫米　16 开本
印　　张：19.5
字　　数：409 千字
印　　数：0001—1000 册
定　　价：98.00 元

版 权 专 有　侵 权 必 究
本书如有印装质量问题，我社营销中心负责退换

编委会

主　　任　李井泉

副 主 任　范世锋　冯喜春　董　京

委　　员　张　晶　赵建斌　辛　锐　王兆辉　宋继勐

　　　　　张羽舒　郭　阳　苑鲁峰　王　峰　杨　超

　　　　　彭　冲　贺春光　付　鑫

编写组

主　　编　白　涛

副 主 编　马国真　张肖杰　胡诗尧

编写人员　武伊娴　赵晓伟　彭　姣　徐　行　胡松旺

　　　　　王瑞嵩　王　硕　郑　旺　庞　凝　习　朋

　　　　　刘　钊　姜　丹　李梦宇　常永娟　贺　月

　　　　　肖　阳　黄玉龙　王元甫　王云佳　张泽亚

　　　　　张　妍　夏　静　徐晓彬　胡梦锦　郭腾飞

　　　　　李　熙　刘　钰　赵　伟　郭润洲　刘　强

　　　　　刘晓晓　邵　丹　王　琛　李　骥　安亚刚

　　　　　刘林青　计　昊　刘明硕　尹晓宇　于洪光

　　　　　高云帆

前　言

随着能源需求的不断增长和能源市场的竞争日益激烈，能源供应侧需要更好地发挥数据价值来提高运营效率和业务决策能力。培养具有数据分析技能和知识的员工已成为供电公司迫切需要解决的问题。

然而，成为一名数据分析师需要掌握许多技能和知识，对普通员工来说是一项巨大的挑战。在这种情况下，提供培训和指导显得尤为重要。因此，我们编写了这本《电力大数据应用知识手册》，旨在为零基础人员提供一个全面且易于理解的工作指南，帮助他们快速掌握工作所需的数据分析技能，并将这些技能应用于供电公司的业务中。

本书将从大数据的基础概念开始介绍，涵盖数据收集、清理、探索、可视化、统计学和机器学习等方面的知识和技能，让读者掌握成为数据分析师所需的基本技能和工具。本书还包括案例研究和最佳实践，帮助读者更好地理解如何将所学知识应用于实际场景。

无论是供电公司的管理者还是员工，相信本教材都将为您提供有用的指导和建议。同时，我们也相信，通过培养更多的数据分析师，供电公司将在市场中取得更大的成功和竞争优势。

限于编者水平和经验，书中如有疏漏、不足之处，恳请读者批评指正。

编者

2024 年 12 月

目 录

第一章 兴趣导入——大数据应用入门

20 世纪 90 年代的沃尔玛超市中，管理人员发现了一个令人难以理解的现象："啤酒"与"尿布"两件看上去毫无关系的商品会经常出现在同一个购物篮中，如图 1-1 所示。初看这似乎是一件没有任何联系的事情，但实际上，这个发现具有重要的营销价值。

最初沃尔玛的管理层对这个趋势感到非常惊讶，但他们通过进一步的数据分析发现，这是因为很多购买尿布的顾客是年轻的父亲，美国的太太常叮嘱她们的丈夫下班后为小孩买尿布，而丈夫们通常会在购买尿布的同时顺便购买一些啤酒，在家中享用。基于该发现，该零售商决定在婴儿尿布附近设立啤酒货架，提高啤酒的曝光率，吸引更多的消费者购买啤酒。实践证明，这个策略非常成功，销售额有了显著的提升。

图 1-1 "啤酒"与"尿布"

这个故事告诉我们，通过大数据分析技术，我们可以发现数据背后的规律和趋势，从而为企业提供精准、高效的营销策略。那么到底什么是大数据？什么又是大数据分析技术呢？相信各位读者会在本书的后文中找到答案。

第一节 大 数 据 定 义

首先，我们先来了解一下什么是大数据？大数据，顾名思义，是指海量、复杂的数据集，它的产生、存储、管理和分析超出了传统数据库软件工具的处理能力。大数据具有 4 个主要特征——规模性（Volume）、多样性（Variety）、高速性（Velocity）、价值性（Value），即我们所说的大数据 4V 特征，如图 1-2 所示。

一、规模性

数据的规模性是大数据最显著的特征。随着移动设备、物联网、互联网等技术的普及，数据的产生速度和数量呈现出爆炸式增长。大数据中的数据不再以几个 GB 或

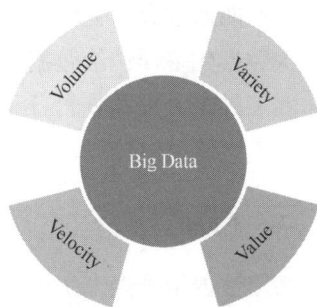

图 1-2 大数据的 4V 特征

几个 TB 为单位来衡量，而是以 PB（1000 个 T）、EB（100 万个 T）或 ZB（10 亿个 T）为计量单位。全球每天产生的数据量已达到数百亿 GB，并且这个数字仍在不断上升。

大数据的海量特点使得传统的数据库系统和计算设备难以应对，需要采用更加先进的大数据处理技术和系统架构，例如分布式计算、数据仓库、数据挖掘、机器学习等技术，同时也需要采取更加严格的数据安全措施和监管机制，保障大数据的安全和可靠性。

二、多样性

当我们谈论大数据的多样性时，通常指的是数据类型的多样化。它主要体现在数据来源多、数据类型多和数据关联性强这 3 个方面。然而，这些只是冰山一角，深入探讨下，多样性的内涵远超以上所述。

首先，数据来源的多样性表明数据可以从各种不同的渠道获取。随着科技的发展，我们现在可以从社交媒体、物联网设备、企业应用、公共记录，甚至是人工智能和机器学习的模型中获取数据。每一个数据源都有其特有的属性和质量，这样的丰富性提供了更多元的视角来观察和理解世界。

其次，数据类型的多样性指的是大数据包括结构化、半结构化和非结构化数据 3 种类型，各种类型的含义如图 1-3 所示。

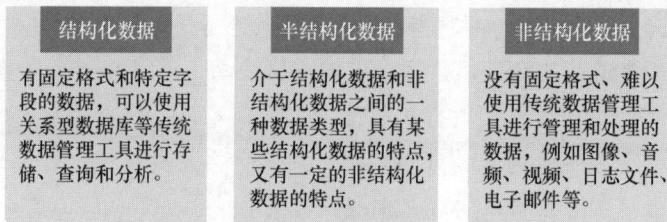

结构化数据	半结构化数据	非结构化数据
有固定格式和特定字段的数据，可以使用关系型数据库等传统数据管理工具进行存储、查询和分析。	介于结构化数据和非结构化数据之间的一种数据类型，具有某些结构化数据的特点，又有一定的非结构化数据的特点。	没有固定格式、难以使用传统数据管理工具进行管理和处理的数据，例如图像、音频、视频、日志文件、电子邮件等。

图 1-3　数据类型的多样性

最后，数据关联性强体现在大数据的价值往往在于数据之间的关联性和互动性。单独一项数据可能意义不大，但是当我们将数据放在一起，观察它们之间的关系时，就可能发现意想不到的规律和趋势。例如，在社交媒体中，人们的行为模式、兴趣倾向、社交网络都能通过数据关联性分析得到。

大数据的多样性给数据处理和分析带来了更大的挑战和机遇，需要采用更加先进的技术和工具来处理和分析各种类型的数据。同时，需要采用适当的存储和处理技术，例如分布式存储、云计算、大数据平台等，以应对不同类型数据的存储和处理需求。

三、高速性

高速性表示数据产生、处理、分析的快速变化。高速性是大数据区别于传统数据挖掘最显著的特征。大数据与海量数据的重要区别在两方面：一方面，大数据的数据规模更大；另一方面，大数据对处理数据的响应速度有更严格的要求。

大数据的高速性主要体现在以下 5 个方面，如图 1-4 所示。

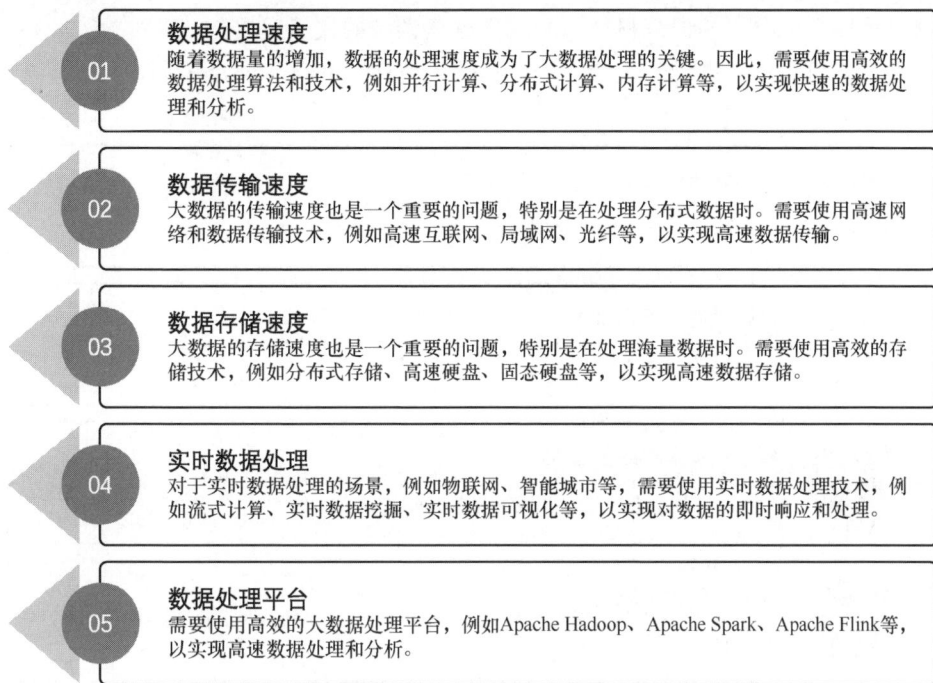

01 数据处理速度
随着数据量的增加，数据的处理速度成为了大数据处理的关键。因此，需要使用高效的数据处理算法和技术，例如并行计算、分布式计算、内存计算等，以实现快速的数据处理和分析。

02 数据传输速度
大数据的传输速度也是一个重要的问题，特别是在处理分布式数据时。需要使用高速网络和数据传输技术，例如高速互联网、局域网、光纤等，以实现高速数据传输。

03 数据存储速度
大数据的存储速度也是一个重要的问题，特别是在处理海量数据时。需要使用高效的存储技术，例如分布式存储、高速硬盘、固态硬盘等，以实现高速数据存储。

04 实时数据处理
对于实时数据处理的场景，例如物联网、智能城市等，需要使用实时数据处理技术，例如流式计算、实时数据挖掘、实时数据可视化等，以实现对数据的即时响应和处理。

05 数据处理平台
需要使用高效的大数据处理平台，例如Apache Hadoop、Apache Spark、Apache Flink等，以实现高速数据处理和分析。

图 1-4　大数据的高速性

大数据高速性是大数据处理的重要挑战之一，需要采用多种技术和工具来实现高速数据处理、传输和存储，以实现对大数据的高效处理和分析。在大数据时代，数据的产生速度非常快，有时甚至接近实时。例如，社交媒体上的信息、股票市场的交易数据等，都需要在极短的时间内进行处理和分析。因此，大数据技术需要具备高效的计算能力，以满足快速处理海量数据的需求，数据的增长速度和处理速度是大数据高速性的重要体现。

四、价值性

当我们讨论大数据时，无论是其体量、速度，还是多样性，我们讨论的都是数据的特性，然而，真正的重点应该在于这些数据能带给我们什么——这就涉及大数据的价值性。

首先，价值性表现在决策支持上。大数据分析可以揭示出数据背后隐藏的模式和趋势，帮助企业或个人做出更准确的决策。例如，在商业环境中，大数据可以用于预测消费者行为，优化产品和服务，甚至是驱动创新。在公共政策领域，大数据也可以用于预测社会趋势，为政策制定提供依据。

其次，大数据的价值性还体现在其推动的自动化和效率提升上。借助先进的大数据工具，企业可以实现大规模的数据处理和分析，大大减少人力成本，提高工作效率。同时，通过对大数据的实时分析，企业也可以快速响应市场变化，提高其竞争力。

此外，大数据的价值性还体现在其创新潜力上。通过挖掘和分析大数据，研究人员可以获得新的研究视角，进一步推动科学和技术的发展。在人工智能和机器学习领域，大数据更是提供了丰富的训练材料，驱动了这些领域的快速发展。

从供电公司的角度来看，大数据的价值性主要体现在以下 4 个方面，如图 1-5 所示。

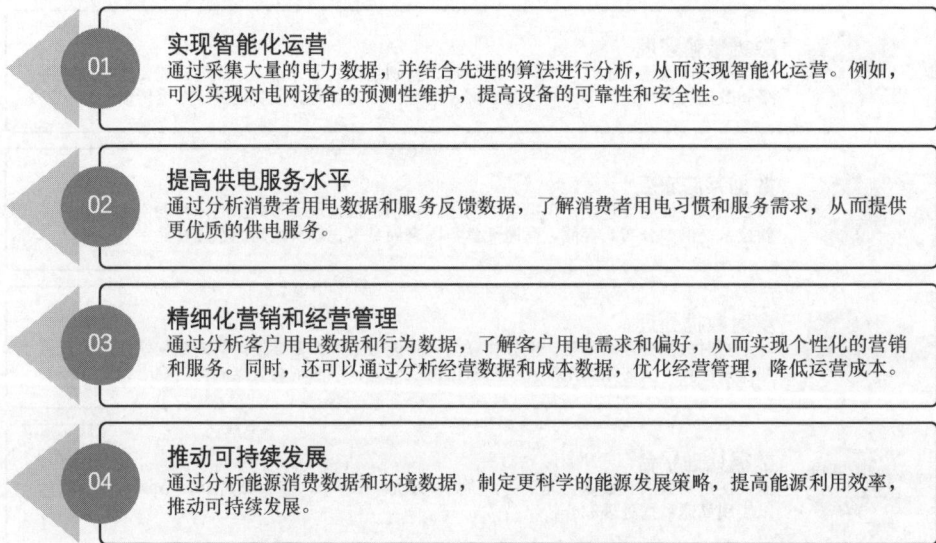

01 实现智能化运营
通过采集大量的电力数据，并结合先进的算法进行分析，从而实现智能化运营。例如，可以实现对电网设备的预测性维护，提高设备的可靠性和安全性。

02 提高供电服务水平
通过分析消费者用电数据和服务反馈数据，了解消费者用电习惯和服务需求，从而提供更优质的供电服务。

03 精细化营销和经营管理
通过分析客户用电数据和行为数据，了解客户用电需求和偏好，从而实现个性化的营销和服务。同时，还可以通过分析经营数据和成本数据，优化经营管理，降低运营成本。

04 推动可持续发展
通过分析能源消费数据和环境数据，制定更科学的能源发展策略，提高能源利用效率，推动可持续发展。

图 1-5　大数据的价值性

虽然大数据具有海量、多样性和高速度的特点，但并非所有数据都有价值。只有通过合适的分析方法，才能从大数据中提取有价值的信息，为企业和个人创造价值。这可能包括识别消费者需求、优化营销策略、提高生产效率等方面的应用。

因此，挖掘出对未来趋势与模式预测分析有价值的数据，并通过机器学习方法、人工智能方法或数据挖掘方法深度分析，并运用于农业、金融、医疗等各个领域，才能创造更大的价值。

第二节　大数据技术

随着数据量的不断增加，传统的数据分析工具和技术往往无法处理海量的数据。数据分析师需要掌握大数据技术及工具，才能处理和分析大规模的数据，从而得到更精准和有价值的分析结果。

下面我们将简单列举几项大数据典型技术，其中也会出现部分本书并未介绍的深度技术，有兴趣的读者可以自行学习探索。

（1）Hadoop。Hadoop 是一个开源的分布式存储和计算框架，旨在在廉价的硬件上处理并运行大数据集，因其高度可扩展性、可靠性和容错性被广泛用于处理大规模的数据。

（2）Spark。Spark 是一个高性能的大数据处理框架，可以用于批处理、交互式查询、机器学习和图计算等多种场景。Spark 采用内存计算技术将数据存储在内存中进行计算，因此比 Hadoop 处理方式快得多。但如果主要是批量数据处理、分布式存储和处理等，Hadoop 则更为适合。

（3）数据库。数据库是一个用于存储和组织数据的电子化系统，在现代信息系统中扮演着重要的角色，它能够存储、组织和管理大量的数据，提供高效、安全、一致和共享的数据访问方式，为企业和组织的决策和业务活动提供有力的支持。

（4）数据集成工具。数据集成是数据分析中的关键环节，如 Kafka、Flume、Sqoop 等数据集成工具可以帮助数据分析师高效地采集、转换和加载数据，从而为后续的数据分析和挖掘做好准备。

（5）编程语言。数据分析师通常需要掌握至少一种编程语言，如 Python。Python 语言在数据科学领域拥有丰富的库和生态系统，可以帮助数据分析师更灵活地处理数据、实现自定义的分析方法和算法。

（6）数据挖掘和机器学习库。数据分析师需要熟练使用各种数据挖掘和机器学习库，如 Python 的 NumPy、Pandas、SciPy、Sk-learn、TensorFlow 等。这些库提供了丰富的统计分析、可视化、预测建模等功能，是数据分析工作的重要基础。

（7）数据可视化工具。为了将分析结果以直观的方式呈现给决策者，数据分析师需要掌握一些数据可视化工具，如 Tableau、永宏 BI 等。这些工具可以快速制作出各种图表和仪表板，提高数据分析的可读性和实用性。

（8）云计算和大数据平台。随着大数据和云计算的发展，越来越多的数据分析工作可以在云端进行。数据分析师需要熟悉各种云计算平台（如 AWS、Azure、Google Cloud 等）以及它们提供的大数据服务（如 Amazon EMR、Azure HDInsight、Google BigQuery 等）。了解这些平台和服务可以帮助数据分析师快速部署和扩展分析任务，降低硬件和运维成本。

看过这些技术，不知道你是不是已经眼花缭乱，甚至已经产生了抵触心理？那也没关系，本书将精选讲解出最简单基本的应用技术，确保读者能够理解并应用到实际工作当中。

第二章 数据中台基础

第一节 数据中台

一、数据中台简介

想知道什么是数据中台，我们要先明白"前台-中台-后台"这一整套概念。"前台-中台-后台"是一种信息系统架构的划分方式（见图2-1），分别代表着系统中不同的组成部分和功能模块。

什么是前台？前台通常是指用户接口和用户交互部分，包括网站、移动应用等。前台的主要任务是提供良好的用户体验和界面设计，实现用户与系统之间的交互操作。

什么是中台？中台通常是指数据中心、数据管理和业务逻辑处理等中间层功能模块。中台的主要任务是提供统一的数据管理、业务逻辑处理和应用接口等功能，为前台和后台提供支撑。

什么是后台？后台通常是指系统的后端处理部分，包括服务器、数据库、系统管理等。后台的主要任务是提供数据存储、数据处理、系统管理和安全保障等功能，为整个系统提供稳定的运行环境和安全保障。

在这种架构中，前台、中台和后台各自承担着不同的职责和任务，它们之间通过接口和协议进行交互和协同工作。这种架构可以将复杂的系统拆分为不同的模块，降低系统的耦合度，提高系统的可维护性和可扩展性，从而更好地支持企业的业务需求。

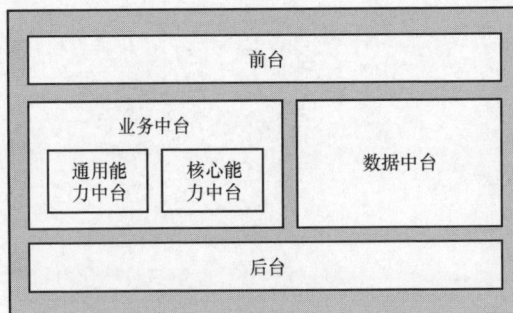

图 2-1 "前台-中台-后台"图解

一个企业的各个部门（如人资、营销、财务等）在其日常运营中会使用不同的系统和工具，这些系统和工具分别收集和管理着大量的数据，但这些数据可能被不同的系统存储，存储格式也不相同，且不同的系统之间缺乏连接，导致各个部门之间难以共享数据，信息孤岛和数据孤岛问题严重。

在这种情况下，数据中台就可以发挥它的作用。数据中台可以集成多个数据源，管理和存储大量的数据，并为企业各部门提供共享数据的平台。例如，人资部门可以使用数据中台来管理员工信息，营销部门可以使用数据中台来掌握营收数据，财务部门可以使用数据中台来统筹资金流动。不同部门通过在数据中台上协同工作、共享数据，从而获得更全面、准确的数据支持，促进企业内部各部门的协同与协作，提高工作效率和业务创新能力。

此外，数据中台还可以通过提供高质量的数据，为企业提供更准确的决策支持。企业可以利用数据中台中的数据进行分析，以发现新的商业机会、制定更有效的营销策略、优化业务流程等，从而帮助企业更好地应对市场挑战，提高业务竞争力。

二、华为云智能数据湖运营平台

华为云智能数据湖运营平台（以下简称 DAYU 平台）是华为云提供的一款云原生大数据处理平台。该平台支持多种计算引擎（包括 Spark、Flink、Hadoop 等），能够处理结构化、半结构化和非结构化的大数据，支持数据湖建设、数据治理、数据分析和数据应用等全流程数据处理。

DAYU 平台的主要特点包括以下 5 个方面。

（1）多模式支持。支持批处理、流处理、交互式处理和机器学习等多种数据处理模式。例如，对于结构化数据，可以使用关系型数据库进行存储和查询；对于非结构化数据，可以使用 NoSQL 数据库进行存储和查询；对于大规模数据分析，可以使用数据仓库进行处理和管理；对于流数据，可以使用数据湖进行实时处理。同时，多模式支持还可以提高数据中台的扩展性和容错性，从而更好地满足企业的数据需求。

（2）高可用性。DAYU 平台提供高可用性的大数据存储、处理和分析服务，支持横向扩展和灾备备份。通过多副本存储、自动容错和恢复、自动伸缩、多数据中心部署和监控和告警等机制，实现了高可用性和弹性伸缩性，可以保证系统的稳定性和可靠性，从而满足企业的大规模数据处理和分析需求。

（3）云原生特性。云原生是一种软件开发和部署的理念和方法，旨在通过利用云计算技术和开放源代码软件，构建高度可扩展、高度可用、弹性伸缩、自动化运维的应用系统。DAYU 采用云原生架构，充分利用云计算平台弹性资源调度、容器化部署、自动化运维和微服务架构等优势，提供高度可扩展、弹性、灵活的云服务，支持容器化、微服务化部署。

（4）安全可靠。DAYU 平台具有多种安全可靠的特性，包括数据加密、多层次的安全防护、自动容错和恢复、多地域多可用区部署、身份验证和授权以及完善的安全监控和告警等。利用数据加密、网络隔离、访问控制等技术保障用户的数据安全和隐私，同时也能够满足企业对于数据安全和可靠性的要求。

（5）可视化。DAYU 平台具有多种可视化特性，包括数据可视化、可视化编程、可视化调试、可视化监控和可视化操作等，能够提高用户的工作效率、降低学习成本，同时也能够提高应用的可靠性和可维护性。

截至目前，集成了 DAYU 的华为云智能数据湖解决方案已广泛应用于金融、医学、物流、互联网、汽车、政府、零售等行业，为企业提供大数据处理和分析的全流程解决方案，帮助企业实现数据智能化和业务创新。

三、数据中台架构

数据中台是企业"业务+数据"的沉淀，是企业信息化资产架构核心。数据中台旨在通过整合和管理企业各类数据资产，打破数据孤岛，构建企业级数据资产汇聚、管理和共享平台，以实现数据业务化和业务数据化的动态反馈闭环，充分发挥数据资产价值。

系统内数据中台依托华为中台产品提供数据服务能力支撑，实现数据统一接入、统一管理、统一服务，聚合跨域数据，对数据进行清洗、转换、整合，沉淀共性数据服务能力，主要包括贴源层、共享层、分析层、统一数据服务、数据资产管理、数据安全管理等。

（一）数据中台总体架构

数据中台的总体架构通常涵盖了多个层次（见图 2-2），旨在实现数据的集中管理、共享和高效应用。下面我们将分别解释数据中台各层级组件的功能和作用。

（1）贴源层。贴源层主要负责数据的采集和接入，包括从各种数据源（如关系数据库、NoSQL 数据库、数据仓库、日志文件等）抽取数据，并将数据转换为统一的格式。贴源层可以实现实时数据采集、离线数据导入等功能，以确保数据中台能够获取到最新和完整的数据。

（2）共享层。共享层是数据中台的核心部分，主要负责数据的存储、清洗、整合和模型构建。在共享层，数据会被标准化、去重、脱敏等操作，以确保数据的质量和一致性。此外，共享层还包括对数据进行统一的模型构建，将底层的数据转换为易于理解和使用的业务实体，为上层应用提供可用的数据资源。

（3）分析层。分析层主要负责对数据进行挖掘、分析和可视化。通过使用各种数据挖掘、机器学习和统计分析技术，分析层可以从数据中提取有价值的信息和知识，为企业的决策提供支持。此外，分析层还包括对分析结果进行可视化展示，以便于决策者更直观地了解数据分析的结论。

（4）统一数据服务。统一数据服务是数据中台向上游应用提供数据访问和查询的接口。通过 API、SDK 等方式，统一数据服务可以为业务系统、数据应用和数据分析师提供便捷、高效的数据访问服务。统一数据服务的目标是简化数据访问过程，降低数据使用门槛，提高数据的利用率。

（5）数据资产管理。数据资产管理是对数据中台内的数据资源进行管理和维护的过程。这包括数据目录、数据质量监控、数据血缘和数据生命周期管理等方面。数据资产管理的目标是确保数据中台内的数据资源具有良好的可用性、可维护性和可追溯性，以满足企业的数据需求。

（6）数据安全管理。数据安全管理是对数据中台内的数据进行安全防护和合规使用的过程。包括数据加密、数据脱敏、访问控制、审计日志等方面。数据安全管理的目标是确保数据中台内的数据不被未经授权的访问和篡改，防止数据泄露、滥用等风险，同时满足相关法规和政策的要求。

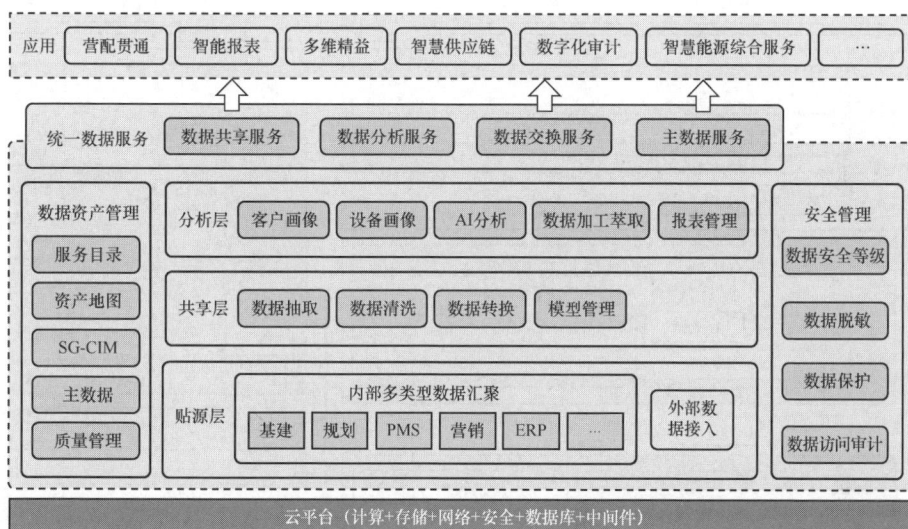

图 2-2　数据中台总体架构

（二）数据中台技术架构

数据中台技术架构（见图 2-3）是一种以数据为核心的组织方式，旨在实现数据的集中管理、共享和智能分析。它由多个关键区域组成，每个区域都承担着特定的职责，共同构建起一个高效、灵活的数据管理体系。

（1）使能区。使能区是数据中台技术架构的基础，它提供了数据的基本服务和功能，使其他区域能够顺利运行。在使能区，通常包括数据采集、数据清洗、数据预处理等环节。这些过程确保了从源系统到存储计算区的数据质量和准确性。

（2）存储计算区。存储计算区是数据中台的核心，它包括了数据的存储、处理和分析。这个区域通常包括数据湖、数据仓库等组件，用于存储不同类型和不同来源的数据。在存储计算区，数据会被加工、整合，以便进行后续的分析和应用。

（3）集成区。集成区负责将不同来源、不同格式的数据整合到一起，创造一个统一的数据视图。这个区域的工作涉及到数据的转换、映射、格式标准化等。通过集成区，数据中台可以消除数据孤岛，实现数据的无缝连接和交互。

（4）源系统。源系统是数据中台的数据来源，包括了企业内部的各类系统、数据库，也可能涉及外部的数据供应商、合作伙伴等。从这些源系统中获取数据是数据中台的第一步，因此确保数据能够可靠、高效地从源系统获取是至关重要的。

数据中台技术架构通过这些关键区域的协同工作，实现了数据的流程化、标准化和智能化处理。这不仅有助于提高数据的质量和准确性，还能够更好地支持企业的决策和创新，提升业务的竞争力。同时，数据中台也为未来的人工智能、机器学习等技术应用奠定了坚实的基础。

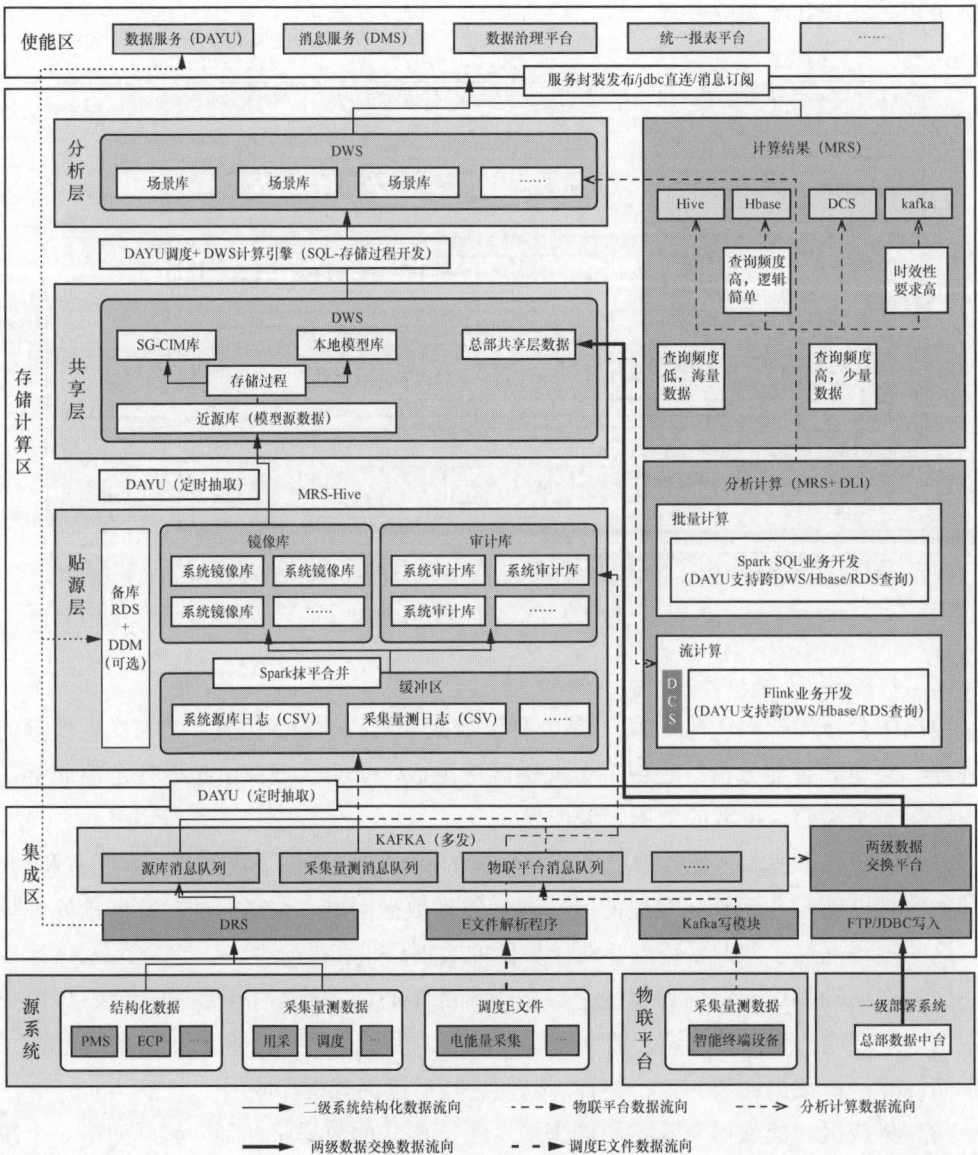

图 2-3 数据中台技术架构

数据中台的数据集成区、存储计算区、使能区以及数据运营管理对应的技术组件选型，如图 2-4 所示。

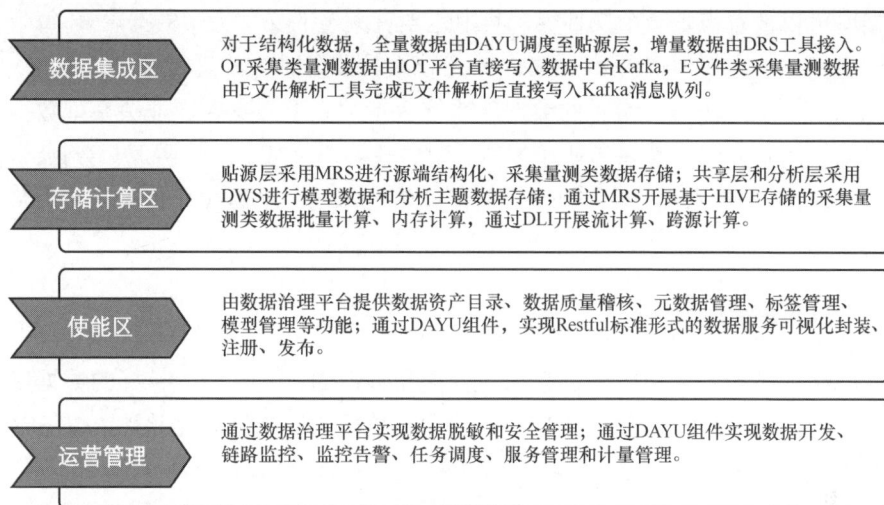

数据集成区	对于结构化数据，全量数据由DAYU调度至贴源层，增量数据由DRS工具接入。OT采集类量测数据由IOT平台直接写入数据中台Kafka，E文件类采集量测数据由E文件解析工具完成E文件解析后直接写入Kafka消息队列。
存储计算区	贴源层采用MRS进行源端结构化、采集量测类数据存储；共享层和分析层采用DWS进行模型数据和分析主题数据存储；通过MRS开展基于HIVE存储的采集量测类数据批量计算、内存计算，通过DLI开展流计算、跨源计算。
使能区	由数据治理平台提供数据资产目录、数据质量稽核、元数据管理、标签管理、模型管理等功能；通过DAYU组件，实现Restful标准形式的数据服务可视化封装、注册、发布。
运营管理	通过数据治理平台实现数据脱敏和安全管理；通过DAYU组件实现数据开发、链路监控、监控告警、任务调度、服务管理和计量管理。

图 2-4　数据中台技术组件选型

四、数据安全使用

数据安全使用可以有效地保护企业的核心数据资源不被盗取、泄露或篡改，避免企业因为数据安全问题遭受重大损失。随着数据安全问题的日益凸显，各个国家和地区也相应地出台了一系列的法规和监管要求。企业采取数据安全使用措施，可以保障企业符合法规和监管要求，避免因为数据安全问题而受到处罚或罚款。

图 2-5 所示是国家电网公司信息安全"五禁止"的内容。

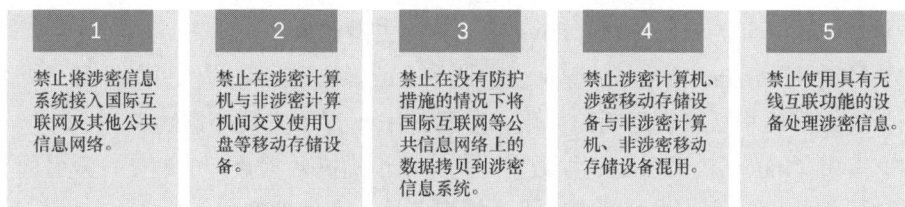

1	2	3	4	5
禁止将涉密信息系统接入国际互联网及其他公共信息网络。	禁止在涉密计算机与非涉密计算机间交叉使用U盘等移动存储设备。	禁止在没有防护措施的情况下将国际互联网等公共信息网络上的数据拷贝到涉密信息系统。	禁止涉密计算机、涉密移动存储设备与非涉密计算机、非涉密移动存储设备混用。	禁止使用具有无线互联功能的设备处理涉密信息。

图 2-5　国家电网公司信息安全"五禁止"

第二节　数　据　库

一、数据库概述

数据库是指一个或多个有组织的数据集合，这些数据集合通过计算机软件进行管理和存储。数据库中的数据通常按照一定的结构进行组织和存储，以方便数据的查询、检索和修改。它是一个结构化数据的集合，以及用于存储、管理和检索数据的一种计算机软件系统。

数据库可以被看作是一个文件柜，其中包含着大量的文件夹（数据表），每个文件夹包含着一组相关的文件（记录）。这些记录可以被按照各种方式进行排序、过滤、搜索、修改、删除、添加等操作。常见的数据库系统包括关系型数据库、非关系型数据库等。数据库可以被用于存储、管理和处理各种类型的数据，包括文本、图像、音频、视频等。它们被广泛应用于商业、科学、医学、工程等各个领域，是现代计算机系统中不可或缺的组成部分。

二、数据库结构

数据库结构是指数据库中数据组织、存储和管理的方式。一个良好的数据库结构可以提高数据处理的效率，简化数据管理，并提高数据的安全性和完整性。以下是数据库结构的基本组成部分。

（1）数据库（Database）。数据库是存储和管理数据的地方。它可以包含多个表，以及其他数据库对象，如视图、索引、存储过程等。

（2）表（Table）。表是数据库中存储数据的主要结构。一个表包含一系列的行（或记录），每一行包含一组相关的数据。

（3）列（Column）。列是表中的一个字段，代表了某种类型的数据。例如，一个学生表可能有"姓名""年龄""成绩"等列。

（4）行（Row）。行是表中的一个记录。例如，一个学生表的一行可能包含一个学生的姓名、年龄和成绩。

（5）主键（Primary Key）。主键是一种特殊的列，它在表中唯一标识每一行。主键的值不能重复，也不能为空。**注意：Hive 库不支持主键约束。**

（6）外键（Foreign Key）。外键是表中的一个或多个列，它的值引用了另一个表的主键，用于建立和维护 2 个表之间的关系。**注意：Hive 库不支持外键约束。**

（7）索引（Index）。索引是一种数据结构，用于提高数据查询的速度。索引通过创建指向表中数据的指针，使数据库可以快速找到满足查询条件的行。

（8）视图（View）。视图是一个虚拟的表，它的内容由一个 SELECT 语句定义。视图可以简化复杂的查询，或者提供对数据的限制访问。

在设计数据库结构时，通常需要考虑数据的完整性、性能、安全性以及数据的逻辑关系等因素。合理的数据库结构可以使数据库操作更有效率，也可以提高数据的质量和可用性。

三、数据库分类

常见的数据库类型包括关系型数据库、非关系型数据库、分布式数据库、对象数据库、图数据库、时间序列数据库等多种类型，不同类型的数据库适用于不同的场景和应用，下面我们将选择实际工作需要的 2 种典型数据库类型开展介绍。

（一）关系型数据库RDB

关系型数据库是一种以表格形式组织数据的数据库，其中数据被组织成行和列，表之间通过主键和外键建立关系。关系型数据库通常基于关系型数据模型，其数据结构是由一组相关表格和关系组成的。在关系型数据库中，通常使用 SQL（结构化查询语言）来进行数据操作。关系型数据库示例如图 2-6 所示。

Customers

CustomerID	CustFirstName	CustLastName	CustPhone	<< 其他列 >>
10001	Doris	Hartwig	555-2671	…
10002	Deb	Waldal	555-2496	…
10003	Peter	Brehm	555-2501	…

Engagements （链接表）

EngagementID	CustomerID	EntertainerID	StartDate	<< 其他列 >>
43	10001	1001	2007-10-21	…
58	10001	1002	2007-12-01	…
62	10003	1005	2007-12-09	…
71	10002	1003	2007-12-22	…
125	10001	1003	2008-02-23	…

Entertainers

EntertainerID	EntertainerName	EntertainerPhone	<< 其他列 >>
1001	Carol Peacock Trio	555-2691	…
1002	Topazz	555-2591	…
1003	JV & the Deep Six	555-2511	…

图 2-6　关系型数据库示例

关系型数据库的最大特点是具有结构化和一致性的特性，能够提供 ACID 事务保证，保证数据的完整性和一致性。这些特点使得关系型数据库非常适合于需要处理结构化数据和保证数据一致性的应用场景，例如企业管理、金融服务、电子商务等。

常见的关系型数据库包括 MySQL、Oracle、Microsoft SQL Server、PostgreSQL 等，DAYU 中台中的 RDS 就是关系型数据库。这些数据库系统具有良好的性能、可靠性和安全性，并且具有广泛的应用场景，从个人网站到大型企业应用都有所涉及。

（二）分布式数据库DDB

分布式数据库是指将数据存储在多台计算机上的数据库系统。与传统的集中式数据库不同，分布式数据库将数据分散存储在多个节点上，各个节点通过网络进行通信和协作，实现数据的分布式管理和处理。分布式数据库（见图 2-7）具有以下几个特点。

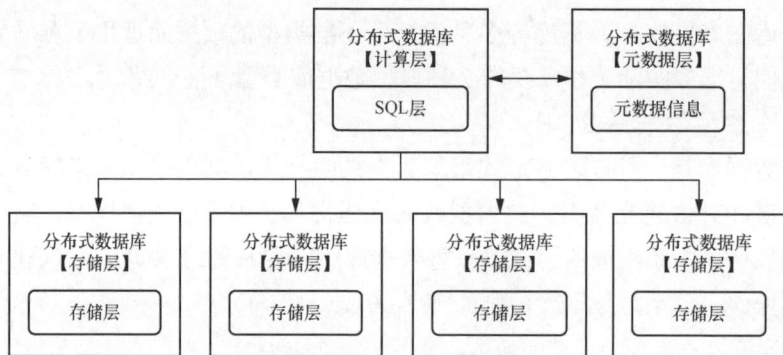

图 2-7　分布式数据库示例

（1）可扩展性。分布式数据库可以根据需要增加或减少节点，以适应不同规模的数据存储和处理需求。

（2）高可用性。分布式数据库通过数据的冗余备份和多节点协作等技术，提高了系统的可用性和容错性，从而降低了系统的风险和故障率。

（3）高性能。分布式数据库可以利用多节点的计算资源和带宽，实现数据的快速处理和查询，提高了系统的性能和效率。

（4）数据一致性。分布式数据库通过数据的同步和复制等技术，保证了数据的一致性和可靠性。

分布式数据库通常涉及到多种技术和工具，例如分布式事务处理、数据分片、数据同步和复制等。分布式数据库也具有一些挑战和难点，例如数据一致性、数据安全性和网络延迟等问题，需要进行针对性的设计和优化。

DAYU 中的 DWS 就是典型的分布式数据库，还需注意的是虽然 DAYU 中的 Hive 库可以在分布式环境下运行，但它本身并不是一个分布式数据库。Hive 库本质上是一个数据仓库工具，它并不直接管理和存储数据，而是依赖于底层的分布式文件系统进行数据的存储和管理。Hive 库的主要功能是将数据文件转换为可以被 SQL 查询的格式，从而方便用户进行数据查询和分析。

第三节　使用 DAYU 开发数据

在本节中，我们将重点为已经拥有数据中台账号的读者提供详细的操作步骤指南。通过这些步骤，您将能够更好地了解如何利用数据中台的功能来满足数据需求。然而，对于那些尚未拥有数据中台账号的读者，请遵循公司的相关规定向数字化部门提交账号申请，并确保在申请账号时提供完整和准确的信息，以便数字化部门能够快速地处理申请。同时，为确保公司数据的安全和合规性，请在获得账号后，严格按照公司的规定和操作指南使用数据中台，切勿将账号信息泄露给他人。

DAYU 中含有较多难以理解的概念，使用流程也比较复杂，读者可以在互联网参考华为云数据治理中心文档（https://support.huaweicloud.com/dataartsstudio/index.html）。

一、环境配置和登录

（一）环境配置

在使用某些特定的网络服务或软件时，我们需要修改电脑上的 hosts 文件。这个文件的作用是将某个网址指向一个特定的 IP 地址，当我们在浏览器中输入这个网址时，电脑就会尝试连接到该 IP 地址。对于数据中台的使用，由于其服务部署在内网或特定的服务器上，因此我们需要修改 hosts 文件，将数据中台的服务地址指向对应的 IP 地址。

在 Windows 系统中，hosts 文件位于 C:\Windows\System32\drivers\etc 路径下，如图 2-8 所示。我们可以通过文本编辑器（如记事本、Notepad++等）打开这个文件。

图 2-8　host 文件位置图示

打开 hosts 文件后，你会看到一些默认的配置，这些都是由系统预置的，我们不要修改它们。而我们需要添加的新配置，应该添加在文件的最后。

在本例中，我们需要在 hosts 文件的最后添加以下文本：

25.36.182.94 dayu.he-region-2.sgic.sgcc.com.cn

25.36.44.9 dayu-dlf.he-region-2.sgic.sgcc.com.cn

25.36.46.104 cloudscope.sgic.sgcc.com.cn

25.36.40.3 obs.he-region-2.sgic.sgcc.com.cn

25.1.236.7 console-static.he-region-2.sgic.sgcc.com.cn

如图 2-9 所示，这些行的含义是，当我们尝试访问例如 dayu.he-region-2.sgic.sgcc.com.cn 这样的地址时，电脑会将请求发送到 25.36.182.94 这个 IP 地址。

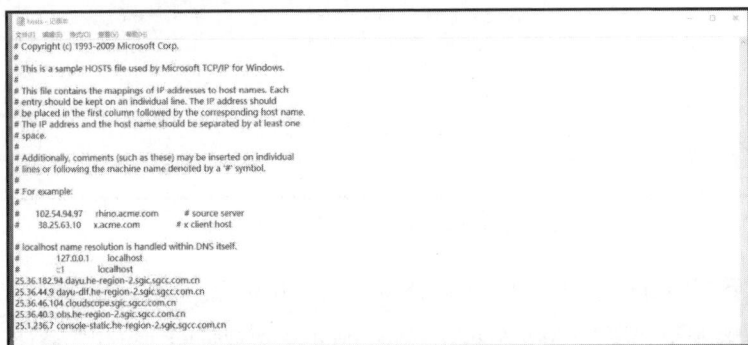

图 2-9　host 文件图示

注意，添加新配置后，我们需要保存并关闭 hosts 文件。在一些系统中，由于权限问题，我们可能需要以管理员权限打开文本编辑器才能成功保存修改。完成这个配置后，我们就可以正常访问数据中台的服务了。

（二）登录

我们推荐使用谷歌浏览器登录 manager one 管理界面（https://manage.sgic.sgcc.com.cn），如图 2-10 所示。如果计算机尚未安装谷歌浏览器，可以访问公司内部软件下载网站进行下载和安装，下载时需注意根据设备的操作系统和系统版本选择合适的版本进行安装。

图 2-10　manager one 管理登录界面图示

登录页面中，用户需要输入账号和密码。输入完毕后，点击屏幕上的登录或提交按钮进行登录。登录成功后，我们将看到 manager one 管理界面的主界面，如图 2-11 所示。

图 2-11　manager one 管理界面图示

尚未拥有数据中台账号的用户，可以遵循公司的相关规定向数字化部门提交账号申请，并确保在申请账号时提供完整和准确的信息。为确保公司数据的安全和合规性，请在获得账号后，严格按照公司的规定和操作指南使用数据中台，切勿将账号信息泄露给他人。

二、新建和开发脚本

在数据中台中所有对数据的查阅操作都通过脚本（作业）进行，下面我们将逐步演示如何在数据湖治理中心中创建脚本或作业。

（一）登录DGC控制台

点击左侧服务列表，找到 EI 企业智能下属的【数据湖治理中心 DGC】，点击进入（有些浏览器版本会出现竖排的情况，仅需下拉即可），如图 2-12 所示。

图 2-12　服务列表图示

数据湖是逻辑上各种原始数据的集合，除了"原始"这一特征外，数据湖还具有海量和多样（包含结构化、非结构化数据）的特征。数据湖保留了数据的原格式，不对数据进行清洗、加工。对出现数据资产多源异构的场景需要整合处理，并进行数据资产注册。

数据湖治理（Data Lake Governance）是一站式数据治理工具，数据底座支持各种 EI 大数据核心服务如 MRS、DWS、DLI、CloudTable、MLS 等，提供了统一的元数据管理、数据的智能分析、管理和落地数仓标准和业务标准、数据质量智能监控和数据质量提升等功能。

数据湖治理中心（DGC）是数据全生命周期一站式开发运营平台，提供数据集成、数据开发、数据治理、数据服务、数据可视化等 5 项重要功能，支持行业知识库智能化建设，支持大数据存储、大数据计算分析引擎等数据底座，帮助企业客户快速构建数据运营能力。图 2-13 所示为数据治理中心界面图示。

在数据湖治理中心我们将看到已经被赋予使用权限的工作空间。为实现多角色协同开发，管理员可将相关用户加入到工作空间，并赋予预设的项目管理员、开发者、运维者、访客等诸多角色，其他账号也只有在加入工作空间并被分配权限后，才可具备管理中心、数据集成、数据架构、数据开发、数据目录、数据质量、数据服务、数据安全模块系列的操作权限。

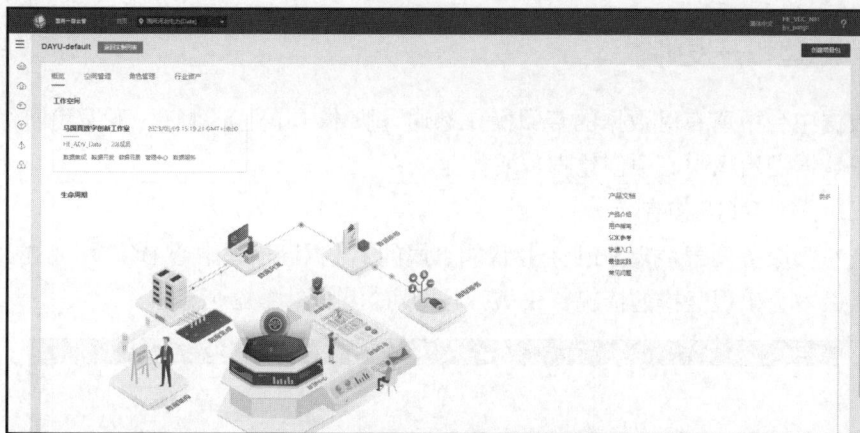

图 2-13　数据湖治理中心界面图示

（二）创建数据连接（可选操作）

数据连接是定义访问数据实体存储（计算）空间所需的信息的集合，包括连接类型、名称和登录信息等。数据连接用于保存 DLF 数据实体的连接信息，本示例需要先创建 MRS Hive 的数据连接。注意，并不是所有用户都可以创建数据连接，当工作空间中已存在相应数据连接时，不需要创建。

（1）在需要操作的工作空间下点击【数据开发】，进入数据开发页面，如图 2-14 所示。

图 2-14　数据开发界面图示

（2）点击左侧工具栏中的【连接管理】，进入连接管理界面，点击右上角【新建数据连接】，进入管理中心的数据连接界面，如图 2-15 所示。

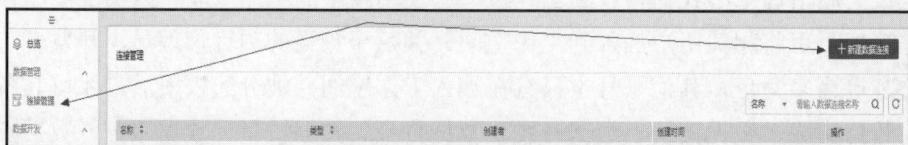

图 2-15　连接管理界面操作图示

（3）在管理中心的数据连接界面点击【创建数据连接】，如图 2-16 所示。

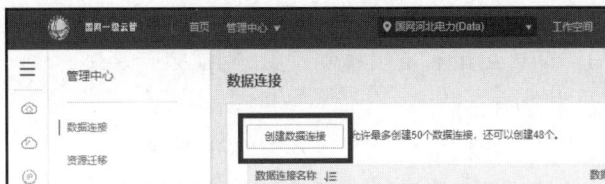

图 2-16　管理中心的数据连接界面图示

（4）这里将会弹出一个创建数据连接对话框，我们将在这里选择相应的数据连接类型。本示例为创建一个 MRS Hive 数据连接，这里我们选择【MapReduce 服务（MRS Hive）】，如图 2-17 所示。

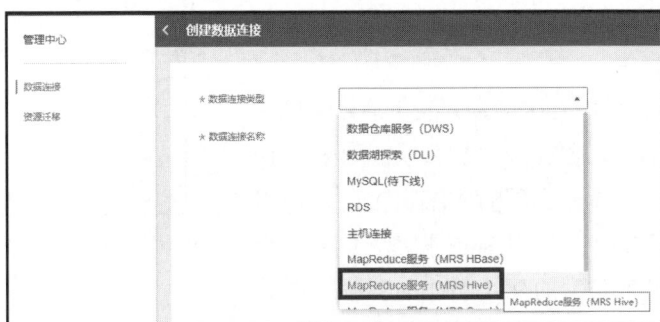

图 2-17　创建数据连接对话框图示

（5）选择数据连接类型后，将弹出编辑数据连接对话框（见图 2-18），此时我们可以定义自己的数据连接名称，例如本例中我们定义为 new_hive。

图 2-18　编辑数据连接对话框图示

同时，我们还需要选择正确的集群和 Agent。集群是一组协同工作的服务器，通常用于处理大量的数据。Agent 则是一个在服务器上运行的软件，它负责管理和监控集群的状态。在选择集群和 Agent 时，我们必须咨询自己所在单位的负责人，以保证选择的集群和 Agent 可以实现数据连接。

编辑完毕后可单击【测试】，测试数据连接的连通性。如果无法连通，数据连接将无法创建。测试成功后，即可点击右下角【确定】，创建数据连接。

（三）创建和开发脚本

数据连接创建完成后，我们就可以在线开发 SQL 脚本。

点击界面左侧的【脚本开发】选项，进入到脚本开发的界面。界面中包含一个脚本列表，可以总览所有的 SQL 脚本。

在脚本开发界面中，我们可以对脚本进行新建、修改等各种操作。除创建新的 SQL 脚本，我们还可以在脚本开发界面中创建多级文件夹和目录。通过创建不同的文件夹和目录对脚本进行分类，方便使用者找到和管理脚本。

创建 SQL 脚本只需要在脚本列表上右键点击，然后选择【新增 Hive SQL 脚本】选项，如图 2-19 所示。此时将弹出一个空白的脚本编辑页面，使用者可针对相应需求在此处编写 SQL 脚本。同理，当使用者需要编写其他类型的 SQL 脚本时只需要在此选择相应类型的脚本即可。

图 2-19　新建脚本（目录）快捷菜单图示

Hive SQL 是 Apache Hive 项目中的查询语言，它是一种基于 Hadoop 的数据仓库工具，可以用来处理和分析大规模的数据。我们将在后续的章节中，详细地介绍 Hive SQL 语言。

点击脚本编辑页面中的【保存】选项，将弹出另存为脚本对话框（见图 2-20），此处可以进行脚本命名、填写脚本备注、选择脚本保存目录等一系列操作。建议使用者根据公司相关规定进行脚本命名并选择相应的脚本保存目录。

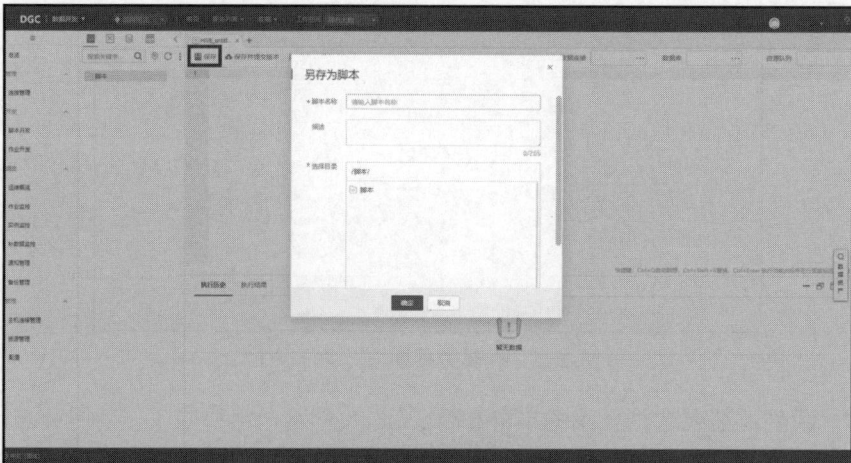

图 2-20　另存为脚本对话框图示

在创建 SQL 脚本后，要使其可以进行有效的数据库操作，我们需要进行 2 个关键配置：数据连接和数据库。

点击脚本工具栏【数据连接】右侧选择按钮，进入配置数据连接对话框，如图 2-21 所示。数据连接是一种特殊的配置，它定义了如何连接到一个特定的数据库服务器。数据连接包括所有必要的信息，例如服务器的地址、端口、用户名和密码等。在创建 SQL 脚本后，用户需要为脚本选择一个已经定义好的数据连接，这样脚本才能正确地连接到数据库服务器，并进行后续的操作。

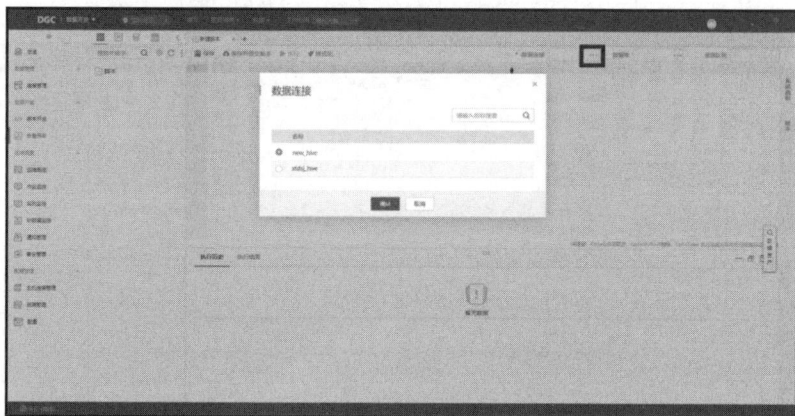

图 2-21　配置数据连接对话框图示

选择数据连接后，用户还需为脚本选择一个具体的数据库。一个数据库服务器通常会有多个数据库，每个数据库中又包含了多个表格。用户需指定要操作的是哪个数据库，这样脚本才能访问到正确的表格。图 2-22 所示为配置数据库对话框图示。

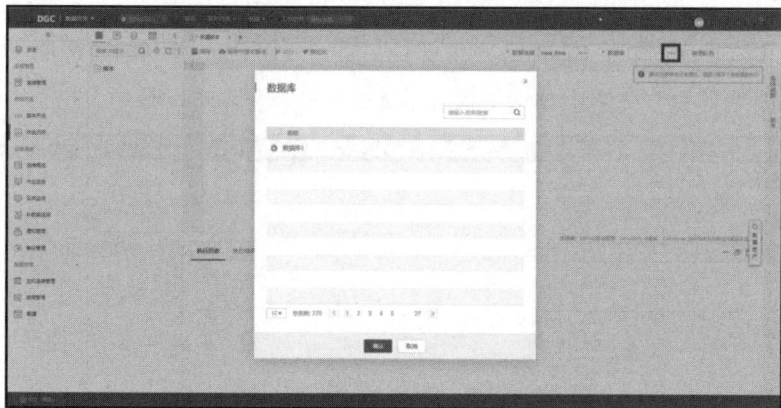

图 2-22　配置数据库对话框图示

至此，我们已经完成了所有的脚本创建工作，包括数据连接和数据库的配置等。这意味着脚本已经全部准备好，可以接受我们编写的 SQL 语句并进行相关的数据库操作。

在这个阶段，我们可以在脚本中编写各种 SQL 语句，来执行需要的操作，包括查询数据、插入新的数据、更新已有的数据，或者删除不再需要的数据等。我们可以根据业务需求，灵活地编写 SQL 语句，完成各种复杂的数据处理任务。

为了方便开发者便捷使用，中台右侧配置了 SQL 系统函数快捷菜单。通过系统函数快捷菜单，开发者不再需要记住所有的系统函数，仅需在必要的时候通过菜单进行查询，就可以找到相应的函数。

点击屏幕右侧【系统函数】，将弹出系统函数菜单（见图 2-23）。菜单中列出了 Hive SQL 提供的所有系统函数，包括但不限于数学函数、字符串函数、日期和时间函数、聚合函数等。每个函数都有相应的说明，包括函数的功能、参数、返回值等信息。

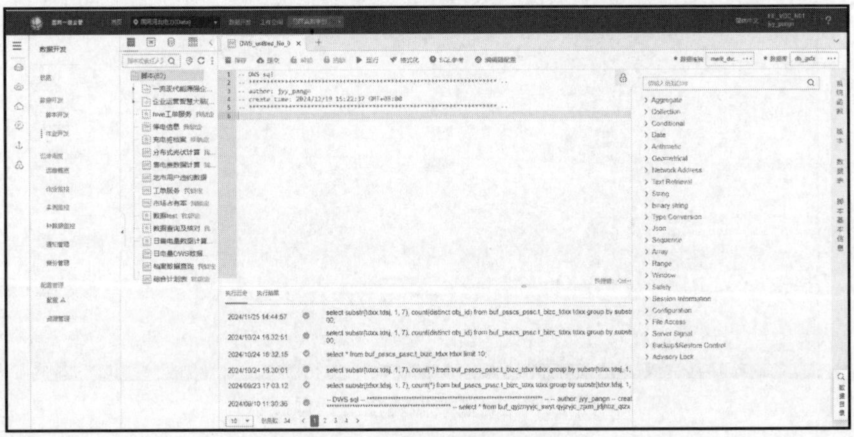

图 2-23　系统函数菜单图示

当脚本编写完毕后，我们需要点击【保存并提交版本】，填写变更描述即可点击【确认】。此时点击屏幕右侧【版本】，可查看历史版本并进行回滚。图 2-24 所示为版本菜单图示。

注意：保存版本时，1min 内多次保存只记录一次版本。对于中间数据比较重要时，可以通过"新增版本"按钮手动增加保存版本。

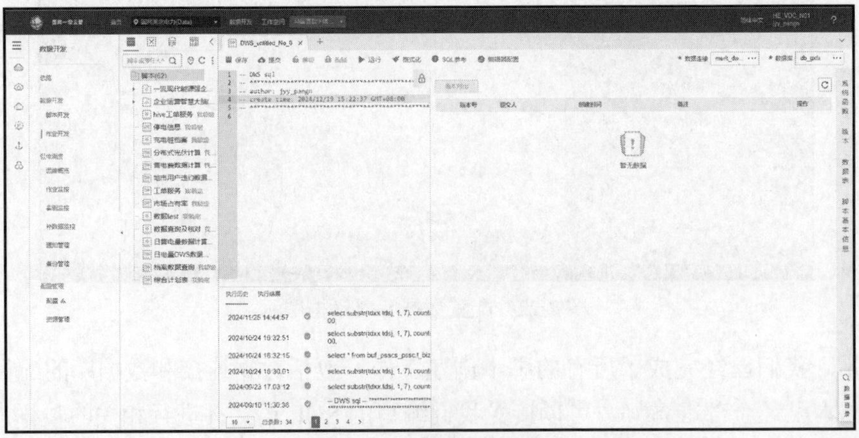

图 2-24　版本菜单图示

三、调试并运行作业

（一）创建作业

脚本保存并提交版本后，我们就可以通过作业进行编排和调度，实现定期执行脚本，统计 MRS Hive 表数据的任务。

在屏幕左侧的导航栏中点击【作业开发】或点击顶部的作业图标（见图 2-25），进入作业开发界面。在作业列表中右键目录即可打开快捷菜单。

同样我们通过创建不同的目录对作业进行分类，方便使用者管理作业。

单击【新建作业】，弹出新建作业对话框（见图 2-26），此处我们需要选择作业的类型。

图 2-25 新建作业快捷菜单图示

（1）批处理作业：按调度计划定期处理批量数据，主要用于实时性要求低的场景。批作业是由一个或多个节点组成的流水线，以流水线作为一个整体被调度。被调度触发后，任务执行一段时间必须结束，即任务不能无限时间持续运行。

（2）实时处理作业：处理实时的连续数据，主要用于实时性要求高的场景。实时作业是由一个或多个节点组成的业务关系，每个节点可单独被配置调度策略，而且节点启动的任务可以永不下线。在实时作业里，带箭头的连线仅代表业务上的关系，而非任务执行流程，更不是数据流。

使用者同样需按照公司规定对作业进行命名并选择相应目录保存作业，全部填写完毕后即可单击【确定】，新建作业。

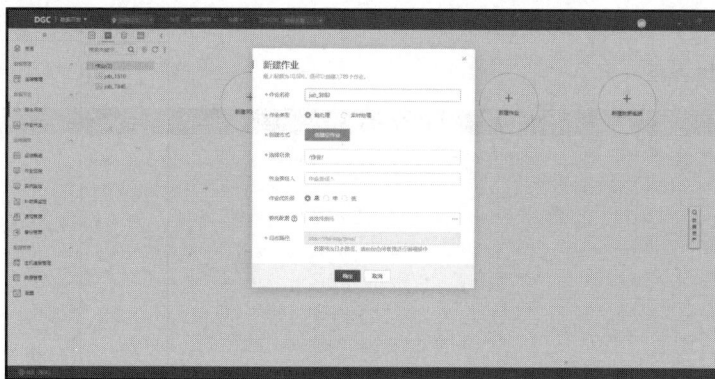

图 2-26 新建作业对话框图示

（二）选取节点

新建作业后，系统将自动打开作业编辑页面。在这个页面中，我们可以对作业进行各种配置和编辑，包括将之前开发的脚本添加到作业中。

作业是一个执行单位，它包含了一组要执行的脚本和它们执行的顺序。我们可以通过创建作业，来安排和调度脚本执行。将脚本添加到作业中，只需在左侧的节点菜单中选取相应的节点图标，然后将这个节点拖动到右侧的作业区域。

例如，在上文中我们之前新建了一个 Hive SQL 脚本，则此处需在左侧的节点菜单中选择【MRS Hive SQL】节点，拖动到右侧的作业区域，如图 2-27 所示。

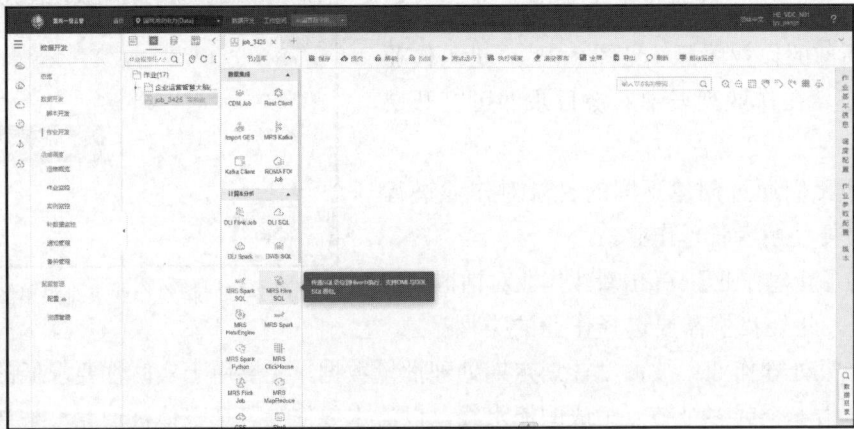

图 2-27　选取节点图示

在将相应的节点添加到作业区域后，下一步就是将这个节点与我们之前创建的 Hive SQL 脚本进行关联，也就是所谓的"绑定"操作。绑定操作是让作业知道在执行该节点时需要运行的是哪一个脚本。

首先，点击刚刚添加到作业区域的节点，屏幕右侧会弹出一个节点属性编辑对话框，如图 2-28 所示。在这个对话框中，我们可以对该节点进行命名及关联操作。在脚本参数中添加节点名称即可完成节点命名；同时我们可以看到一个名为"SQL 脚本"的输入框，这个输入框是用来选择需要绑定的脚本的。点击这个输入框后面的选择按钮，将打开一个新的脚本选择界面。

图 2-28　节点属性编辑对话框图示

在脚本选择界面中可以看到所有可用的脚本列表。我们只需要从这个列表中找到上文中创建的 Hive SQL 脚本，点击【确定】即可完成绑定操作，如图 2-29 所示。

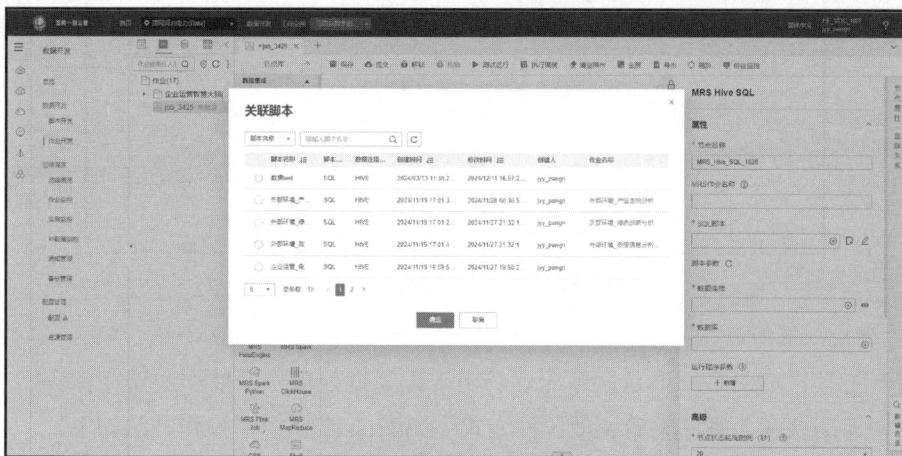

图 2-29 关联脚本对话框图示

在节点属性编辑对话框中点击数据连接输入框后的选择按钮，即可配置关联数据连接。此处选择上文中我们创建的数据连接，或选择脚本中对应的数据连接。点击【确定】即可完成关联操作，如图 2-30 所示。

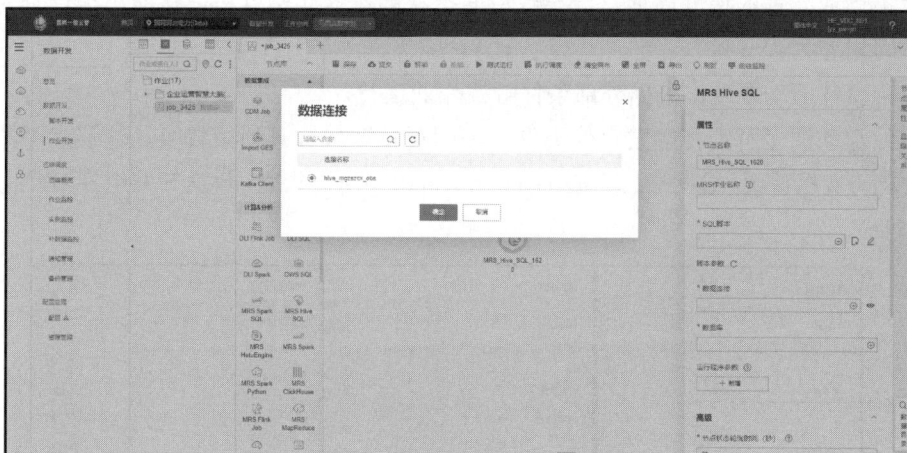

图 2-30 关联数据连接对话框图示

（三）调度配置

1. 作业基本信息（选填）

未选中节点的状态下，点击右侧工具栏中的【作业基本信息】即可对作业信息进行维护，包括添加作业负责人、执行用户、作业委托、设置优先级等一系列基本信息，如图 2-31 所示。

图 2-31　作业基本信息对话框图示

2．调度配置

右侧工具栏第二个选项是调度配置，用于配置批处理作业的作业调度任务，支持单次调度、周期调度、事件驱动调度 3 种方式，如图 2-32 所示。操作方法如下。

（1）单次调度，手动触发作业单次运行。

（2）周期调度，周期性自动运行作业。

可选择生效时间，调度周期分为月、周天、小时、分钟 4 个等级，每个周期中可以设置运行的具体时间。

调度周期需要合理设置，单个作业最多允许 5 个实例并行执行，如果作业实际执行时间大于作业配置的调度周期，会导致后面批次的作业实例堆积，从而出现计划时间和开始时间相差大。

（3）事件驱动调度，根据外部条件触发作业运行。

事件驱动调度可选择触发事件类型，需配置较多参数且使用较少，建议参考华为云官方文档（文档首页>数据治理中心 DataArts Studio>用户指南>数据开发组件>作业开发>调度作业）。

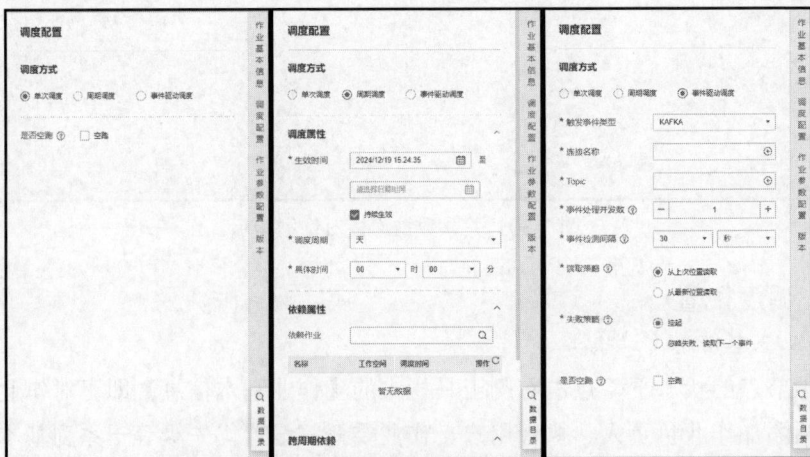

图 2-32　调度配置对话框图示

3. 版本

版本管理用于追踪脚本/作业的变更情况，支持版本对比和回滚。系统最多保留最近100条的版本记录，更早的版本记录会被删除。

用户可以在版本列表中看到已经提交过的版本信息（当前最多保存最近10条版本信息）。点击"回滚"，可以回退到任意一个已提交的版本。回滚内容包括：作业定义（算子属性、连线等）、作业基本信息、作业调度配置、作业参数、血缘关系中的所有内容。图 2-33 所示为版本对话框图示。

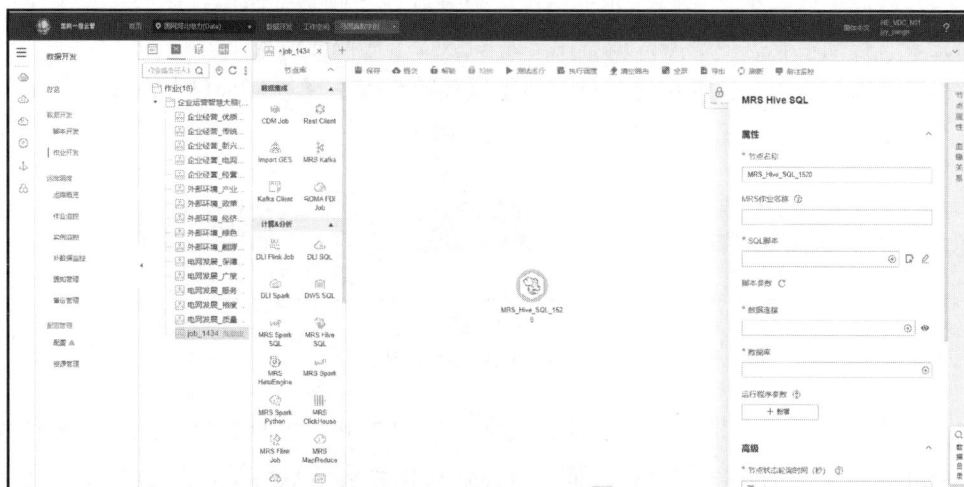

图 2-33 版本对话框图示

四、作业监控

（一）批作业监控

批作业监控提供了对批处理作业的状态进行监控的能力。批处理作业支持作业级别的调度计划，可以定期处理批量数据，主要用于实时性要求低的场景。批作业是由一个或多个节点组成的流水线，以流水线作为一个整体被调度。被调度触发后，任务执行一段时间必须结束，即任务不能无限时间持续运行。

点击【作业监控】进入【批作业监控】，或作业中的【前往监控】进入作业监控页面查看或修改批处理作业的调度状态、调度周期、调度开始时间等信息，如图 2-34 所示。

图 2-34 批作业监控页面图示

作业调度状态主要分为：调度中、已暂停和已停止。这 3 种状态分别代表了作业的执行情况，让用户可以清晰地了解作业的运行状态。

（1）调度中：表示作业正在按照预定的调度计划执行。这可能意味着作业正在运行其中的一个或多个脚本，或者作业正在等待下一次的执行时间。

（2）已暂停：表示作业的调度已经被暂停。在这个状态下，作业不会执行任何脚本，也不会等待下一次的执行时间。但是，作业的所有信息和设置都会被保留，可以随时恢复调度。

（3）已停止：表示作业已经完全停止，不再进行任何调度操作。这通常发生在作业已经完成所有预定的执行任务，或者用户手动停止了作业的情况下。

用户可以根据需要，使用【执行调度】、【暂停调度】、【恢复调度】和【停止调度】这 4 个操作来修改作业的调度状态，如图 2-35 所示。

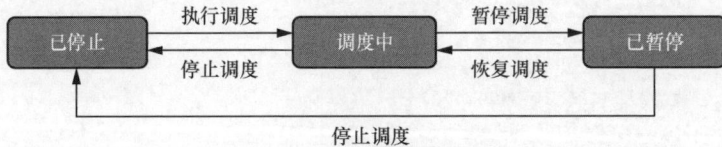

图 2-35 批作业状态图示

单击作业名称，在指定批作业监控页面（见图 2-36）中查看该作业的作业参数、作业属性、作业实例。单击作业的某个节点，可以查看节点属性、脚本内容、节点监控信息。

同时，我们可以查看当前作业版本、作业调度状态、执行调度、停止调度、对运行中的作业暂停调度、补数据、通知配置、设置作业刷新频率等。

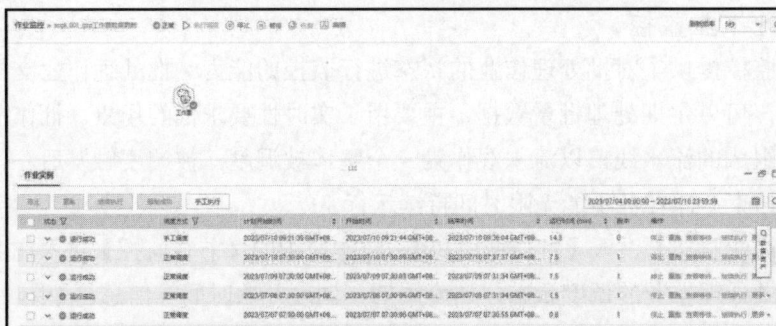

图 2-36 指定批作业监控页面图示

（二）实时作业监控

实时作业监控提供了对实时处理作业的状态进行监控的能力。

实时处理作业处理实时的连续数据，主要用于实时性要求高的场景。实时作业是由一个或多个节点组成的流水线，每个节点配置独立的、节点级别的调度策略，而且节点启动的任务可以永不下线。在实时作业里，带箭头的连线仅代表业务上的关系，而非任务执行流程，更不是数据流。

同样，我们可以点击【作业监控】进入【实时作业监控】页面，即可查看或配置实时处理作业的运行状态、开始执行时间、结束执行时间等信息，如图2-37所示。

图2-37　实时作业监控页面图示

单击作业名称，在打开的页面中查看当前作业版本、查看作业运行状态、启动、重跑、作业开发、是否显示指标监控、设置作业刷新频率等一系列操作，如图2-38所示。

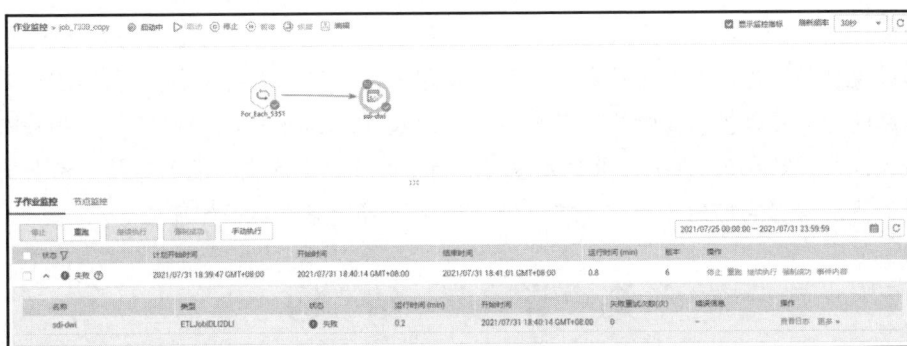

图2-38　实时批作业监控页面图示

第三章　数　据　结　构

本章将着重介绍在日常工作中使用较为频繁的 Hive 数据库的相关知识和操作技巧。Hive 作为一种基于 Hadoop 的数据仓库工具，能够支持大规模数据的存储和分析，广泛应用于数据处理领域。通过学习本章的内容，读者可以了解到如何使用 Hive 进行数据的查询、分析和管理等操作，从而更好地完成日常工作中的数据处理任务。

当然，数据中台中除了 Hive 数据库，还存在许多其他类型的数据库，如 RDS 和 DWS 等。如果读者想要进一步掌握这些数据库的使用方法，可以自行进行学习。RDS 是一种云数据库服务，可以提供高性能、可靠、安全的数据库解决方案。DWS 是一种分布式数据库系统，能够支持 PB 级别的数据处理和分析。这些数据库在不同的场景下都具有重要的应用价值，掌握它们的使用方法将有助于读者更好地完成数据处理任务。

第一节　表　结　构

Hive 是一个基于 Hadoop 的数据仓库工具，它可以将结构化的数据文件映射为一张数据库表，并通过类似于 SQL 的查询语言（HiveQL）来查询这些数据。Hive 使得使用者可以轻松地使用类似于 SQL 的语言进行大规模数据集的分析，而无需深入了解底层的 Hadoop MapReduce 技术。Hive 支持以下 3 种表格类型，如图 3-1 所示。

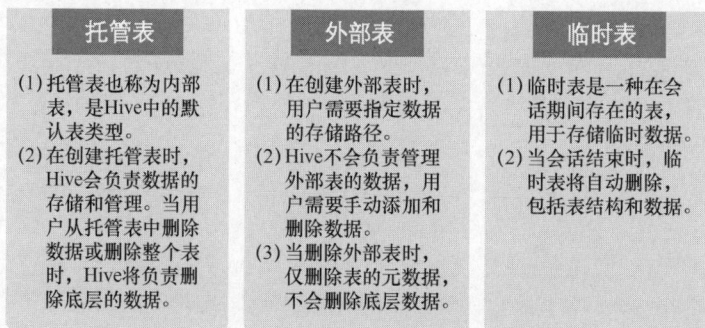

托管表	外部表	临时表
(1) 托管表也称为内部表，是Hive中的默认表类型。 (2) 在创建托管表时，Hive会负责数据的存储和管理。当用户从托管表中删除数据或删除整个表时，Hive将负责删除底层的数据。	(1) 在创建外部表时，用户需要指定数据的存储路径。 (2) Hive不会负责管理外部表的数据，用户需要手动添加和删除数据。 (3) 当删除外部表时，仅删除表的元数据，不会删除底层数据。	(1) 临时表是一种在会话期间存在的表，用于存储临时数据。 (2) 当会话结束时，临时表将自动删除，包括表结构和数据。

图 3-1　Hive 支持的表类型

下面对 Hive 的 3 种表类型的特点、创建及使用方法进行详细介绍。

一、托管表（内部表）

托管表，又称内部表。Hive 在创建托管表时，会自动管理表的数据存储。即当用户向托管表中加载数据时，Hive 会将数据文件拷贝到表所在的 HDFS 目录中。同时，当用户删除托管表时，Hive 会自动删除该表所在的 HDFS 目录以及其包含的数据文件。托管表的主要特点如图 3-2 所示。

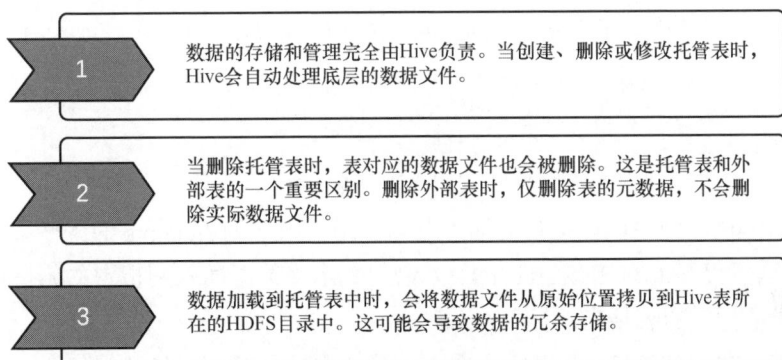

1	数据的存储和管理完全由Hive负责。当创建、删除或修改托管表时，Hive会自动处理底层的数据文件。
2	当删除托管表时，表对应的数据文件也会被删除。这是托管表和外部表的一个重要区别。删除外部表时，仅删除表的元数据，不会删除实际数据文件。
3	数据加载到托管表中时，会将数据文件从原始位置拷贝到Hive表所在的HDFS目录中。这可能会导致数据的冗余存储。

图 3-2　托管表特点

下面是一个创建 Hive 托管表的简单示例：

首先创建一个 Hive 脚本，使用以下命令创建一个名为 students 的托管表格：

```
CREATE TABLE students (
  id INT,
  name STRING,
  gender STRING,
  age INT,
  grade STRING,
  major STRING
)
ROW FORMAT DELIMITED
FIELDS TERMINATED BY ','
STORED AS TEXTFILE;
```

代码各部分的详细解释如下。

（1）CREATE TABLE students：创建一个名为 students 的托管表。

（2）紧接着的括号内部是表的列定义，包括列名和数据类型。在本例中，我们定义了 6 个字段：id 学生编号（数字类型）、name 学生名字（字符串类型）、gender 学生性别（字符串类型）、age 学生年龄（数字类型）、grade 学生年级（字符串类型）和 major 学生专业（字符串类型）。

（3）ROW FORMAT DELIMITED：表示使用行分隔符进行数据分割，可以指定行分隔符的类型和字符集等信息，不需要时可以省略。

（4）FIELDS TERMINATED BY ','：指定列之间的分隔符为逗号，可以根据实际情况使用其他字符作为分隔符（如制表符、空格等），不需要时可以省略。

（5）STORED AS TEXTFILE：指定数据以文本文件的形式存储。Hive 还支持其他存储格式，如 SEQUENCEFILE、ORC 等。不需要时可以省略。

在创建了这个托管表后，Hive 会自动为表分配一个 HDFS 目录来存储数据。用户可以通过 LOAD DATA 或 INSERT 语句向表中添加数据。当删除这个托管表时，Hive 会自动删除对应的 HDFS 目录以及其中的数据文件。

接下来，可以使用以下命令向 students 表中插入数据：

```
INSERT INTO students VALUES
(1,'张三','男',20,'大学二年级','计算机'),
(2,'李四','女',21,'大学三年级','数学'),
(3,'王五','男',19,'大学一年级','电气自动化');
```

在上述语句是一个 Hive SQL 的插入语句，用于向名为 students 的表格中插入数据。具体来说，这段代码中的 INSERT INTO 语句表示将数据插入到指定的表格中，后面的 students 表示要插入的表格名。

插入语句中的 VALUES 关键字后面跟着多个用括号括起来的数据集合，每个集合对应一条数据记录。在每个数据集合中，各个字段的值按照表格定义的顺序依次排列，以逗号分隔。在本例中，每个数据集合包含了 6 个字段，分别对应学生编号 id、学生名字 name、学生性别 gender、学生年龄 age、学生年级 grade 和学生专业 major 这 6 个字段的值。在执行这段代码之后，将会在 students 表格中插入这 3 条数据记录，供后续查询和操作使用。

最后，使用以下命令查询 students 表中的数据：

```
SELECT * FROM students;
```

在上述语句中，我们使用 SELECT 语句查询了 students 表中的所有数据，并使用*通配符表示查询所有字段的值。

需要注意的是，Hive 托管表格是一种基于 Hadoop 的分布式表格，其数据存储在 Hadoop 分布式文件系统(HDFS)中，可以通过 Hive SQL 语句进行查询和管理。与传统的关系型数据库不同的是，Hive 托管表格的查询和操作可能会受到 Hadoop 集群的负载和网络带宽等因素的影响，因此需要进行适当的性能优化和调整。

二、外部表

创建 Hive 外部表的方法与托管表类似，以 students_external 表为例，我们可以使用以下语句创建一个外部表：

```
CREATE EXTERNAL TABLE students_external (
  id INT,
```

```
   name STRING,
   gender STRING,
   age INT,
   grade STRING,
   major STRING
)
LOCATION '/path/to/your/data/students_data';
```

下面将着重解释一下创建托管表与外部表步骤的 2 个不同之处。

（1）CREATE EXTERNAL TABLE students_external：创建一个名为 students_external 的外部表。注意这里使用了 EXTERNAL 关键字，所以创建的是外部表。

（2）LOCATION '/path/to/your/data/students_data'：指定外部表的数据文件存储位置。这里需要替换为实际的 HDFS 目录路径。请注意，这个目录应该在 HDFS 上预先存在，且包含满足表定义格式的数据文件。

创建外部表后，用户就可以像查询普通 Hive 表一样使用 HiveQL 对其进行查询。需要注意的是，与托管表不同，删除外部表时，Hive 只会删除表的元数据，不会删除实际的数据文件。

三、临时表

Hive 临时表是一种仅在会话期间存在的表。当会话结束时，临时表会自动删除，不会留下元数据或数据文件。临时表对于存储中间结果或进行一次性查询非常有用。

以 students_temp 为例，我们可以使用以下语句创建一个临时表：

```
CREATE TEMPORARY TABLE students_temp (
   id INT,
   name STRING,
   gender STRING,
   age INT,
   grade STRING,
   major STRING
)
```

这段代码与创建托管表或外部表的代码非常类似，唯一的区别是在 CREATE TABLE 语句中加入了 TEMPORARY 关键字。

需要注意的是，临时表在 Hive 中并不会生成持久化的 HDFS 目录，数据是暂存在本地会话中。因此，临时表的数据不会跨会话共享，也不会影响其他用户的查询。在当前会话结束时，临时表及其数据将自动被删除。

四、视图

除了托管表格、外部表格和临时表格之外，Hive 还支持视图（View）的创建和使用。视图是一种逻辑表格，可以将表格中的部分数据或多个表格中的数据合并展现，并通过

SQL 查询进行访问，从而简化数据处理和查询的复杂性。Hive 中的视图可以分为本地视图和全局视图 2 种类型。

（一）本地视图（Local View）

本地视图是一种仅存在于当前会话中的视图，类似于 Hive 的临时表格。可以使用以下语法创建本地视图：

```
CREATE VIEW view_students AS SELECT * FROM students;
```

在上述语法中，CREATE VIEW 表示创建视图的语法，view_students 为视图的名称，SELECT 后面的语句用于指定要查询的数据集合。这里我们以 students 表为例，该语句表示将 students 表中的所有数据保存到一个名为 view_students 的视图中。

（二）全局视图（Global View）

全局视图是一种与 Hive 元数据库关联的视图，可以在多个会话中进行访问和查询，类似于关系型数据库中的全局视图。可以使用以下语法创建全局视图：

```
CREATE VIEW view_students AS SELECT * FROM students
WITH [CASCADED|LOCAL] CHECK OPTION;
```

创建全局视图的方法与创建本地视图类似，唯一的不同在于全局视图需要在代码最后添加语句：WITH [CASCADED|LOCAL] CHECK OPTION 用于指定视图中数据的更新策略，其中 CASCADED 表示更新视图时必须同时更新关联的所有表格，LOCAL 表示仅更新当前视图所关联的表格。需要注意的是，全局视图必须在 Hive 元数据库中注册，否则无法在多个会话中进行访问。

创建视图之后，可以使用 SELECT 语句查询视图中的数据，类似于查询表格中的数据。需要注意的是，视图只是一个逻辑表格，并不实际存储数据，因此查询视图的性能可能会受到实际数据源的影响。视图还可以与其他 Hive 语法结合使用，如 JOIN、GROUP BY 等，从而实现更为复杂的数据处理和查询需求。

第二节　数　据　类　型

学习 SQL 时，理解数据类型是一个非常重要的概念，不同的数据类型可以支持不同的操作，并且不同的数据类型具有不同的存储要求和占用空间。在 SQL 中，如果数据类型不匹配，则可能会导致错误或性能问题。例如，如果将一个字符串类型的值插入到一个整数类型的列中，会导致数据类型不匹配的错误。此外，如果不了解数据类型的存储要求和占用空间，可能会导致浪费存储空间和降低查询和排序性能。

因此，学习 SQL 时，需要先学习数据类型，了解不同的数据类型以及它们支持的操作、存储要求和占用空间。这有助于程序员正确地选择数据类型，以提高数据库的性能并保证数据的完整性。同时，对于 SQL 查询和排序操作，选择正确的数据类型也是优化查询性能的重要因素之一。

Hive 支持多种数据类型,包括原始数据类型(Primitive data types)和复合数据类型(Complex data types)。以下是一些常见的 Hive 数据类型:

一、原始数据类型

原始数据类型是计算机编程中的基本数据类型,通常也称为基本数据类型或简单数据类型。它们是编程语言中最基础的数据类型,通常由编程语言本身提供支持。

原始数据类型包括整型(int)、浮点型(float)、布尔型(bool)、字符型(char)等。这些数据类型的特点是它们不是对象,不能拥有方法或属性,它们只是存储基本数据的值。它们的值通常是存储在计算机内存中的连续的二进制位。

（一）整数类型

Hive 数据库中的整数类型用于表示整数值。根据整数的大小和符号,Hive 提供了 4 种不同的整数类型,分别是 TINYINT、SMALLINT、INT 和 BIGINT,如图 3-3 所示。

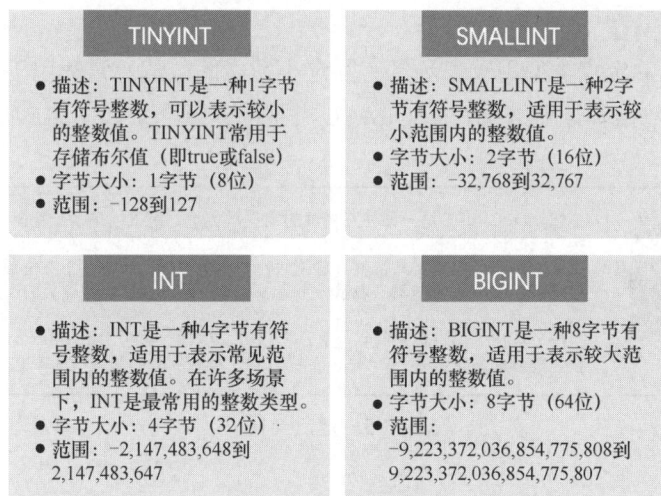

TINYINT
- 描述:TINYINT是一种1字节有符号整数,可以表示较小的整数值。TINYINT常用于存储布尔值(即true或false)
- 字节大小:1字节(8位)
- 范围:−128到127

SMALLINT
- 描述:SMALLINT是一种2字节有符号整数,适用于表示较小范围内的整数值。
- 字节大小:2字节(16位)
- 范围:−32,768到32,767

INT
- 描述:INT是一种4字节有符号整数,适用于表示常见范围内的整数值。在许多场景下,INT是最常用的整数类型。
- 字节大小:4字节(32位)
- 范围:−2,147,483,648到2,147,483,647

BIGINT
- 描述:BIGINT是一种8字节有符号整数,适用于表示较大范围内的整数值。
- 字节大小:8字节(64位)
- 范围:−9,223,372,036,854,775,808到9,223,372,036,854,775,807

图 3-3　整数类型

在创建 Hive 表时,应根据实际需要选择合适的整数类型。选择适当的整数类型可以节省存储空间并提高查询性能。例如,如果某个列的值永远不会超过 127,那么使用 TINYINT 而不是 INT 可以节省存储空间。然而,在考虑存储空间时,也要注意可能的数据溢出问题,确保所选的整数类型可以满足数据范围的要求。

（二）浮点类型

Hive 数据库中的浮点类型用于表示实数值,包括小数和整数。根据精度和大小的需求,Hive 提供了两种浮点类型,即 FLOAT 和 DOUBLE,如图 3-4 所示。

FLOAT

(1) 描述：FLOAT是一种4字节单精度浮点数，适用于表示一般精度要求的实数值。在许多场景下，FLOAT类型可以提供足够的精度，同时节省存储空间。
(2) 字节大小：4字节（32位）。
(3) 精度：约7位有效数字（小数点前后总共）。
(4) 范围：-3.4E+38到3.4E+38（取决于具体实现）。

DOUBLE

(1) 描述：DOUBLE是一种8字节双精度浮点数，适用于表示较高精度要求的实数值。当需要表示具有更高精度的实数时，可以使用DOUBLE类型。
(2) 字节大小：8字节（64位）。
(3) 精度：约15-17位有效数字（小数点前后总共）。
(4) 范围：-1.8E+308到1.8E+308（取决于具体实现）。

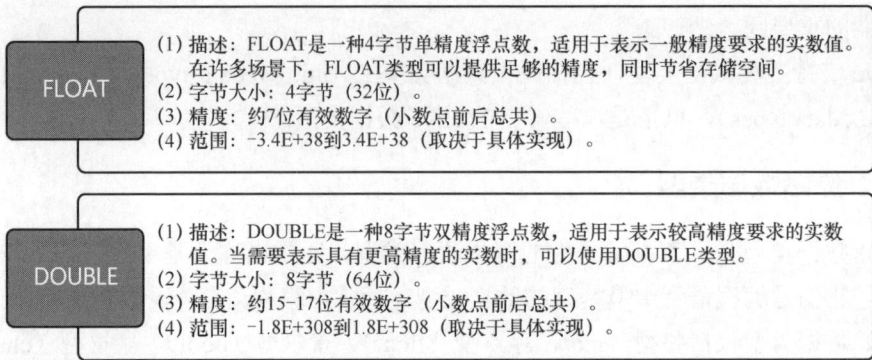

图 3-4　浮点类型

在创建 Hive 表时，应根据实际需要选择合适的浮点类型，在满足精度要求的前提下节省存储空间。如果精度要求不高，可以使用 FLOAT 类型；如果需要更高的精度，可以使用 DOUBLE 类型。需要注意的是，浮点类型可能会有舍入误差，对于需要精确表示的场景（如金融数据），可以考虑使用定点数类型。

（三）定点类型

Hive 数据库的定点类型用于表示具有固定小数点的数值，它适用于需要精确表示的场景，例如金融数据和计算结果。DECIMAL 类型的详细介绍如图 3-5 所示。

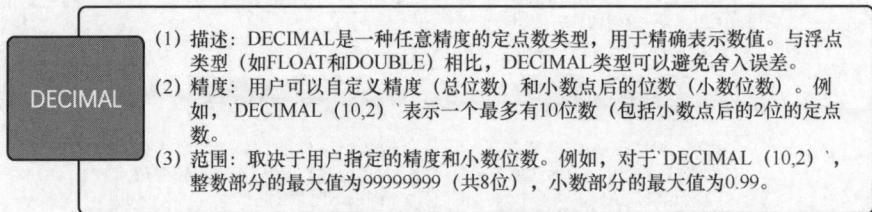

DECIMAL

(1) 描述：DECIMAL是一种任意精度的定点数类型，用于精确表示数值。与浮点类型（如FLOAT和DOUBLE）相比，DECIMAL类型可以避免舍入误差。
(2) 精度：用户可以自定义精度（总位数）和小数点后的位数（小数位数）。例如，`DECIMAL（10,2）`表示一个最多有10位数（包括小数点后的2位的定点数。
(3) 范围：取决于用户指定的精度和小数位数。例如，对于`DECIMAL（10,2）`，整数部分的最大值为99999999（共8位），小数部分的最大值为0.99。

图 3-5　定点类型

在创建 Hive 表时，可以根据实际需要为数值列选择 DECIMAL 类型。需要注意的是，为了避免数据溢出问题，应合理设置精度和小数位数，以满足实际数据范围的要求。同时，在计算过程中，Hive 会根据参与计算的列的精度和小数位数自动调整结果的精度和小数位数，以确保结果的正确性。

由于 DECIMAL 类型可以避免浮点类型的舍入误差，DECIMAL 类型通常需要更多的存储空间和计算资源，因此在不需要高精度的场景中，可以考虑使用浮点类型来节省资源。

（四）字符串类型

Hive 数据库的字符串类型用于存储定长或不定长的字符串，包含 STRING、CHAR 和 VARCHAR 这 3 种类型，如图 3-6 所示。

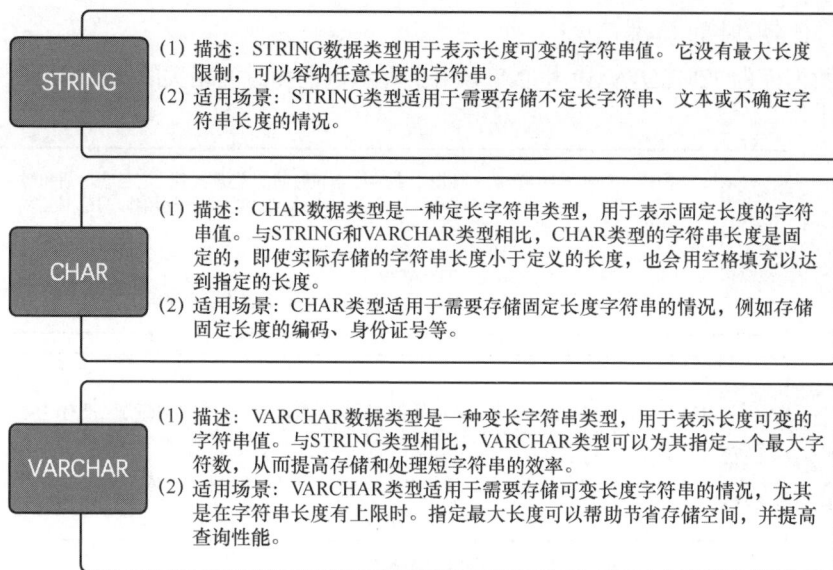

图 3-6 字符串类型

以下是如何在 Hive 表中定义具有 STRING、CHAR、和 VARCHAR 类型列的示例：

```
CREATE TABLE example_table (
  id INT,
  title STRING,              -- title 列为 STRING 类型,没有长度限制
  code CHAR(10),             -- code 列为 CHAR 类型,固定长度为 10 个字符
  name VARCHAR(50)           -- name 列为 VARCHAR 类型,最大长度为 50 个字符
);
```

在选择 STRING、CHAR、或 VARCHAR 类型时，您需要根据实际需求和数据特点来决定，如图 3-7 所示。

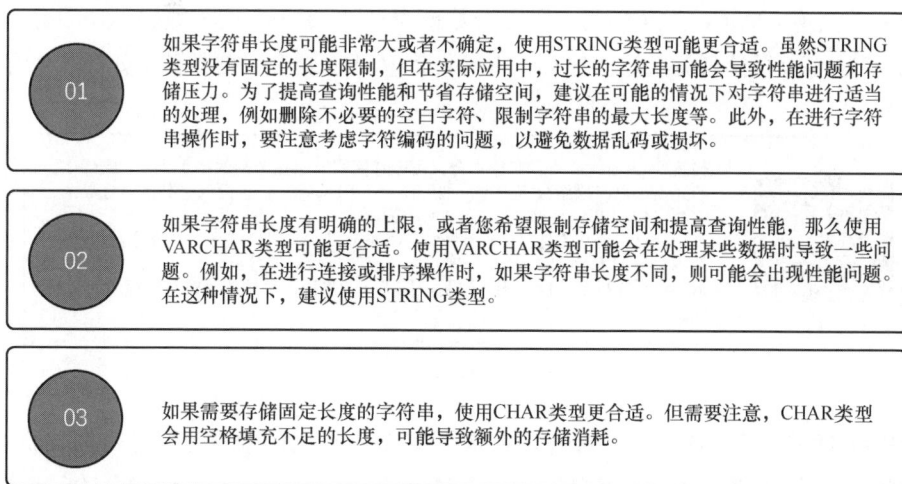

图 3-7 字符串类型选择

（五）日期/时间类型

Hive 数据库的 TIMESTAMP 和 DATE 用于表示日期和时间相关的数据，如图 3-8 所示。

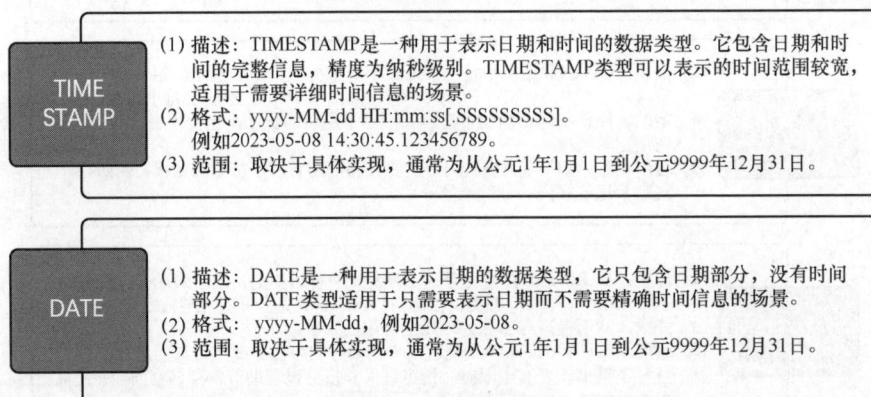

TIME STAMP

(1) 描述：TIMESTAMP是一种用于表示日期和时间的数据类型。它包含日期和时间的完整信息，精度为纳秒级别。TIMESTAMP类型可以表示的时间范围较宽，适用于需要详细时间信息的场景。
(2) 格式：yyyy-MM-dd HH:mm:ss[.SSSSSSSSS]。例如2023-05-08 14:30:45.123456789。
(3) 范围：取决于具体实现，通常为从公元1年1月1日到公元9999年12月31日。

DATE

(1) 描述：DATE是一种用于表示日期的数据类型，它只包含日期部分，没有时间部分。DATE类型适用于只需要表示日期而不需要精确时间信息的场景。
(2) 格式：yyyy-MM-dd，例如2023-05-08。
(3) 范围：取决于具体实现，通常为从公元1年1月1日到公元9999年12月31日。

图 3-8 日期/时间类型

在创建 Hive 表时，可以根据实际需要为日期和时间相关的列选择合适的类型。例如，如果需要表示具体的事件发生时间，可以选择 TIMESTAMP 类型；如果只需要表示事件发生的日期，可以选择 DATE 类型。

Hive 还提供了一系列日期和时间相关的函数，用于对日期和时间数据进行操作，例如日期加减、提取日期部分、格式化日期等，这些函数可以帮助使用者更方便地完成各种计算和转换任务，我们将在后续章节中进行介绍。

二、复合数据类型

（一）ARRAY

Hive 数据库的 ARRAY 类型是一种复合数据类型，用于表示同一数据类型的有序集合。ARRAY 类型可以存储任意长度的序列，并允许嵌套其他复合数据类型，如图 3-9 所示。

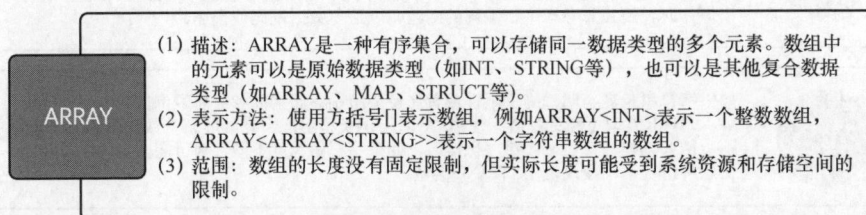

ARRAY

(1) 描述：ARRAY是一种有序集合，可以存储同一数据类型的多个元素。数组中的元素可以是原始数据类型（如INT、STRING等），也可以是其他复合数据类型（如ARRAY、MAP、STRUCT等）。
(2) 表示方法：使用方括号[]表示数组，例如ARRAY<INT>表示一个整数数组，ARRAY<ARRAY<STRING>>表示一个字符串数组的数组。
(3) 范围：数组的长度没有固定限制，但实际长度可能受到系统资源和存储空间的限制。

图 3-9 ARRAY 类型

使用 ARRAY 类型时，可以利用 Hive 提供的数组相关函数进行操作，例如获取数组长度、访问数组元素、查询数组中是否包含某个值等。此外，当处理嵌套的复合数据类型时，可以使用 Hive 的 LATERAL VIEW 和 EXPLODE 函数将嵌套的数组或其他复合数据类型扁平化，便于进行进一步的分析和计算。

（二）MAP

Hive 数据库的 MAP 类型是一种复合数据类型，用于表示键值对（Key-Value pairs）的集合。MAP 类型可以存储任意数量的键值对，并允许嵌套其他复合数据类型，如图 3-10 所示。

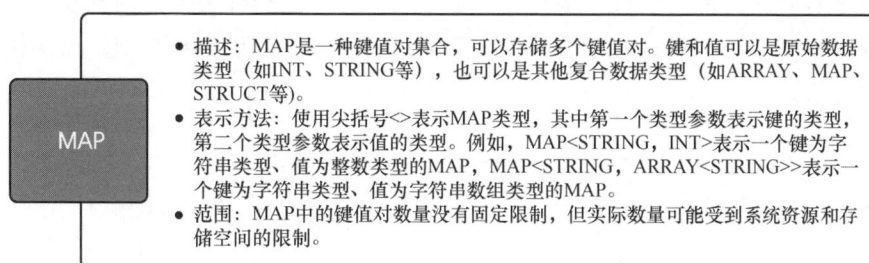

- 描述：MAP是一种键值对集合，可以存储多个键值对。键和值可以是原始数据类型（如INT、STRING等），也可以是其他复合数据类型（如ARRAY、MAP、STRUCT等）。
- 表示方法：使用尖括号<>表示MAP类型，其中第一个类型参数表示键的类型，第二个类型参数表示值的类型。例如，MAP<STRING, INT>表示一个键为字符串类型、值为整数类型的MAP，MAP<STRING, ARRAY<STRING>>表示一个键为字符串类型、值为字符串数组类型的MAP。
- 范围：MAP中的键值对数量没有固定限制，但实际数量可能受到系统资源和存储空间的限制。

图 3-10　MAP 类型

在创建 Hive 表时，可以为需要存储键值对集合的列选择 MAP 类型。MAP 类型非常灵活，可以用于存储一对多、多对多关系的数据，如用户的属性（ID-属性值）、单词与其出现频率等。

与 ARRAY 类似的，MAP 类型也可以利用 Hive 提供的 MAP 相关函数进行操作，例如获取 MAP 的大小、访问 MAP 中的值、检查 MAP 中是否包含某个键等；也可以使用 Hive 的 LATERAL VIEW 和 EXPLODE 函数将嵌套的 MAP 或其他复合数据类型扁平化，便于进行进一步的分析和计算。

（三）STRUCT

Hive 数据库的 STRUCT 类型是一种复合数据类型，用于表示具有多个字段的结构化数据。STRUCT 类型可以包含不同类型的字段，并允许嵌套其他复合数据类型，如图 3-11 所示。

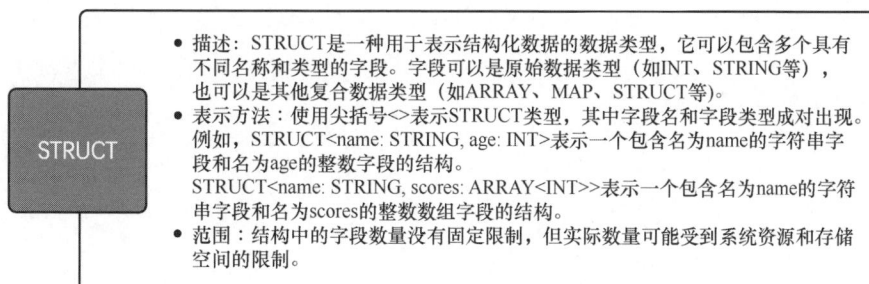

- 描述：STRUCT是一种用于表示结构化数据的数据类型，它可以包含多个具有不同名称和类型的字段。字段可以是原始数据类型（如INT、STRING等），也可以是其他复合数据类型（如ARRAY、MAP、STRUCT等）。
- 表示方法：使用尖括号<>表示STRUCT类型，其中字段名和字段类型成对出现。例如，STRUCT<name: STRING, age: INT>表示一个包含名为name的字符串字段和名为age的整数字段的结构。STRUCT<name: STRING, scores: ARRAY<INT>>表示一个包含名为name的字符串字段和名为scores的整数数组字段的结构。
- 范围：结构中的字段数量没有固定限制，但实际数量可能受到系统资源和存储空间的限制。

图 3-11　STRUCT 类型

在创建 Hive 表时，可以为需要存储结构化数据的列选择 STRUCT 类型。STRUCT 类型非常灵活，可以用于存储具有多个属性的实体，如用户信息（包括姓名、年龄、地址等）、产品信息（包括名称、价格、描述等）等。

与上述复合类型不同的是：STRUCT 类型可以使用点（.）操作符访问结构中的字段，例如 user_info.name 表示访问名为 user_info 的结构中的 name 字段。

在创建 Hive 表时，可以根据实际需要选择合适的数据类型。复合数据类型允许您存储更复杂的数据结构，便于处理嵌套数据或者不规则数据格式。需要注意的是，尽管复合数据类型具有很大的灵活性，但在处理大量数据时可能会导致性能问题和存储压力。因此，在使用复合数据类型时，应根据实际需求进行适当的优化和限制，以保证查询性能和存储效率。

第四章 SQL 语 句

在上一章节中，我们介绍了几种表结构和数据类型，让您对 Hive 中如何定义表和处理不同类型的数据有了基本了解。本章我们将开始真正进入 SQL 语句的学习阶段。读者将会真正领略到 SQL 语句的大道至简，了解如何通过简单而强大的语句来操作和查询数据。

通过本章的学习，您将掌握 Hive 中 SQL 语句的基本用法和高级技巧，从而在实际工作中能够灵活地处理各种数据分析和挖掘任务，为您的数据分析工作带来极大的便利。

第一节 基 本 语 句

一、创建语句 CREATE

在 Hive 中，CREATE 语句主要用于创建数据库、表或者视图。下面是 CREATE 语句的基本用法。

（一）创建数据库（CREATE DATABASE）

以下是数据库创建语句的语法：

```
CREATE DATABASE IF NOT EXISTS database_name
COMMENT 'This is a comment'
LOCATION '/path/to/database';
```

这个语句会在指定的位置创建一个新的数据库。

（1）IF NOT EXISTS 是可选的，它会检查是否已经存在同名的数据库，如果存在则不会创建。

（2）COMMENT 也是可选的，它用于添加描述信息。

（二）创建表（CREATE TABLE）

以下是在数据库创建一个表的语法：

```
CREATE TABLE IF NOT EXISTS table_name (
  column1 datatype1,
  column2 datatype2,
  ...
```

```
)
COMMENT 'This is a comment'
PARTITIONED BY (partition_column datatype)
ROW FORMAT DELIMITED
FIELDS TERMINATED BY ','
STORED AS file_format;
```

这个语句会创建一个新的表。表中的每一列都需要指定数据类型。也可以指定表的分区列（PARTITIONED BY），数据的存储格式（STORED AS）以及字段的分隔符（FIELDS TERMINATED BY）。类似地，IF NOT EXISTS 和 COMMENT 也是可选的。

（三）创建视图（CREATE VIEW）

以下是在数据库创建一个视图的语法：

```
CREATE VIEW IF NOT EXISTS view_name AS
SELECT column1,column2,...
FROM table_name
WHERE condition;
```

这个语句会创建一个新的视图。视图是一个虚拟表，它的内容由一个 SELECT 语句定义。我们可以像查询普通表一样查询视图，视图可以帮助我们简化复杂的查询，或者限制用户对数据的访问。

二、插入语句 INSERT

在 Hive 中，INSERT 语句用于向表中插入新的数据行。需要注意的是，Hive 不支持在 INSERT 语句中使用子查询。以下是 INSERT 语句的基本用法。

（一）插入全部列的数据

如果想向表的所有列插入数据，可以使用以下语法：

```
INSERT INTO TABLE table_name
VALUES (value1,value2,...);
```

在这个例子中，需要为表的每一列提供一个值，值的顺序需要与表的列的顺序相匹配。例如，如果有一个名为 students 的表，它有 3 个列：id、name、age，可以像这样插入一行数据：

```
INSERT INTO TABLE students
VALUES (1,'John',18);
```

（二）插入部分列的数据

如果只想向表的部分列插入数据，可以使用以下语法：

```
INSERT INTO TABLE table_name (column1,column2,...)
VALUES (value1,value2,...);
```

在这个例子中，只需要为指定的列提供值。例如，如果只想向 students 表的 id 和 name 列插入数据，可以这样做：

```
INSERT INTO TABLE students (id,name)
VALUES (2,'Mike');
```

（三）插入查询结果

还可以将一个查询的结果插入到表中，这在根据已有的数据生成新数据时非常有用。

```
INSERT INTO TABLE table_name
SELECT column1,column2,...
FROM another_table
WHERE condition;
```

在这个例子中，SELECT 语句的结果会被插入到 table_name 中。例如，如果想将所有年龄大于 18 岁的学生的 id 和 name 插入到一个名为"adult_students"的表：

```
INSERT INTO TABLE adult_students
SELECT id,name
FROM students
WHERE age > 18;
```

三、更新语句 ALTER

在 Hive 中，ALTER 语句用于修改现有的数据库对象，如数据库、表或列。以下是 ALTER 语句的基本用法：

（一）修改数据库（ALTER DATABASE）

```
ALTER (DATABASE|SCHEMA) database_name SET DBPROPERTIES (property_name=property_
value,...);
```

这个语句可以修改数据库的属性。可以指定一个或多个属性，每个属性都由一个属性名和属性值组成。

（二）修改表（ALTER TABLE）

```
ALTER TABLE table_name RENAME TO new_table_name;
ALTER TABLE table_name ADD COLUMNS (col_name data_type COMMENT
col_comment,...);
ALTER TABLE table_name CHANGE COLUMN old_col_name new_col_name new _data_
type;
ALTER TABLE table_name REPLACE COLUMNS (col_name data_type COMMENT col_
comment,...);
```

这些语句可以重命名表、添加新列、修改现有列的名称或数据类型，或者替换所有列。

（三）修改分区（ALTER TABLE ...PARTITION）

```
ALTER TABLE table_name PARTITION (partition_spec) RENAME TO PARTITION
(partition_spec);
ALTER TABLE table_name PARTITION (partition_spec) SET LOCATION 'new_
location';
```

这些语句可以重命名分区或者修改分区的位置。

（四）修改列（ALTER TABLE …CHANGE COLUMN）

```
ALTER TABLE table_name CHANGE COLUMN old_col_name new_col_name new_data_
type;
```

这个语句可以修改列的名称或数据类型。

四、删除语句 DROP

在 Hive 中，DROP 语句用于删除数据库对象或表中的数据。以下是 DROP 语句的基本用法：

（一）删除数据库（DROP DATABASE）

```
DROP DATABASE IF EXISTS database_name [CASCADE];
```

这个语句用于删除指定的数据库。IF EXISTS 是可选的，如果指定了，当数据库不存在时，不会报错。CASCADE 也是可选的，如果指定了，将会删除数据库中的所有表和视图。如果没有指定 CASCADE，当数据库中包含表或视图时，删除操作会失败。

（二）删除表（DROP TABLE）

```
DROP TABLE IF EXISTS table_name;
```

（三）删除分区（DROP PARTITION）

```
ALTER TABLE table_name DROP [IF EXISTS] PARTITION partition_spec;
```

五、查询语句 SELECT

Hive 中的 SELECT 语句用于从一个或多个表中检索数据。它是最基本的查询命令，语法与传统的 SQL 标准非常相似。以下是 SELECT 语句的基本结构：

```
SELECT column1,column2,...
FROM table_name
WHERE condition
GROUP BY column1,column2,...
HAVING condition
ORDER BY column1,column2,...ASC|DESC;
```

（1）SELECT：指定要从表中检索的列。如果想要选择所有列，可以使用星号（*）。

（2）FROM：指定要查询数据的表。

（3）WHERE：提供过滤条件，只返回满足条件的记录。这是一个可选项。

（4）GROUP BY：按照一个或多个列对结果集进行分组，这样可以在分组后的数据上应用聚合函数。这也是一个可选项。

（5）HAVING：与 WHERE 类似，提供过滤条件，但是 HAVING 作用在 GROUP BY

的结果上。HAVING 可以过滤掉不满足条件的分组。这也是一个可选项。

（6）ORDER BY：对结果集进行排序。默认是升序（ASC），如果想降序，可以使用 DESC 关键字。这也是一个可选项。

下面是一个基本的 SELECT 语句的例子：

```
SELECT name,age
FROM students
WHERE age > 18
ORDER BY age;
```

这个查询将从 students 表中选择所有年龄大于 18 岁的学生的姓名和年龄，并按照年龄升序排列。

另外，Hive 的 SELECT 语句也支持一些高级功能，例如连接（JOIN）、子查询（SUBQUERY）、集合操作（UNION、INTERSECT、EXCEPT）等构建更复杂的查询，这些功能的使用办法将在后续章节中涉及。

六、排序语句 ORDEY BY

在 Hive 中，ORDER BY 语句用于对查询结果进行排序。可以按照一个或多个列的值进行升序或降序排序。以下是 ORDER BY 语句的基本用法：

```
SELECT column1,column2,...
FROM table_name
ORDER BY column1 [ASC|DESC],column2 [ASC|DESC],...;
```

在这个语句中，ASC 表示升序排序，DESC 表示降序排序。如果没有指定排序方式，则默认为升序排序。例如，如果有一个名为 students 的表，它有 2 个列：name 和 age，可以使用以下语句按照年龄升序排序查询结果：

```
SELECT name,age
FROM students
ORDER BY age ASC;
```

或者可以使用以下语句按照年龄降序排序查询结果：

```
SELECT name,age
FROM students
ORDER BY age DESC;
```

还可以按照多个列的值进行排序。例如，先按照年龄排序，如果年龄相同，则按照姓名排序：

```
SELECT name,age
FROM students
ORDER BY age DESC,name ASC;
```

需要注意的是，Hive 中的 ORDER BY 会对所有的数据进行全局排序，因此可能需要较大的计算资源。如果只需要获取排序后的部分数据，可以使用 LIMIT 语句。

七、限制语句 LIMIT

在 Hive 中，LIMIT 语句用于限制查询返回的结果数量。它常常用于分页查询，或者在对数据做初步探索时减少输出的结果数量。

以下是 LIMIT 语句的基本用法：

```
SELECT column1,column2,...
FROM table_name
LIMIT number;
```

在这个语句中，number 是想要返回的最大结果数量。

例如，如果有一个名为 students 的表，可以使用以下语句查询前 10 个学生：

```
SELECT *
FROM students
LIMIT 10;
```

也可以与 ORDER BY 语句一起使用 LIMIT，来获取排序后的前 N 个结果。例如，获取年龄最大的 10 个学生：

```
SELECT *
FROM students
ORDER BY age DESC
LIMIT 10;
```

需要注意的是，LIMIT 语句只限制返回的结果数量，而不会影响查询涉及的数据量。也就是说，如果查询需要处理大量的数据，即使使用了 LIMIT 语句，查询的执行时间也可能会很长。

第二节 操 作 符

一、比较操作符

在 Hive 中，比较操作符用于比较 2 个表达式的值。以下是 Hive 支持的比较操作符：

（一）等于（=）

检查 2 个表达式是否相等。如果相等，返回 True；否则，返回 False。

```
SELECT *
FROM table_name
WHERE column1 = 'value';
```

（二）不等于（<> 或 !=）

检查 2 个表达式是否不相等。如果不相等，返回 True；否则，返回 False。

```
SELECT *
FROM table_name
WHERE column1 <> 'value';
```

（三）大于（>）

检查左边的表达式是否大于右边的表达式。如果大于，返回 True；否则，返回 False。

```
SELECT *
FROM table_name
WHERE column1 > 10;
```

（四）小于（<）

检查左边的表达式是否小于右边的表达式。如果小于，返回 True；否则，返回 False。

```
SELECT *
FROM table_name
WHERE column1 < 10;
```

（五）大于等于（>=）

检查左边的表达式是否大于或等于右边的表达式。如果大于或等于，返回 True；否则，返回 False。

```
SELECT *
FROM table_name
WHERE column1 >= 10;
```

（六）小于等于（<=）

检查左边的表达式是否小于或等于右边的表达式。如果小于或等于，返回 True；否则，返回 False。

```
SELECT *
FROM table_name
WHERE column1 <= 10;
```

（七）BETWEEN

检查表达式的值是否在 2 个值之间。如果在之间，返回 True；否则，返回 False。

```
SELECT *
FROM table_name
WHERE column1 BETWEEN 10 AND 20;
```

（八）IS NULL

检查表达式是否为 NULL。如果为 NULL，返回 True；否则，返回 False。

```
SELECT *
FROM table_name
WHERE column1 IS NULL;
```

（九）IS NOT NULL

检查表达式是否不为 NULL。如果不为 NULL，返回 True；否则，返回 False。

```
SELECT *
FROM table_name
WHERE column1 IS NOT NULL;
```

这些比较操作符通常用在 WHERE 和 HAVING 子句中，用于过滤查询结果。

二、逻辑操作符及求反操作符

在 Hive 中，逻辑操作符用于组合或反转条件表达式。以下是 Hive 支持的逻辑操作符。

（一）AND

如果 2 个条件都为真，返回 True。

```
SELECT *
FROM table_name
WHERE column1 = 'value1' AND column2 = 'value2';
```

这个查询将返回 column1 等于 value1 并且 column2 等于 value2 的所有行。

（二）OR

如果 2 个条件中至少有一个为真，返回 True。

```
SELECT *
FROM table_name
WHERE column1 = 'value1' OR column2 = 'value2';
```

这个查询将返回 column1 等于 value1 或者 column2 等于 value2 的所有行。

（三）NOT

如果条件为真，返回 False；如果条件为假，返回 True。

```
SELECT *
FROM table_name
WHERE NOT (column1 = 'value1');
```

这个查询将返回 column1 不等于 value1 的所有行。

这些逻辑操作符通常用在 WHERE 和 HAVING 子句中，用于组合或反转条件表达式。可以使用括号来改变操作符的优先级。在没有括号的情况下，NOT 优先于 AND，AND 优先于 OR。

三、连接操作符

在 Hive 中，连接操作符用于将 2 个或多个表的行组合起来，基于这些表之间的某种相关性。以下是 Hive 支持的连接操作符：

（一）INNER JOIN

返回 2 个表中存在匹配的行。

```
SELECT column1,column2,...
FROM table1
```

```
INNER JOIN table2
ON table1.matching_column = table2.matching_column;
```

（二）LEFT OUTER JOIN （或 LEFT JOIN）

返回左表中的所有行，以及右表中与左表匹配的行。如果右表中没有匹配的行，则结果中的列为 NULL。

```
SELECT column1,column2,...
FROM table1
LEFT OUTER JOIN table2
ON table1.matching_column = table2.matching_column;
```

（三）RIGHT OUTER JOIN （或 RIGHT JOIN）

返回右表中的所有行，以及左表中与右表匹配的行。如果左表中没有匹配的行，则结果中的列为 NULL。

```
SELECT column1,column2,...
FROM table1
RIGHT OUTER JOIN table2
ON table1.matching_column = table2.matching_column;
```

（四）FULL OUTER JOIN （或 FULL JOIN）

返回左表和右表中存在匹配的所有行。如果左表或右表中没有匹配的行，则结果中的列为 NULL。

```
SELECT column1,column2,...
FROM table1
FULL OUTER JOIN table2
ON table1.matching_column = table2.matching_column;
```

这些连接操作符通常用在 FROM 子句中，用于定义表的连接方式。在 ON 子句中，需要定义连接的条件，通常是 2 个表中的匹配列相等。

四、算术操作符

在 Hive 中，算术操作符用于执行基本的数学运算，如加法、减法、乘法、除法等。以下是 Hive 中的算术操作符：

（一）加法（+）

将 2 个数值相加。

```
SELECT column1 + column2
FROM table_name;
```

（二）减法（-）

从第一个数值中减去第二个数值。

```
SELECT column1 - column2
FROM table_name;
```

（三）乘法（*）

将 2 个数值相乘。

```
SELECT column1 * column2
FROM table_name;
```

（四）除法（/）

将第一个数值除以第二个数值。

```
SELECT column1 / column2
FROM table_name;
```

（五）取模（%）

返回第一个数值除以第二个数值的余数。

```
SELECT column1 % column2
FROM table_name;
```

这些算术操作符可以在 SELECT、WHERE 或 HAVING 子句中使用，用于计算数值表达式的结果。可以使用括号来改变操作符的优先级。在没有括号的情况下，乘法、除法和取模优先于加法和减法。

第三节　聚　合　函　数

Hive 中的聚合函数用于对数据集进行操作，返回一个单一的汇总值。这些函数通常用在 SELECT 语句的 GROUP BY 子句中。以下是 Hive 支持的一些聚合函数：

一、计数 COUNT 函数

在 Hive SQL 中，COUNT 函数用于计算表中行的数量，或者计算特定列中非 NULL 值的数量。COUNT 函数有 2 种基本的使用方式：

（一）COUNT（*）

计算表中的行数。

```
SELECT COUNT(*)
FROM table_name;
```

这将返回 table_name 中的行数。

（二）COUNT（column）

计算特定列中非 NULL 值的数量。

```
SELECT COUNT(column_name)
FROM table_name;
```

这将返回 table_name 中 column_name 列中非 NULL 值的数量。请注意，如果 column_name 列中有 NULL 值，这些值将不会被计算。

还可以与 DISTINCT 关键字一起使用 COUNT,以计算特定列中不同非 NULL 值的数量。

```
SELECT COUNT(DISTINCT column_name)
FROM table_name;
```

这将返回 table_name 中 column_name 列中不同非 NULL 值的数量。

二、求和 SUM 函数

在 Hive SQL 中,SUM 函数用于计算特定列中所有非 NULL 值的总和。其基本语法如下:

```
SELECT SUM(column_name)
FROM table_name;
```

这将返回 table_name 表中 column_name 列中所有非 NULL 值的总和。如果 column_name 列中有 NULL 值,这些值将不被计算。

例如,如果有一个包含销售数据的表,可以使用 SUM 函数计算总销售额:

```
SELECT SUM(sales)
FROM sales_data;
```

这将返回 sales_data 表中 sales 列(即销售额)的总和。

请注意,SUM 函数只适用于数值数据类型的列(如 INT,FLOAT,DOUBLE 等)。如果尝试在非数值数据类型的列上使用 SUM 函数,将会出错。

三、求平均值 AVG 函数

在 Hive SQL 中,AVG 函数用于计算特定列中所有非 NULL 值的平均值。其基本语法如下:

```
SELECT AVG(column_name)
FROM table_name;
```

这将返回 table_name 表中 column_name 列中所有非 NULL 值的平均值。如果 column_name 列中有 NULL 值,这些值将不被计算。

例如,如果有一个包含学生成绩的表,可以使用 AVG 函数来计算平均成绩:

```
SELECT AVG(score)
FROM student_grades;
```

这将返回 student_grades 表中 score 列(即学生成绩)的平均值。

请注意,AVG 函数只适用于数值数据类型的列(如 INT,FLOAT,DOUBLE 等)。如果尝试在非数值数据类型的列上使用 AVG 函数,将会出错。

四、求最大值 MAX 函数

在 Hive SQL 中,MAX 函数用于找出特定列中的最大值。基本语法如下:

```
SELECT MAX(column_name)
FROM table_name;
```

这将返回 table_name 表中 column_name 列的最大值。如果 column_name 列中有 NULL 值，这些值将不被考虑。

例如，如果有一个包含员工薪水的表，可以使用 MAX 函数来找出最高的薪水：

```
SELECT MAX(salary)
FROM employee_data;
```

这将返回 employee_data 表中 salary 列（即员工薪水）的最大值。

五、求最小值 MIN 函数

在 Hive SQL 中，MIN 函数用于找出特定列中的最小值。基本语法如下：

```
SELECT MIN(column_name)
FROM table_name;
```

这将返回 table_name 表中 column_name 列的最小值。如果 column_name 列中有 NULL 值，这些值将不被考虑。

例如，如果有一个包含员工薪水的表，可以使用 MIN 函数来找出最低的薪水：

```
SELECT MIN(salary)
FROM employee_data;
```

这将返回 employee_data 表中 salary 列（即员工薪水）的最小值。

MAX 和 MIN 函数可以用于任何可比较的数据类型，包括数值类型（如 INT，FLOAT，DOUBLE 等）、字符串类型（如 STRING，VARCHAR 等）和日期/时间类型（如 DATE，TIMESTAMP 等）。

此外，也可以在 GROUP BY 子句中使用这些聚合函数，以便根据一个或多个列的值对结果进行分组。例如，可以使用以下查询获取每个学生的平均成绩：

```
SELECT student_id,AVG(grade)
FROM grades
GROUP BY student_id;
```

这个查询将返回每个学生的平均成绩，其中 student_id 是每个学生的唯一标识符。

第四节 分 组 语 句

一、GROUP BY 子句

在 Hive SQL 中，GROUP BY 语句用于将来自多行的数据组合到一个大的数据集中，通常与聚合函数（如 SUM，AVG，MAX，MIN，COUNT 等）一起使用。基本语法如下：

```
SELECT column1,column2,...,aggregate_function(column)
FROM table_name
GROUP BY column1,column2,...;
```

其中，aggregate_function（column）是一个聚合函数，如 SUM，AVG，MAX，MIN，COUNT 等，它对每个组进行操作并返回一个单一的结果。例如，如果有一个包含员工薪水的表，可以使用 GROUP BY 语句和 AVG 函数来计算每个部门的平均薪水：

```
SELECT department,AVG(salary)
FROM employee_data
GROUP BY department;
```

在 GROUP BY 语句中，可以使用任何数量的列。分组的结果是，对于每个唯一的组合（在这个例子中是 department），将有一个结果行。如果按多个列进行分组，那么结果将为每个唯一的列组合返回一行。

请注意，所有未被聚合函数包含的列都必须在 GROUP BY 语句中指定。例如，以下查询将产生错误，因为 employee_name 列没有在 GROUP BY 语句中指定：

```
SELECT department,employee_name,AVG(salary)
FROM employee_data
GROUP BY department;
-- Error!
```

如果想要包含 employee_name 列，需要将它添加到 GROUP BY 语句中：

```
SELECT department,employee_name,AVG(salary)
FROM employee_data
GROUP BY department,employee_name;
```

二、HAVING 子句

在 Hive SQL 中，HAVING 子句用于对 GROUP BY 语句生成的结果进行过滤。它类似于 WHERE 子句，但 WHERE 子句不能与聚合函数一起使用，而 HAVING 子句可以。HAVING 子句的基本语法如下：

```
SELECT column1,column2,...,aggregate_function(column)
FROM table_name
GROUP BY column1,column2,...
HAVING condition;
```

其中，condition 是一个过滤条件，它只会保留那些使条件为真的组。

例如，如果有一个包含员工薪水的表，可以使用 GROUP BY 语句和 AVG 函数来计算每个部门的平均薪水，然后使用 HAVING 子句来只显示平均薪水超过某个值的部门：

```
SELECT department,AVG(salary)
FROM employee_data
GROUP BY department
HAVING AVG(salary) > 50000;
```

这将返回那些平均薪水超过 50000 的部门。

请注意，HAVING 子句的条件可以包含任何布尔表达式，就像 WHERE 子句一样。不过，与 WHERE 子句不同的是，HAVING 子句可以引用聚合函数和 GROUP BY 子句中的列。

此外，HAVING 子句也可以与 WHERE 子句一起使用。在这种情况下，WHERE 子句在数据被分组之前过滤行，而 HAVING 子句在数据被分组之后过滤组。例如：

```
SELECT department,AVG(salary)
FROM employee_data
WHERE salary IS NOT NULL
GROUP BY department
HAVING AVG(salary) > 50000;
```

这将在计算平均薪水之前排除那些薪水为 NULL 的员工，然后只显示平均薪水超过 50000 的部门。

第五节 连 接 语 句

一、WHERE 子句

在 SQL 中，我们可以使用 WHERE 子句来执行等值连接（也称为内连接）。这种方法通常被称为非 ANSI 风格的连接，因为它不使用 JOIN 关键字。以下是等值连接的基本语法：

```
SELECT ...
FROM table1,table2
WHERE table1.common_field = table2.common_field;
```

在这个查询中，我们从 table1 和 table2 中选择行，其中 common_field 的值在 2 个表中都是相同的。

假设我们有 2 个表，students 和 grade，如图 4-1 所示。students 表记录了学生的信息，包括 student_id 和 student_name。grade 表记录了成绩的信息，包括 course_name，grade 和 student_id（表示哪个学生的成绩）。

students		grade		
student_id	student_name	course_name	grade	student_id
1	Alice	Math	90	1
2	Bob	English	85	2
3	Charlie	Science	95	4

图 4-1　students 表和 grade 表数据

如果我们想要查询每个学生的名字以及他们的课程成绩，我们可以使用 WHERE 子句来实现等值连接（内连接）。以下是查询语句：

```
SELECT students.student_name,grade.course_name,grade.grade
FROM students,grade
WHERE students.student_id = grade.student_id;
```

这个查询将返回一个结果集，其中包含每个学生的名字和他们的课程成绩，如图 4-2 所示。

where语句连接结果		
student_name	course_name	grade
Alice	Math	90
Bob	English	85

图 4-2　where 语句连接结果

注意这里，学生 Charlie 没有出现在结果中，因为他在 grade 表中没有成绩记录；学科 Science 也没有出现在结果中，因为 4 号学生没有出现在 students 表中。虽然使用 WHERE 子句进行等值连接在许多情况下都是有效的，但它不能执行外连接（如左连接、右连接或全连接），并且在执行多表连接时可能会变得难以理解和维护。因此，现代的 SQL 风格更推荐使用 JOIN 关键字进行连接操作。

二、JOIN 子句

在 Hive SQL 中，连接（JOIN）是一种在 2 个或多个表中将行组合在一起的操作。这基于这些表之间的某种相关性。Hive 支持多种类型的连接，包括 INNER JOIN（内连接）、LEFT OUTER JOIN（左外连接）、RIGHT OUTER JOIN（右外连接）和 FULL OUTER JOIN（全外连接）。

（一）INNER JOIN（内连接）

同时将 2 表作为参考对象，根据 ON 后给出的 2 表的条件将 2 表连接起来，结果则是 2 表同时满足 ON 后的条件的部分才会列出。以下是内连接的使用语法：

```
SELECT ...
FROM table1
JOIN table2 ON table1.common_field = table2.common_field;
```

我们依旧以 students 和 grade 这 2 个表为例，使用以下语句进行内连接：

```
SELECT students.student_name,grade.course_name,grade.grade
FROM students
INNER JOIN grades ON students.student_id = grades.student_id;
```

内连接的操作结果与等值连接相同，Charlie 和 student_id 为 4 的学生都不会出现在结果中，因为他们在另一张表中没有匹配的记录，如图 4-3 所示。

内连接结果		
student_name	course_name	grade
Alice	Math	90
Bob	English	85

图 4-3　内连接结果

（二）LEFT OUTER JOIN（左外连接）

返回左表中的所有行，以及右表中与左表匹配的行。如果右表中没有匹配的行，则结果中的右表部分将包含 NULL。以下是左外连接的使用语法：

```
SELECT ...
FROM table1
LEFT OUTER JOIN table2 ON table1.common_field = table2.common_field;
```

使用以下语句进行左外连接：

```
SELECT students.student_name,grade.course_name,grade.grade
FROM students
LEFT OUTER JOIN grades ON students.student_id = grades.student_id;
```

左外连接将保留 students 表中所有数据，以及 grade 表中对应的数据。当 students 表中的数据无法对应得到 grade 表中的值时，结果表将得到空值 NULL。如图 4-4 所示的左外连接结果中 Charlie 的课程名和成绩都是 NULL，因为在 Grades 表中没有对应记录。

左外连接结果		
student_name	course_name	grade
Alice	Math	90
Bob	English	85
Charlie	NULL	NULL

图 4-4　左外连接结果

（三）RIGHT OUTER JOIN（右外连接）

返回右表中的所有行，以及左表中与右表匹配的行。如果左表中没有匹配的行，则结果中的左表部分将包含 NULL。以下是右外连接的使用语法：

```
SELECT ...
FROM table1
RIGHT OUTER JOIN table2 ON table1.common_field = table2.common_field;
```

使用以下语句进行右外连接：

```
SELECT students.student_name,grade.course_name,grade.grade
FROM students
```

```
RIGHT OUTER JOIN grades ON students.student_id = grades.student_id;
```

右外连接将保留 grade 表中所有数据，以及 students 表中对应的数据。当 grade 表中的数据无法对应得到 students 表中的值时，结果表将得到空值 NULL。如图 4-5 所示的右外连接结果中 Science 课程的学生名称是 NULL，因为在 Students 表中没有 student_id 为 4 的学生。

右外连接结果		
student_name	course_name	grade
Alice	Math	90
Bob	English	85
NULL	Science	95

图 4-5　右外连接结果

（四）FULL OUTER JOIN（全外连接）

返回 2 个表中至少在一个表中存在的所有行。如果某个表中没有匹配的行，则结果中的那个表部分将包含 NULL。以下是全外连接的使用语法：

```
SELECT ...
FROM table1
FULL OUTER JOIN table2 ON table1.common_field = table2.common_field;
```

使用以下语句进行全外连接：

```
SELECT students.student_name,grade.course_name,grade.grade
FROM students
FULL OUTER JOIN grades ON students.student_id = grades.student_id;
```

这个结果集包含了所有的学生和所有的课程，无论它们是否在另一张表中有匹配的记录。全外连接将保留左外连接和右外连接中出现的所有出现的数据，图 4-6 所示是全外连接得到的结果：

全外连接结果		
student_name	course_name	grade
Alice	Math	90
Bob	English	85
Charlie	NULL	NULL
NULL	Science	95

图 4-6　全外连接结果

在所有这些连接操作中，ON 关键字后的条件是连接条件，它定义了如何匹配 2 个表中的行。通常，连接条件基于 2 个表之间的等值关系，但也可以使用其他比较操作符（如 <，>，!=等）。

第六节 完 整 性 约 束

在数据库中，完整性约束用于确保数据的准确性和可靠性。完整性约束可以在创建表（使用 CREATE TABLE 语句）或修改表（使用 ALTER TABLE 语句）时定义。

以下是一些常见的完整性约束：

一、主键约束（PRIMARY KEY）

主键是唯一标识数据库表中每条记录的约束。它必须包含唯一的值，并且不能包含 NULL 值。一个表只能有一个主键，该主键可以由一个或多个字段组成。

二、外键约束（FOREIGN KEY）

外键用于防止在具有相关数据的表之间产生不一致的数据。外键在一个表中创建，以引用另一个表的主键。外键约束防止对具有外键的表进行一些可能破坏链接的操作。

三、唯一约束（UNIQUE）

唯一约束确保某列或一组列的值在表中是唯一的，即在该列或一组列中没有重复值。

四、非空约束（NOT NULL）

非空约束确保某列不能有 NULL 值。默认情况下，表的列可以包含 NULL 值。

五、检查约束（CHECK）

检查约束确保列中的所有值满足特定条件。CHECK 约束用于限制可以插入到列中的值的范围。

注意，尽管完整性约束在许多关系数据库系统中都存在，但 Hive 并不直接支持所有的完整性约束，这是因为 Hive 主要用于大规模的数据分析，而不是实时的数据交互操作。在这种环境中，维护这些约束可能会引入大量的开销。

第七节 日 期 函 数

Hive 提供了一系列用于获取和转换日期的函数。以下是一些常见的 Hive 日期函数。

一、获取日期及日期属性

（1）CURRENT_DATE：返回当前日期。

```
SELECT CURRENT_DATE;
-- 结果（以 2023-05-10 为例）：2023-05-10
```

（2）CURRENT_TIMESTAMP：返回当前的日期和时间戳。

```
SELECT CURRENT_TIMESTAMP;
-- 结果（以 2023-05-10 12:00:00 为例）：2023-05-10 12:00:00.0
```

（3）YEAR（date）：从日期中提取年份。

```
SELECT YEAR('2023-05-10');
-- 结果：2023
```

（4）QUARTER（date）：从日期中提取季度。

```
SELECT QUARTER('2023-05-10');
-- 结果：2
```

（5）MONTH（date）：从日期中提取月份。

```
SELECT MONTH('2023-05-10');
-- 结果：5
```

（6）DAY（date）：从日期中提取日期（月份中的日）。

```
SELECT DAY('2023-05-10');
-- 结果：10
```

（7）HOUR（timestamp）、MINUTE（timestamp）、SECOND（timestamp）：从时间戳中提取小时、分钟和秒。

```
SELECT HOUR('2023-05-10 12:34:56');
-- 结果：
-- 12
SELECT MINUTE('2023-05-10 12:34:56');
-- 结果：
-- 34
SELECT SECOND('2023-05-10 12:34:56');
-- 结果：
-- 56
```

二、日期操作

（1）DATE_ADD（date，num_days）：给日期添加天数。

```
SELECT DATE_ADD('2023-05-10',10);
-- 结果：
-- 2023-05-20
```

（2）DATE_SUB（date，num_days）：从日期中减去天数。

```
SELECT DATE_SUB('2023-05-10',10);
-- 结果:
-- 2023-04-30
```

（3）DATEDIFF（end_date，start_date）：计算两个日期之间的天数。

```
SELECT DATEDIFF('2023-05-20','2023-05-10');
-- 结果:
-- 10
```

注意，所有的日期和时间函数都返回结果，该结果是相应的日期或时间部分，如果输入是字符串，那么该字符串应该具有正确的格式，否则函数可能返回错误的结果或者产生错误。日期通常的格式是 'YYYY-MM-DD'，而时间戳的格式是 'YYYY-MM-DD HH:MI:SS'。

第八节 字 符 串 函 数

Hive 提供了一系列的字符串函数，可以用于在查询中处理和操作字符串。以下是一些常见的 Hive 字符串函数。

一、字符串处理

1. LENGTH（s）

LENGTH（s）：返回字符串的长度。

```
SELECT LENGTH('Hello World');
-- 结果: 11
```

2. UPPER（s）

UPPER（s）：将字符串转换为大写。

```
SELECT UPPER('Hello World');
-- 结果: 'HELLO WORLD'
```

3. LOWER（s）

LOWER（s）：将字符串转换为小写。

```
SELECT LOWER('Hello World');
-- 结果: 'hello world'
```

二、字符串截取及拼接

1. CONCAT（s1，s2，...）

CONCAT（s1，s2，...）：连接 2 个或多个字符串。

```
SELECT CONCAT('Hello',' ','World');
-- 结果: 'Hello World'
```

2. SUBSTR（s，pos，len）或SUBSTRING（s，pos，len）

SUBSTR（s，pos，len）或 SUBSTRING（s，pos，len）：返回字符串的子字符串，从 pos 位置开始，长度为 len。如果不指定 len，则返回从 pos 位置开始到字符串末尾的所有字符。

```
SELECT SUBSTR('Hello World',1,5);
-- 结果: 'Hello'
```

3. TRIM（s）

TRIM（s）：去除字符串两端的空格。

```
SELECT TRIM('  Hello World  ');
-- 结果: 'Hello World'
```

4. LTRIM（s）和 RTRIM（s）

LTRIM（s）和 RTRIM（s）：去除字符串左边或右边的空格。

```
SELECT LTRIM('  Hello World');
-- 结果: 'Hello World'
SELECT RTRIM('Hello World  ');
-- 结果: 'Hello World'
```

三、字符串替换

1. REPLACE（s，old，new）

REPLACE（s，old，new）：将字符串中的 old 字符串替换为 new 字符串。

```
SELECT REPLACE('Hello World','World','Hive');
-- 结果: 'Hello Hive'
```

2. REGEXP_REPLACE（s，pattern，replacement）

REGEXP_REPLACE（s，pattern，replacement）：使用正则表达式替换字符串。

```
SELECT REGEXP_REPLACE('Hello World','W[a-z]*','Hive');
-- 结果: 'Hello Hive'
```

3. SPLIT（s，regex）

SPLIT（s，regex）：根据正则表达式 regex 分割字符串，返回一个数组。

```
SELECT SPLIT('Hello-World-Hive','-');
 -- 结果: ["Hello","World","Hive"]
```

注意，所有的字符串函数都返回一个结果，该结果是相应的字符串或者一个字符串数组。

第九节 窗 口 函 数

窗口函数在 Hive 中提供了一种能在行组之间执行计算的方式，这些行组被称为"窗口"，这与普通的聚合函数有所不同，因为使用窗口函数不会把查询结果合并成一个单一的输出行，它会为每个输入行返回一个唯一的值。

以下是一些常用的窗口函数。

一、ROW_NUMBER 函数

为每行分配一个唯一的数字。假设我们有一个名为 student_scores 的表，如图 4-7 所示。

student_scores		
name	class	score
Alice	A	85
Bob	A	90
Charlie	A	88
David	B	88
Ethan	B	95
Frank	B	89

图 4-7　student_scores 表格

假设需要对所有学生进行编号，可以使用 ROW_NUMBER()窗口函数来实现：

```
SELECT name,class,score,ROW_NUMBER() OVER () AS row_number
FROM student_scores;
```

这将为每一行生成一个序号，但是这个序号可能并不会按照期望的顺序分配。因为在没有 ORDER BY 子句的情况下，SQL 并不能保证数据返回的顺序。

这个查询可能会产生以下结果，如图 4-8 所示。

ROW_NUMBER仅编号结果			
name	class	score	row_number
David	B	88	1
Frank	B	89	2
Bob	A	90	3
Charlie	A	88	4
Alice	A	85	5
Ethan	B	95	6

图 4-8　ROW_NUMBER 仅编号结果

如果想得到一个确切的排序结果，例如：将学生按照名字进行编号，可以在 OVER 子句中加入排序语句 ORDER BY 子句指定排序列。

我们可以通过以下语句实现：

```
SELECT name,class,score,ROW_NUMBER() OVER (ORDER BY name) AS row_number
FROM student_scores;
```

这个查询将会返回以下结果，如图 4-9 所示。

ROW_NUMBER按名字编号结果			
name	class	score	row_number
Alice	A	85	1
Bob	A	90	2
Charlie	A	88	3
David	B	88	4
Ethan	B	95	5
Frank	B	89	6

图 4-9　ROW_NUMBER 按名字编号结果

假设在每个班级中根据分数降序对学生进行编号，可以在 OVER 子句中加入 PARTITION 子句来实现：

```
SELECT name,class,score,ROW_NUMBER() OVER (PARTITION BY class ORDER BY
score DESC) AS row_number
FROM student_scores;
```

这个查询将会返回以下结果，如图 4-10 所示。

ROW_NUMBER按班级和成绩进行编号结果			
name	class	score	row_number
Bob	A	90	1
Charlie	A	88	2
Alice	A	85	3
Ethan	B	95	1
Frank	B	89	2
David	B	88	3

图 4-10　ROW_NUMBER 按班级和成绩进行编号结果

二、RANK、DENSE_RANK 函数

与 ROW_NUMBER()窗口函数不同，RANK()窗口函数 和 DENSE_RANK()窗口函数是专业的排序函数。RANK()函数在处理平级排名时会跳过某些排名（例如，如果有 2 个第一名，那么下一个名次将是第三名）。而 DENSE_RANK()函数在处理平级排名时不会

跳过任何排名（例如，如果有 2 个第一名，那么下一个名次将是第二名）。

例如我们对学生成绩进行排名：

```
SELECT name,class,score,
RANK() OVER (ORDER BY score DESC) AS rank,
DENSE_RANK() OVER (ORDER BY score DESC) AS dense_rank
FROM student_scores;
```

这个查询将会返回以下结果，如图 4-11 所示。

RANK、DENSE_RANK排序结果				
name	class	score	rank	dense_rank
Ethan	B	95	1	1
Bob	A	90	2	2
Frank	B	89	3	3
David	B	88	4	4
Charlie	A	88	4	4
Alice	A	85	6	5

图 4-11　RANK、DENSE_RANK 排序结果

三、LEAD 函数、LAG 函数

LEAD 和 LAG 函数是窗口函数，用于处理分组数据。LEAD 函数用于获取指定列的下一个值，LAG 函数用于获取指定列的上一个值。在处理分组排序数据时，这 2 个函数非常有用。

比如，我们想获取每个班级内学生的上下 2 个分数，可以使用以下语句：

```
SELECT name,class,score,
LEAD(score) OVER (PARTITION BY class ORDER BY score) as next_score,
LAG(score) OVER (PARTITION BY class ORDER BY score) as prev_score
FROM scores;
```

在这个查询中，LAG(score)表示获取上一个学生的分数。OVER (PARTITION BY class ORDER BY score)表示我们按 class 进行分组，并按 score 进行升序排序。

注意，这 2 个函数都会返回 NULL，如果不存在下一个(对于 LEAD 函数)或上一个(对于 LAG 函数)值。例如，在每个 class 的最后一个学生，LEAD 函数将返回 NULL，因为没有下一个学生。同样，对于每个 class 的第一个学生，LAG 函数将返回 NULL，因为没有上一个学生。

图 4-12 是运算结果。next_score 列显示的是每个学生的下一个学生的分数(按照同一班级和分数排序)，prev_score 列显示的是每个学生的上一个学生的分数(按照同一班级和分数排序)。

LEAD、LAG计算结果				
name	class	score	next_score	prev_score
Alice	A	85	88	NULL
Charlie	A	88	90	85
Bob	A	90	NULL	88
David	B	88	89	NULL
Frank	B	89	95	88
Ethan	B	95	NULL	89

图 4-12　LEAD、LAG 结果

四、FIRST_VALUE 函数、LAST_VALUE 函数

FIRST_VALUE 函数用于获取指定列的第一个值，LAST_VALUE 函数用于获取指定列的最后一个值。当需要获取分组排序数据的第一个和最后一个值时，这 2 个函数非常有用。

如果我们想获取每个班级分数的最大最小值，我们可以使用 FIRST_VALUE 和 LAST_VALUE 函数：

```
SELECT name,class,score,
FIRST_VALUE(score) OVER (PARTITION BY class ORDER BY score) as first_score,
LAST_VALUE(score) OVER (PARTITION BY class ORDER BY score ROWS BETWEEN
UNBOUNDED PRECEDING AND UNBOUNDED FOLLOWING) as last_score
FROM scores;
```

在这个查询中，FIRST_VALUE(score)表示获取每个班级中分数最低的学生的分数，LAST_VALUE(score)表示获取每个班级中分数最高的学生的分数。OVER (PARTITION BY class ORDER BY score)表示我们按 class 进行分组，并按 score 进行排序。

ROWS BETWEEN UNBOUNDED PRECEDING AND UNBOUNDED FOLLOWING 是必要的，因为默认情况下，LAST_VALUE 只会考虑到当前行之前的行(包括当前行)，如果不指定这个，LAST_VALUE 可能会返回意料之外的结果。图 4-13 所示为 FIRST_VALUE、LAST_VALUE 计算结果。

FIRST_VALUE、LAST_VALUE计算结果				
name	class	score	first_score	last_score
Alice	A	85	85	90
Charlie	A	88	85	90
Bob	A	90	85	90
David	B	88	88	95
Frank	B	89	88	95
Ethan	B	95	88	95

图 4-13　FIRST_VALUE、LAST_VALUE 计算结果

第十节 数 组 函 数

在数据处理和分析的实际工作中,我们处理的数据通常是标量值(如字符串、数值等),而非复杂的数据结构,数组函数的使用相对较少。因此,本章节中我们精选了几种典型的数组函数进行介绍,包括如何创建数组,如何获取数组的长度,如何访问数组的元素等。或者读者想深入学习其他的 Hive 函数和特性,我们强烈推荐访问 Hive 的官方文档进行学习。

数组函数示例如下:

(1) array(): 创建一个数组。

```
SELECT array("apple","banana","cherry") AS fruits;
--------------结果----------------------
fruits
["apple","banana","cherry"]
```

在这个例子中,我们创建了一个名为 "fruits" 的数组,它包含了 "apple"、"banana" 和 "cherry" 这 3 个元素。

(2) size(): 获取数组的大小。

```
SELECT size(array("apple","banana","cherry")) AS size;
--------------结果----------------------
size
3
```

在这个例子中,我们获取了数组的大小,结果应该是 3。

(3) array_contains(): 检查数组是否包含指定的元素1。

```
SELECT array_contains(array("apple","banana","cherry"),"banana") AS
contains_ banana;
--------------结果----------------------
contains_banana
true
```

在这个例子中,我们检查数组是否包含 "banana",结果应该是 true。

(4) []运算符: 获取数组中的元素。

```
SELECT array("apple","banana","cherry")[1] AS second_fruit;
--------------结果----------------------
second_fruit
"banana"
```

在这个例子中,我们获取了数组中的第二个元素。注意,Hive 中数组的索引从 0 开始,所以 [1] 指的是 "banana"。

（5）sort_array()：对数组的元素进行排序。

```
SELECT sort_array(array("banana","apple","cherry")) AS sorted_fruits;
--------------结果----------------------
sorted_fruits
["apple","banana","cherry"]
```

（6）array_remove()：从数组中移除特定的元素。

```
SELECT array_remove(array("apple","banana","cherry"),"banana") AS fruits;
--------------结果----------------------
fruits
["apple","cherry"]
```

（7）slice()：从数组中取出一部分元素。

```
SELECT slice(array("apple",anana","cherry"),1,2) AS sliced_fruits;
--------------结果----------------------
sliced_fruits
["banana","cherry"]
```

（8）concat_ws()：使用指定的分隔符将数组中的元素连接成一个字符串。

```
SELECT concat_ws(",",array("apple","banana","cherry")) AS fruits;
--------------结果----------------------
fruits
"apple,banana,cherry"
```

以上这些例子应该可以帮助你更好地理解 Hive 数组函数的使用。如果读者想要掌握更多的函数和详细的使用方法，可以查阅 Hive 的官方文档。

第五章 永 洪 BI

Yonghong Z-Suite 是一款由永洪科技开发的一站式大数据分析平台，可以帮助企业完成数据采集、清洗、整合、存储、计算、建模、训练、展现、协作等全流程数据分析任务，提高数据质量和数据价值。Yonghong Z-Suite 支持多种数据源接口和数据集创建，具有丰富的可视化组件，可以进行自助式探索分析和 AI 深度分析，拥有可视化数据报告生成和企业级管理等功能，能够满足不同行业和场景的数据分析需求。本章对 Yonghong Z-Suite 的主要功能和使用方法进行了介绍，包括数据读取、数据准备、图表绘制和可视化分析等内容，目的是向从事大数据分析工作的业务人员在数据可视化和分析方面提供帮助。

第一节 环 境 搭 建

本章节将主要介绍如何利用 Yonghong Z-Suite 完成数据可视化分析的前期准备工作，包括软件安装、软件登录、数据获取等内容。我们将从数据可视化分析的前期准备工作开始，逐步介绍各个主要的工作环节。

一、软件安装

Yonghong Z-Suite 是一款基于 B/S 架构进行部署的敏捷数据分析系统，通过 Web 应用服务器将其部署在服务器上，用户可以通过浏览器访问与使用该系统，也可以访问移动终端来查看数据分析报告。Yonghong Z-Suite 软件支持在 32 位和 64 位的 Windows 下安装使用，其安装步骤如下：

（1）点击运行安装文件 "Yonghong Z-Suite Version.exe"，如图 5-1 所示。

Yonghong
Z-Suite
V9.4.1.exe

图 5-1　Yonghong Z-Suite Version.exe 软件图

（2）选择软件的语言，默认是中文（简体），如图 5-2 所示。

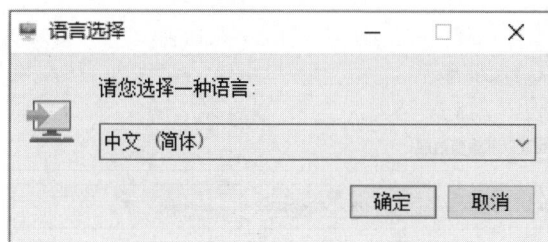

图 5-2　语言选择

（3）系统将以更高的权限启动程序，在用户权限界面单击"是"，允许更改设备，如图 5-3 所示。

图 5-3　以更高的权限启动程序

（4）进入到 Yonghong Z-Suite 安装程序向导，进行下一步。在已安装本软件的情况下，用户可以选择升级已有的安装程序或者安装至新的目录，如图 5-4 所示。

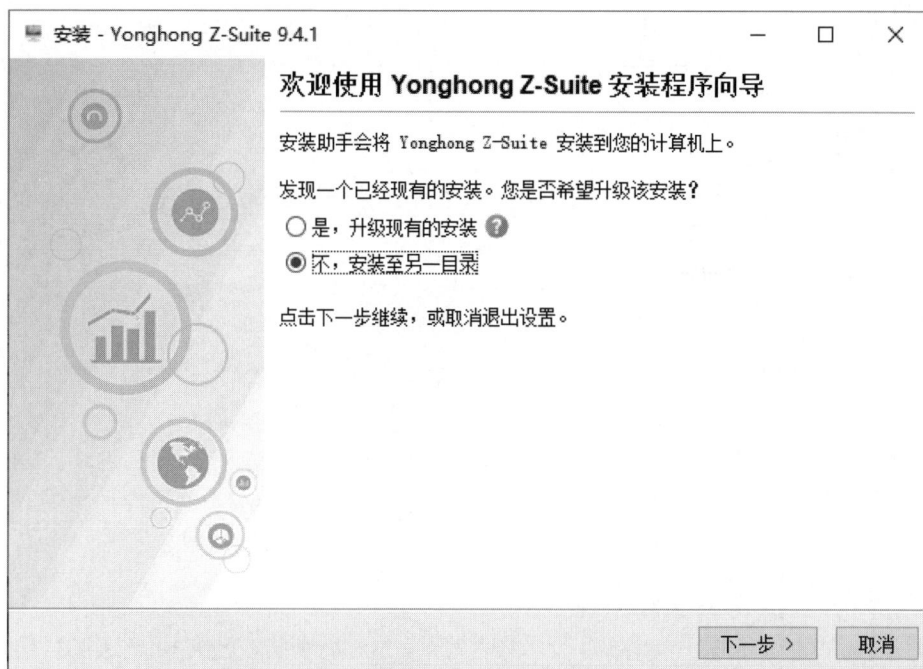

图 5-4　Yonghong Z-Suite 安装程序向导

（5）进入许可协议界面，往下滑动鼠标阅读许可协议，阅读完毕后，选择"我接受协议"，如图 5-5 所示。

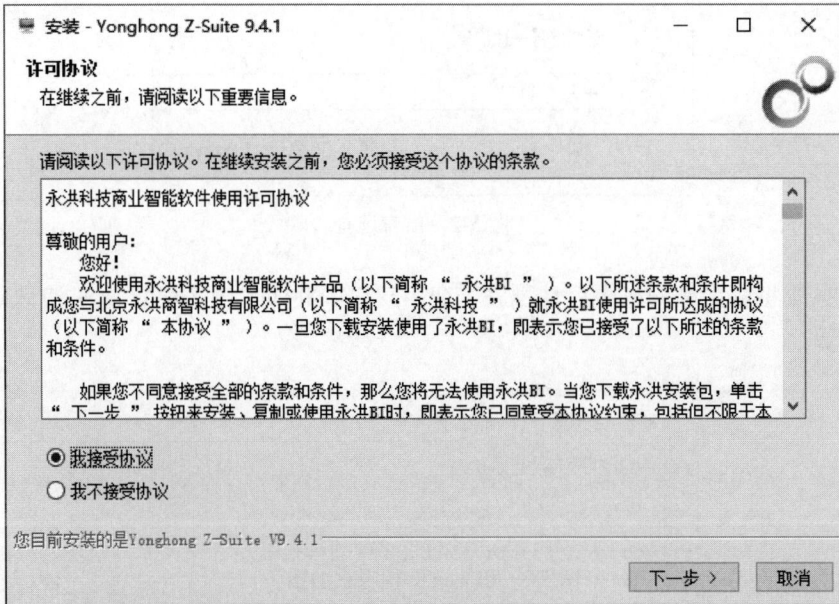

图 5-5　许可协议界面

（6）输入软件安装许可，为必填项。输入 license server 连接地址，为非必填项，如图 5-6 所示。

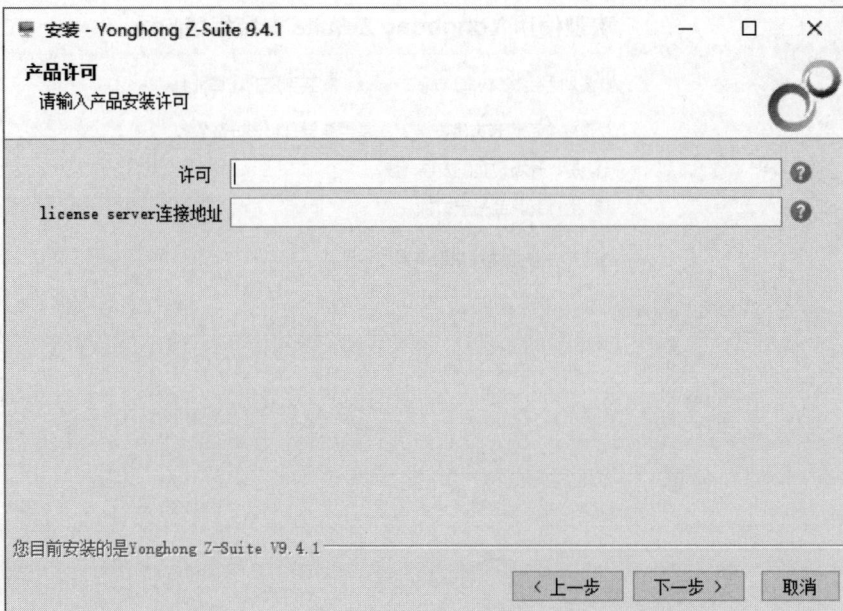

图 5-6　软件安装许可

（7）确认 Yonghong Z-Suite 的安装目录，安装目录可以通过"浏览"自定义设置，如图 5-7 所示。如果遭遇软件没有访问权限而无法启动的问题，建议提升当前账户在安装目录上的访问权限。

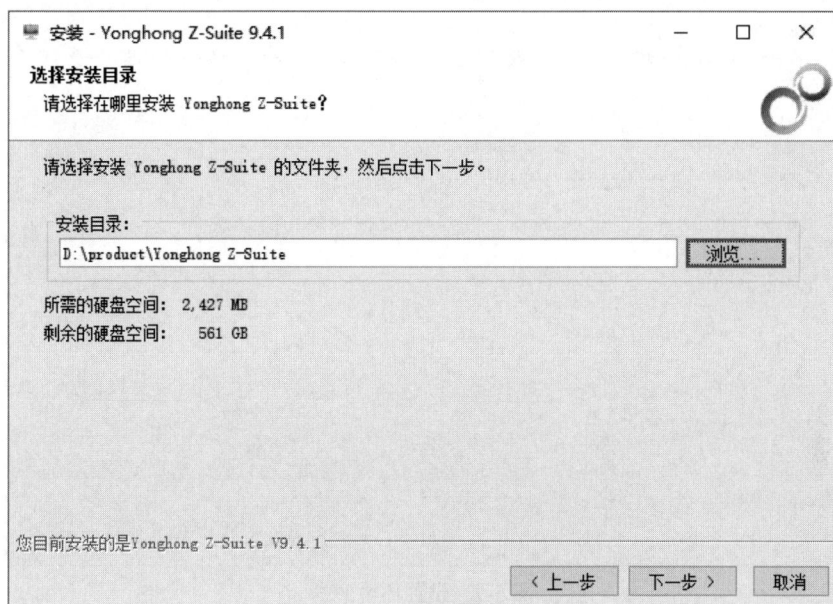

图 5-7　选择安装目录

（8）设置服务器的启动和停止端口号，启动端口号默认为 8080，停止端口号默认为 8005，如图 5-8 所示。

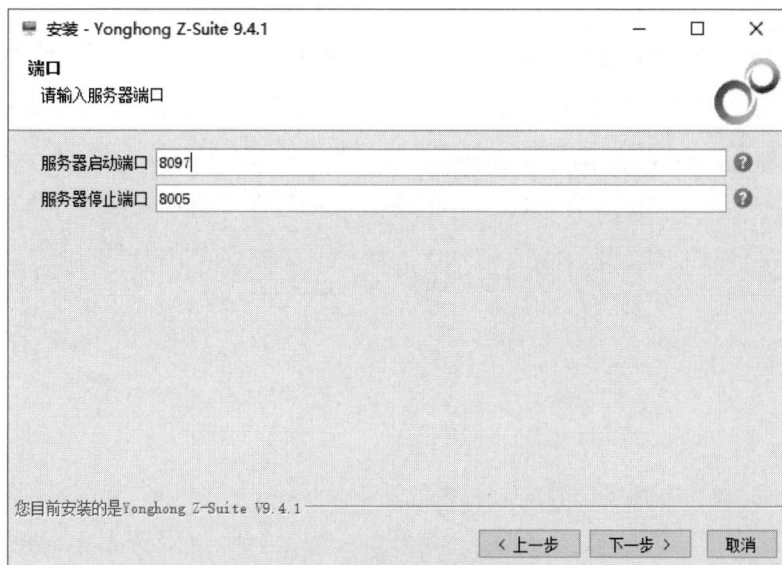

图 5-8　设置服务器端口号

（9）设置系统所需的 Java 环境的 jdk、jre 路径，两者路径相同，如图 5-9 所示。软件适用 JDK1.9（含）以上的版本，优先推荐 JDK11。

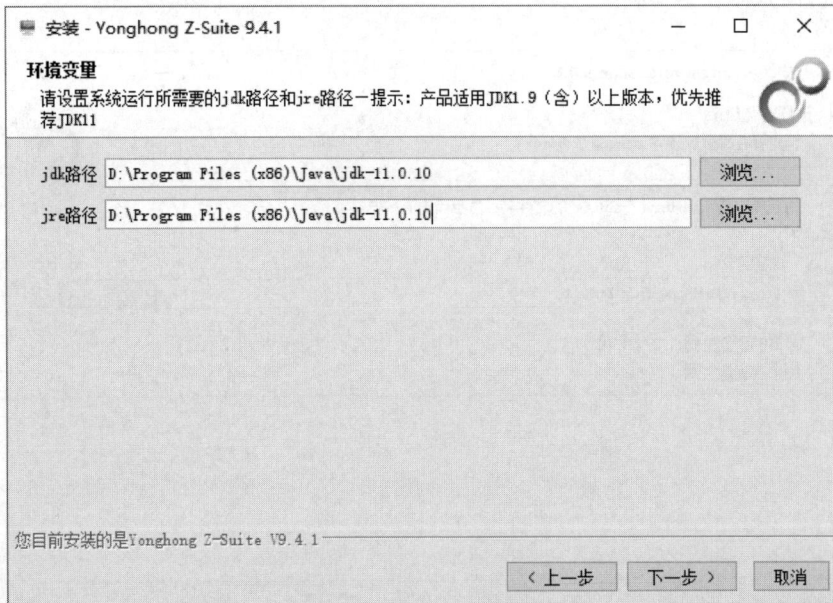

图 5-9　设置环境变量

（10）设置系统内存最大值，可根据当前平台的硬件配置情况自定义设置，分配的内存越大，软件处理的速度越快，建议分配内存不小于 1024M，如图 5-10 所示。

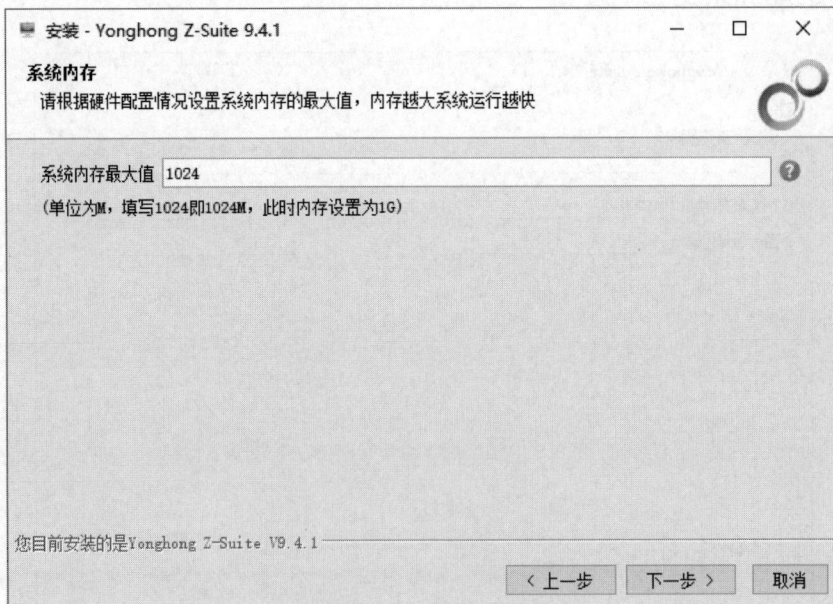

图 5-10　设置系统最大内存

（11）设置 admin 账号初始密码。密码需要包括大小写字母和数字，且密码长度为8～32 位。用户可根据实际情况设置密码，如图 5-11 所示。

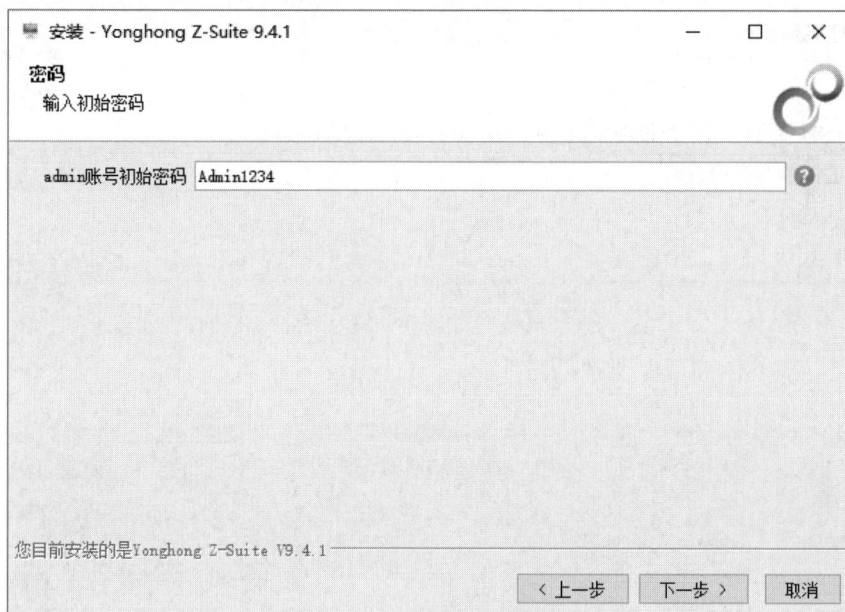

图 5-11　设置账号密码

（12）配置软件在开始菜单文件夹中快捷方式的位置，如图 5-12 所示。

图 5-12　配置快捷方式

（13）选择是否添加桌面快捷方式，如图 5-13 所示。

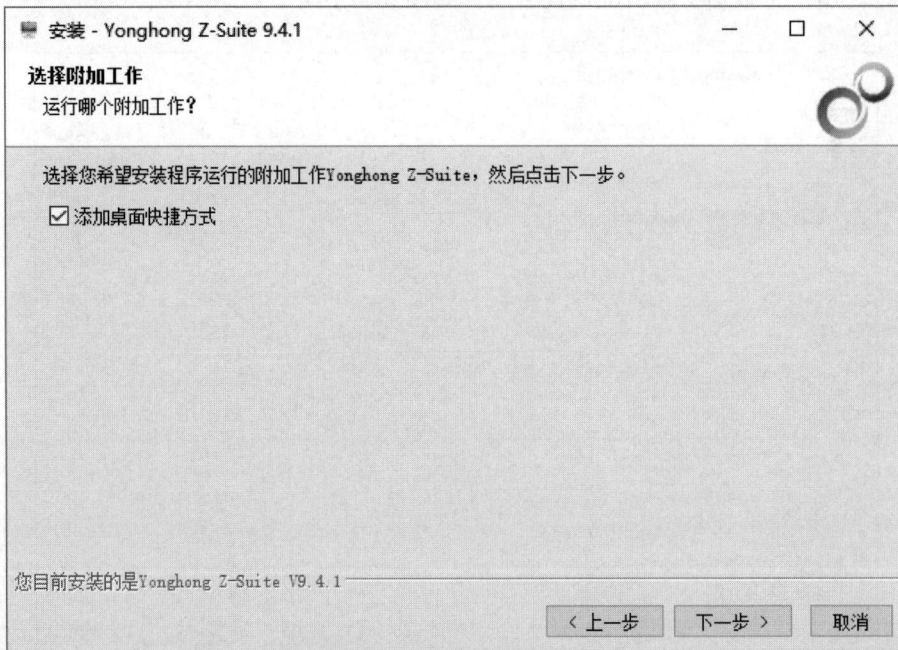

图 5-13　添加桌面快捷方式

（14）开始软件安装，如图 5-14 所示。

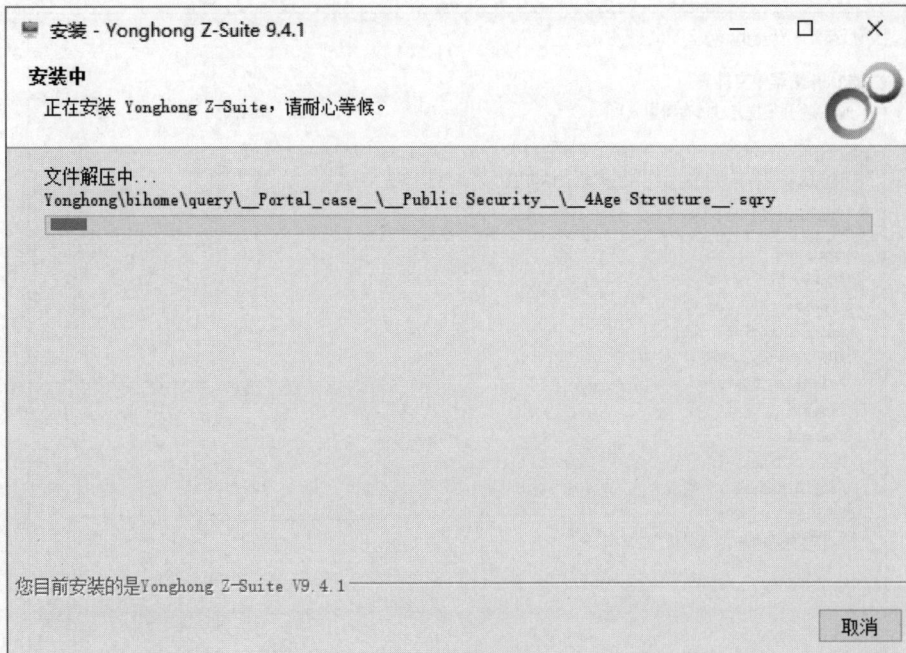

图 5-14　开始安装

（15）安装完成后，单击"完成"按钮，结束软件安装，如图 5-15 所示。

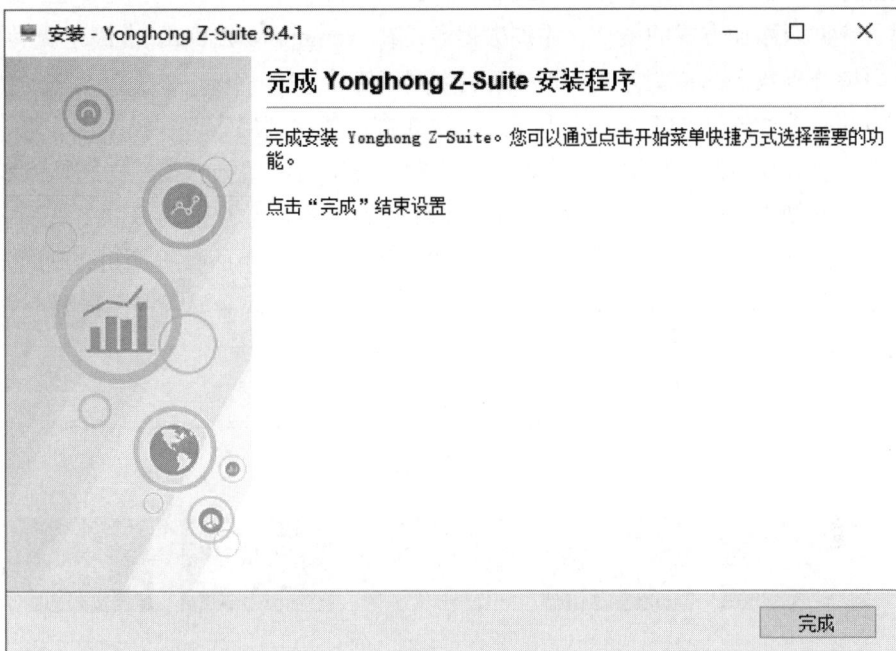

图 5-15　安装完成

二、软件登录

在 Yonghong Z-Suite 安装完成后，用户可以通过登录软件展开数据可视化分析工作。本小节主要介绍软件登录和使用的相关步骤：

（1）点击 Yonghong Z-Suite 的启动快捷方式。

（2）打开浏览器，在地址栏输入以下地址登录到客户端"http://hostname:8080/bi/Viewer"，其中 hostname 表示当前主机的 IP 地址，如果是本地访问，可以用 localhost。8080 是在软件安装过程中默认设置的启动端口号，该端口号应与用户的设置保持一致。

（3）在软件登录界面输入用户名和密码。

（4）进入软件首页，主界面包括左侧的导航栏，右上角的个人中心和帮助菜单，以及中间的工作区域。用户可以在导航栏中选择不同的功能模块，例如数据源管理、报表设计、报表浏览、仪表盘等。除此之外，用户可以在个人中心中修改个人信息，例如姓名、邮箱、手机号等。

三、数据获取

本小节介绍数据可视化分析的关键步骤—数据获取。作为敏捷的数据分析工具，Yonghong Z-Suite 可以在已有源数据的基础上，进一步直观地展现数据的内在规律。当前，

Yonghong Z-Suite 支持丰富的数据源类型，包括文本数据源、SQL 数据源、多维数据源和其他数据源等，支持 ORACLE、MYSQL、POSTGRESQL、HIVE 等不同类型的数据库，并实现了数据源添加方式的统一。添加数据源是在 Yonghong Z-Suite 内快速调用不同的数据库中待分析数据的重要方式。通过新建数据库连接，Yonghong Z-Suite 简化了从相应数据库中获取数据的操作流程，实现了"一次连接，多次利用"。

本小节以添加 HIVE 数据库作为数据源为例，详细介绍数据连接建立的具体步骤。

（1）新建数据连接，点击主界面左侧导航栏的"添加数据源"模块。在打开的数据源首页，选择所需的数据源类型，即 HIVE 数据库。常用的数据源可以进行收藏，点击收藏图标，可以将数据源添加到常用数据源。常用数据源会显示在数据源上方区域。图 5-16 为新建数据连接图示。

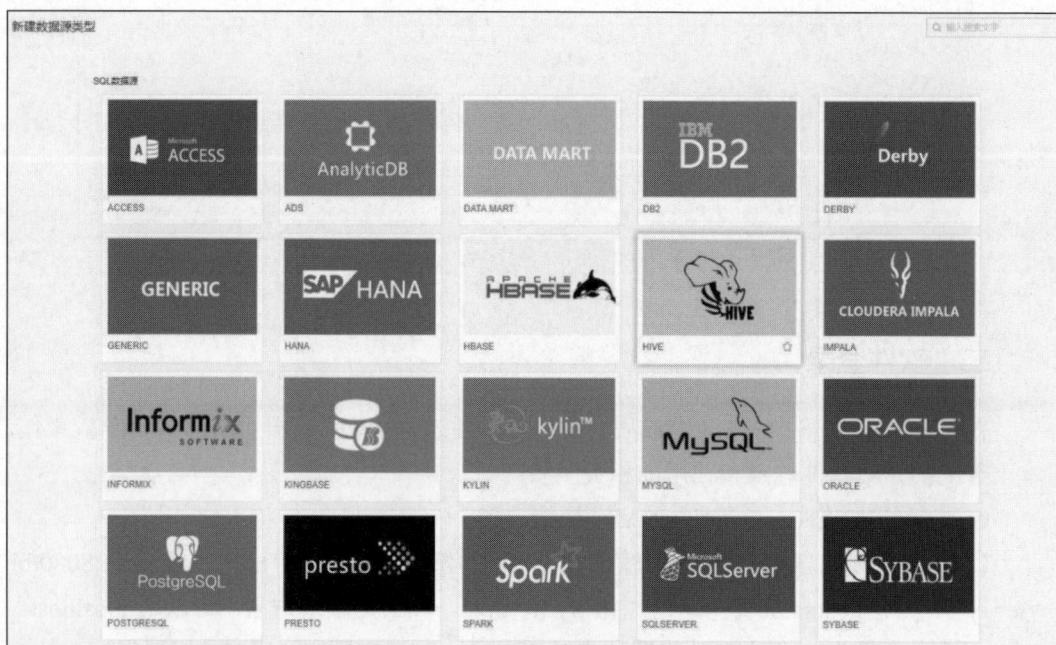

图 5-16 新建数据连接图示

（2）在数据源配置页面，点击顶部工具栏上的新建图标，创建新的数据源，新建的数据源类型默认为 GENERIC 数据源。图 5-17 为创建新的数据源图示。

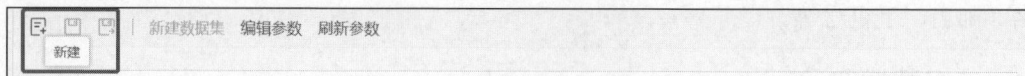

图 5-17 创建新的数据源图示

（3）设置数据源的属性。图 5-18 所示为设置数据源的属性对话框图示。

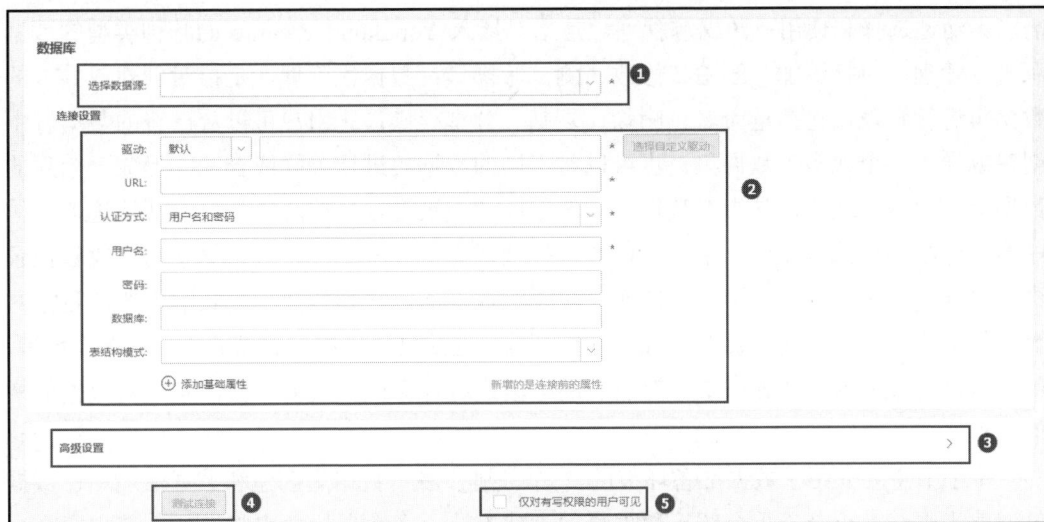

图 5-18 设置数据源的属性对话框图示

上述对话框中基本功能含义如下所示。

1）选择数据源：选择数据源类型，此处为 HIVE。

2）连接设置：配置数据源的基础属性。

3）高级设置：可点击展开，配置数据源的高级属性。

4）测试连接：配置属性后点击可测试连接是否可用。

5）复选框：勾选上则仅对有写权限的用户可见。

（4）在测试连接成功后，注意保存该数据连接，后续在数据准备过程中可以直接使用。

新建数据连接是获取用于数据可视化分析的原始数据的重要方式。针对不同的数据源，可以建立多个数据连接来进行数据汇集。除此之外，YonghongZ-Suite 还支持用户从本地文件、内置的公共数据源库、API 接口等多种渠道导入数据源。

在另一方面，数据源管理是 YonghongZ-Suite 的一个重要功能，它可以让用户方便地创建、修改、删除和共享数据。数据源管理可以通过列表顶端的工具栏或者数据源列表来完成。数据源管理可以完成的操作包括全局搜索、数据源内搜索、打开数据源、新建数据集、重命名、新建文件夹、复制粘贴、删除、移动、预览数据等。

第二节 数 据 准 备

为了使用 Yonghong Z-Suite 进行数据可视化分析，用户首先需要进行数据准备工作，即将原始的数据源转换为适合分析的数据集。Yonghong Z-Suite 提供了丰富的数据准备功能，包括数据源管理、数据集管理、数据处理器、公式编辑器等，用户可以根据自己的需求灵活地选择和使用：数据源管理，是指对接入 Yonghong Z-Suite 的各种类型的数据源进行管理，包括添加、删除、修改、测试等操作；数据集管理，是指对创建或导入的数据集进行管理，包括重命名、删除、复制、分享等操作。用户可以从已有的数据源中创建或导入一个或多个数据集，也可以将不同的数据集进行关联或合并，形成一个新的数据集；数据处理器，是指对数据集中的字段和记录进行处理的工具，包括筛选器、排序器、分组器、聚合器等。用户可以通过拖拽或点击的方式，对数据集中的字段和记录进行筛选、排序、分组、聚合等操作，实现对数据的清洗和转换；公式编辑器，是指对数据集中的字段进行计算或生成新字段的工具，包括数学函数、逻辑函数、文本函数等。用户可以通过输入或选择公式，对已有的字段进行计算或生成新字段，实现对数据的增值和扩展。

本小节主要介绍了数据准备环节的 2 个关键步骤：数据集创建和数据治理。在数据集创建步骤，本小节着重介绍了数据集的创建方法；在数据治理步骤，本小节主要介绍数据转换、表达式设置、数据分组等操作。其中，数据治理步骤旨在通过对数据进行清洗、转换、合并、分组、聚合、计算等操作，生成新的数据字段和指标，优化数据的结构和格式，增强数据的表现力和可读性。

一、数据集创建

Yonghong Z-Suite 可以帮助用户快速构建、管理和共享数据集。数据集是一组相关的数据，例如表格、图表、仪表盘等，可以用于进行数据分析和可视化。Yonghong Z-Suite 提供了一个简单易用的界面，让用户可以通过拖拽、筛选、排序等操作来创建数据集。用户还可以使用 SQL 语句或 Python 脚本来自定义数据集的逻辑和计算。创建好的数据集可以保存在云端，也可以下载到本地或导出到其他应用程序。用户还可以将数据集分享给其他人，或者嵌入到网页或移动应用中。

用户可以使用 Yonghong Z-Suite 来分析各种类型的数据，例如销售、财务、市场、客户等。用户可以通过数据集来探索数据的趋势、模式、关联和异常，从而提升业务决策的质量和速度。借助数据集创建过程，用户能够更加高效地利用数据，发现数据的潜在价值。

本小节逐步介绍了数据集的创建和管理过程。特别地，本小节以在上一节中介绍的数据连接为基础，将指定数据库中的数据作为源头，形成满足分析任务需求的数据集合。具体地，数据集创建和管理过程如下。

1. 进入数据集创建页面

点击主界面左侧导航栏的"创建数据集"模块，在打开的数据集首页，选择所需的数据集类型，进入创建数据集页面。也可以在已连接的数据源页面，通过菜单栏中的"新建数据集"模块进入连接到该数据源的创建数据集页面。图 5-19 所示为数据集创建页面图示。

图 5-19　数据集创建页面图示

2. 管理数据集

通过数据集界面左侧的数据集资源树可以进行现有数据集、数据源的管理。图 5-20 为数据集资源树图示。

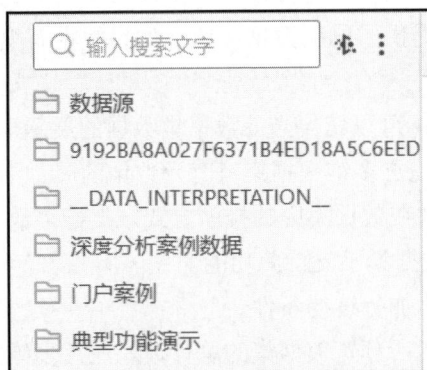

图 5-20　数据集资源树图示

3. 数据集工具栏

在数据集配置界面顶部的数据集工具栏可以进行数据集新建、保存、另存为等操作，如图 5-21 所示。

图 5-21　数据集工具栏图示

4. 数据集配置和使用

点击数据集的配置和使用将出现以下对话框，如图 5-22 所示。

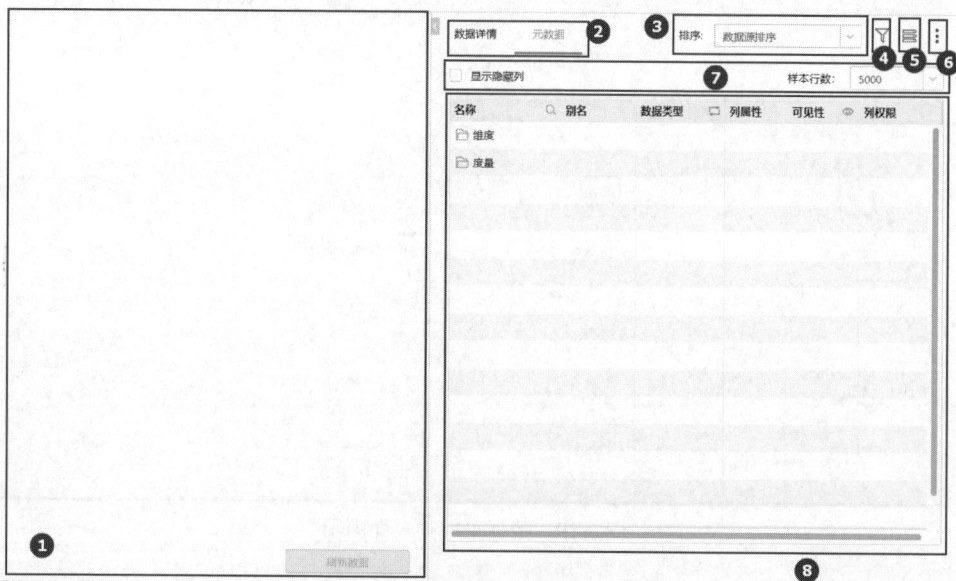

图 5-22 数据集配置和使用对话框图示

对话框中基本功能含义如下所示：

（1）数据集编辑区：对数据集进行编辑，不同类型的数据集，数据集编辑区的界面会不相同。数据集编辑区提供了刷新数据按钮，如果数据有变化，点击该按钮数据会进行同步刷新。

（2）数据详情/元数据：可以切换当前数据集数据的展示形式，支持"数据详情"和"元数据" 2 种展示方式。注意多维数据集只有元数据的展示形式。

（3）排序：设置数据列在数据集中的排序方式，支持"数据源排序"和"字母排序" 2 种排序方式。注意多维数据集不支持此功能。

（4）过滤：为数据集添加行过滤条件。

（5）显示总行数：显示所预览数据集的总行数。注意多维数据集不支持此功能。

（6）更多功能：提供导出到数据库的功能。

（7）数据集数据区设置：对数据集数据区进行配置。

（8）数据集数据区：展示数据集中的数据。

Yonghong Z-Suite 可以帮助用户创建、管理和配置各种类型的数据集，从而实现数据的快速处理和智能化决策。

其中，数据集创建功能可以让用户通过简单的拖拽操作，将不同来源和格式的数据源连接起来，形成统一的数据模型；数据集管理功能可以让用户对已创建的数据集进行修改、删除、复制、分享等操作，并查看数据集的基本信息和使用情况；数据集配置功能可以让用户根据自己的业务场景，选择合适的图表类型和样式，对数据集进行可视化展示。此外，Yonghong Z-Suite 还支持将数据集结果快速导回到数据库，支持数据的有效回收和利用。

二、数据治理

本小节主要介绍针对数据集中数据的高效处理方法—数据治理。在创建数据集之后，Yonghong Z-Suite 支持在数据集数据区进行数据转换、数据分组、数据分箱、设置日期表达式等操作，从而使数据集中的数据形式进一步满足用户的期望，便于后续的可视化展示。

（一）维度与度量的转换

一般地，维度表示数据分类的角度或方面，而度量表示用于衡量或统计的数值。在可视化分析任务中，有时需要将维度和度量进行转换。Yonghong Z-Suite 提供了 2 种方式进行维度和度量的转换：

1. 通过拖拽的方式

选中度量字段拖拽到维度区或者选中维度字段拖拽到度量区，如图 5-23 所示。

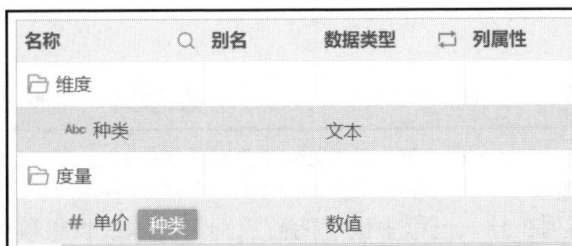

图 5-23　拖拽字段到度量区对话框图示

2. 通过转换的方式

选中需要转换的度量或维度列，点击"更多"按钮，在菜单中选择转换为维度或度量列，如图 5-24 所示。

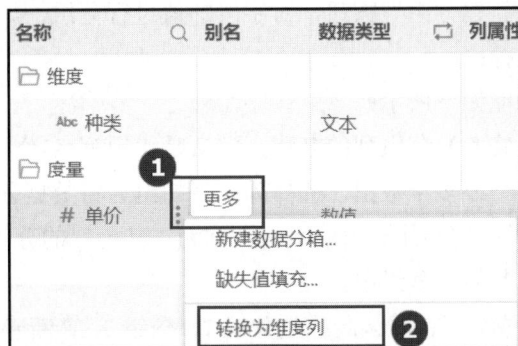

图 5-24　转换为维度列对话框图示

（二）转换类型

数据集中的某些类型列在导入过程中可能被识别为文本类型列，此时，如果要对该列进行数值计算，需要将该列转换为正确类型。

为了进行字段的类型转换，需要在相应字段上点击"更多"图标，例如在菜单中选择转换为数字列，打开转换为数字列的对话框，根据需要选择对应选项，如图5-25所示。

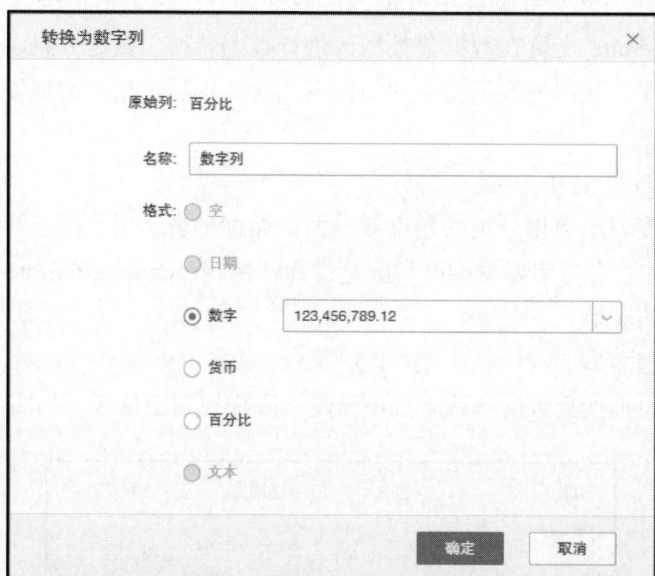

图5-25　转换为数字列对话框图示

数据集中的日期列在导入过程中也可能被识别为文本或长整数列，此时，用户可以将文本或长整数两种类型的字段转换为日期类型，其中转换方法与数字列的转换方法类似，读者可以参考数字列的转换方法。

（三）数据分组

在数据分析过程中，对于某个维度，用户可以根据需要进一步将其值分为几个组，使其成为一个新的维度，从而对数据进行处理。针对非数值类型的字段，选中字段，点击"更多"选项中的"新建分组"按钮，对字段的值进行分组，如图5-26所示。注意字段中的空数据会被过滤掉：

对话窗口中主要功能如下所示：

（1）名称：新建（修改）分组列的名称，默认是"原列名-分组"。

（2）分组到：选中一或多个数据，选择列表下的组名将数据分组到该组下。

（3）分组到"其他"：勾选此选项会生成名称为"其他"的分组，如果有的数据没有进行分组，则会放到"其他"分组中。

（4）新建分组：生成分组，默认名称是分组1，分组2...，新建后可以修改分组名称。在新建分组后，可以通过拖拽的方式将数据拖拽到指定分组下。

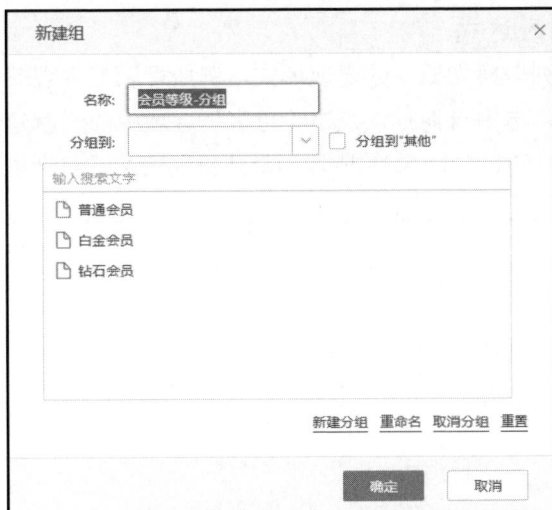

图 5-26　新建分组对话框图示

（四）数据分箱

针对数值类型的字段，如果需要根据不同的数值区间划分出不同的组，然后将分组作为一个维度来进行数据处理，则需要使用数据分箱。

数据分箱是给一个数字列创建一个划分范围的维度列。因此，此列会自动地列入维度的节点下。具体地，选择要分箱的数字列，点击"更多"图标，选择"新建数据分箱"，数据分箱创建设置界面如图 5-27 所示。

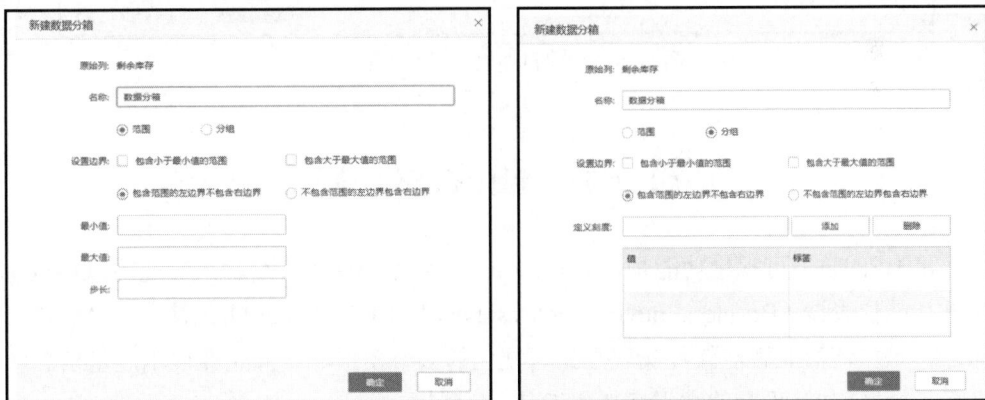

图 5-27　新建数据分组对话框图示

对话窗口中主要功能如下所示：

（1）名称：数据分箱的列名，默认名称是"数据分箱"。

（2）分箱模式：选择"范围"或"分组"，将影响后续分箱的定义模式。

（3）设置边界：配置分组的边界。

（4）其他设置：根据"范围"或"分组"选择不同的配置。

（五）设置日期表达式

用户可以把日期列转换为期望的表现形式，例如可以把常规的时间戳转换为时间戳中的年份数。具体地，选中日期列，点击"更多"选项中的"新建日期表达式"按钮，对时间戳根据需要进行转换。图 5-28 所示为新建日期表达式对话框图示。

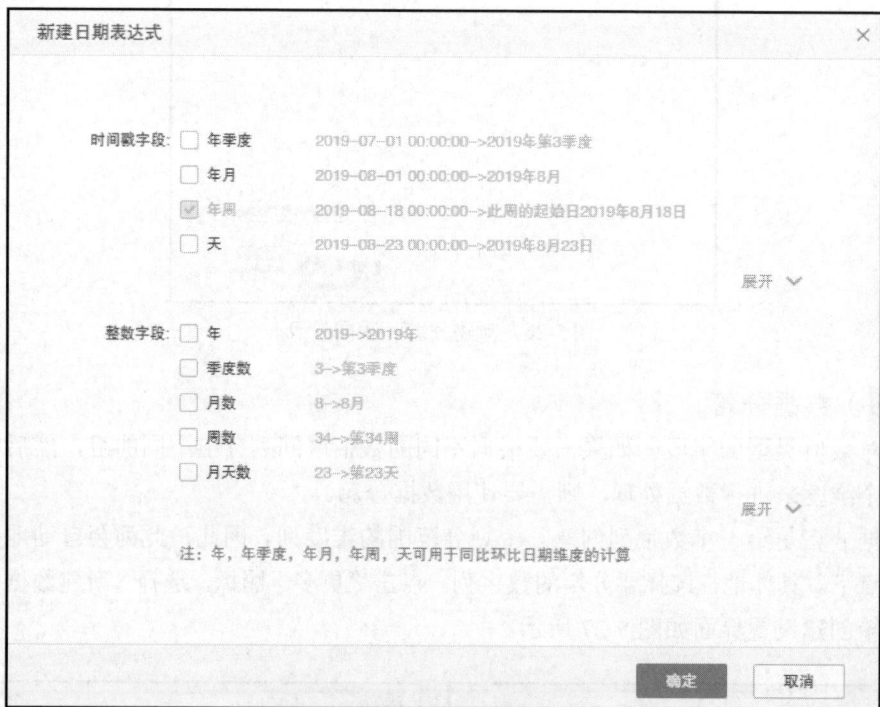

图 5-28　新建日期表达式对话框图示

第三节　图　表　布　局

永洪 BI 的数据可视化功能是以 Dashboard 为载体进行图表绘制来实现的，Dashboard 是商业智能仪表盘（Business Intelligence Dashboard，BI Dashboard）的简称，又称仪表盘或报表，是主流商业智能软件实现数据可视化的必要模块，是向企业展示度量信息和关键业务指标（KPI）现状的数据虚拟化工具。

通过仪表盘编辑器，用户可以使用各种组件将数据以一种直观和交互式可视化界面呈现出来。数据可视化的实现能够帮助企业发掘数据的特点、规律和价值。

一、新建仪表盘

（一）新建流程

新建仪表盘的流程如下：

（1）从首页引导区或左侧导航栏，点击"制作报告"进入制作报告模块，如图 5-29 所示。

图 5-29　首页图示

（2）在主题页面中选择不同的主题来创建仪表盘，如图 5-30 所示。

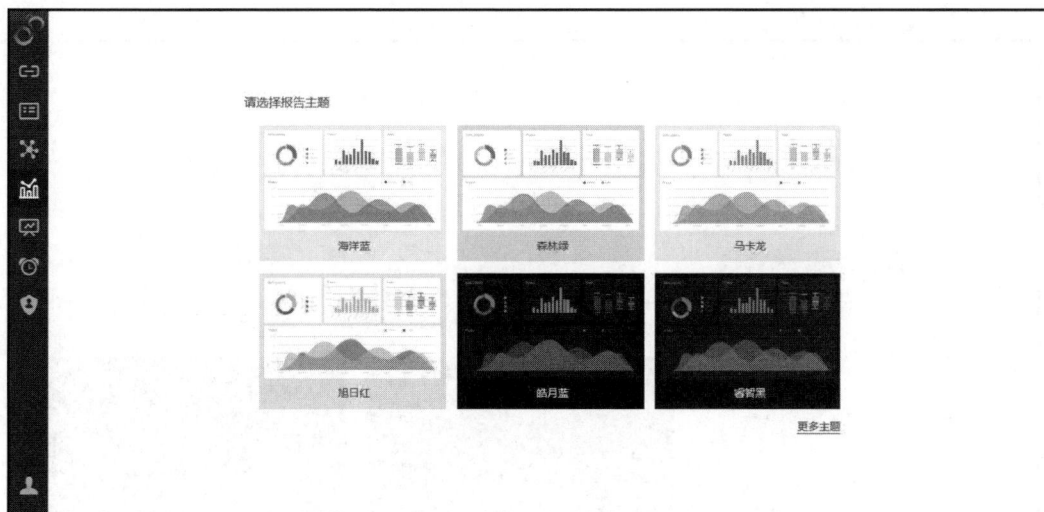

图 5-30　选择仪表盘类型图示

（3）选择主题后，打开仪表盘编辑页面，如下图所示。在仪表盘中添加组件时，自动应用步骤 2 中选择的主题样式，如图 5-31 所示。

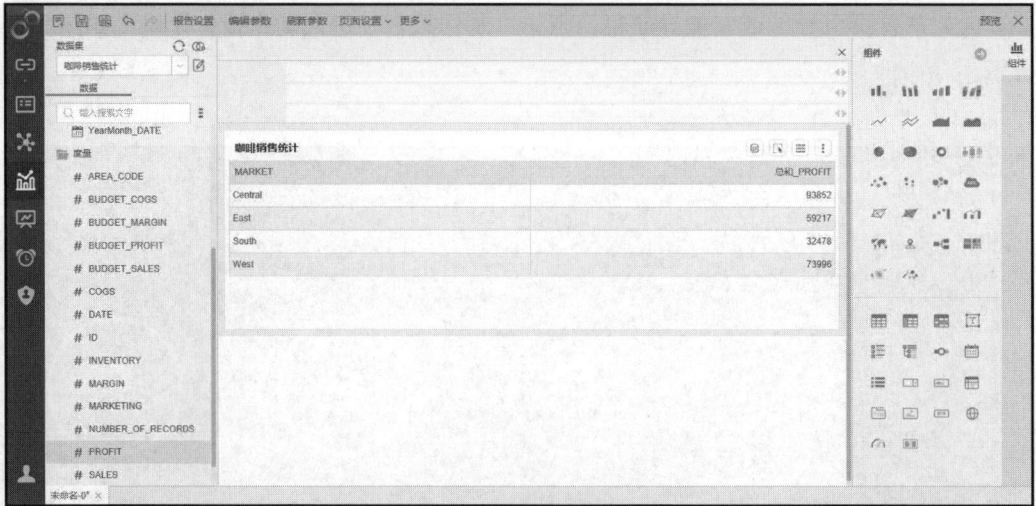

图 5-31　仪表盘编辑页面图示

（二）仪表盘主题

主题模板是一个报告的样式集合。通过主题，可一键设置报告的背景、所有组件样式、配色等，解决用户设置样式格式的烦恼。每种主题都有特定的组件样式、独特的配色方案、迥异的仪表盘风格，帮用户轻松应对不同使用场景。

系统预置了 10 个仪表盘主题，用户可以根据自己的喜好或报告特点选择需要的主题。当前系统中的 10 个仪表盘主题包括：商务灰，森林绿，冰晶蓝，马卡龙，皓月蓝，海洋蓝，冰晶银，月光银，睿智黑，旭日红。图 5-32 所示为仪表盘主题图示。

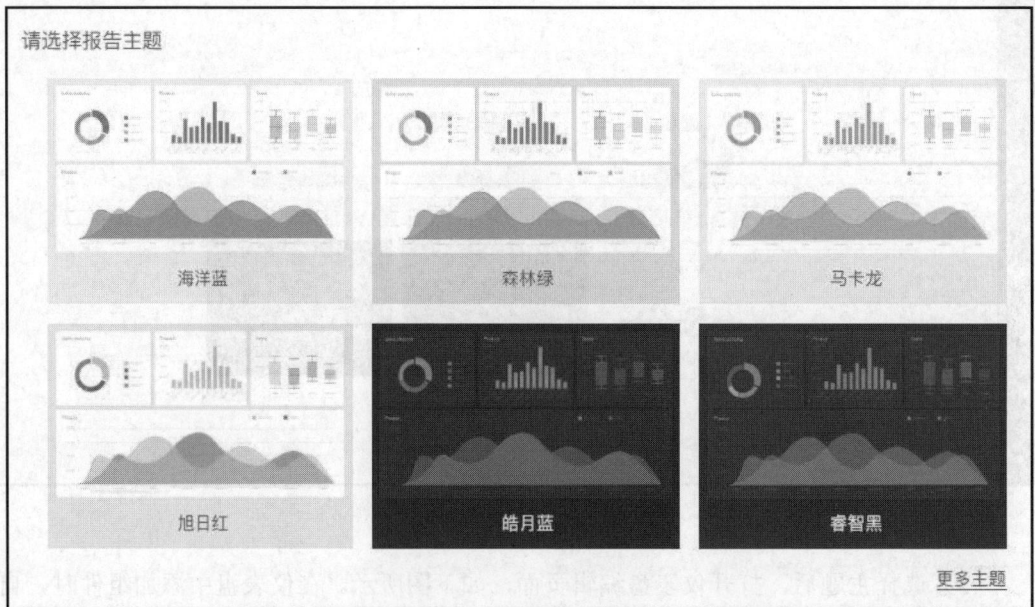

图 5-32　仪表盘主题图示

主题应用在仪表盘中所有组件上，当切换主题时，仪表盘中组件的主题都会应用新的主题。同时，系统提供了强大的自定义功能。用户可以自定义仪表盘主题样式。

二、智能布局-组件操作

进入制作报告模块时，默认采用智能布局。智能布局下，用户在仪表盘中添加新的组件，组件会自动对齐排列，方便用户快速构建标准仪表盘。如果用户需要更灵活个性的仪表盘布局方式，可将智能布局切换为自由布局。但一旦仪表盘使用了自由布局，就无法返回智能布局。

本章节将为您介绍如何在智能布局中对组件进行操作。

（一）增加组件

在智能布局下，向仪表盘添加组件，产品会根据鼠标位置，触发不同的响应区，将新组件放在不同位置。响应区分别为：整体响应、局部响应、内部响应。

1．整体响应

智能布局中的组件是按照一个格子一个格子进行排列的，格子之间的间距为固定值 12px。当鼠标悬停在格子之间会触发整体插入响应区，如图 5-33 所示。

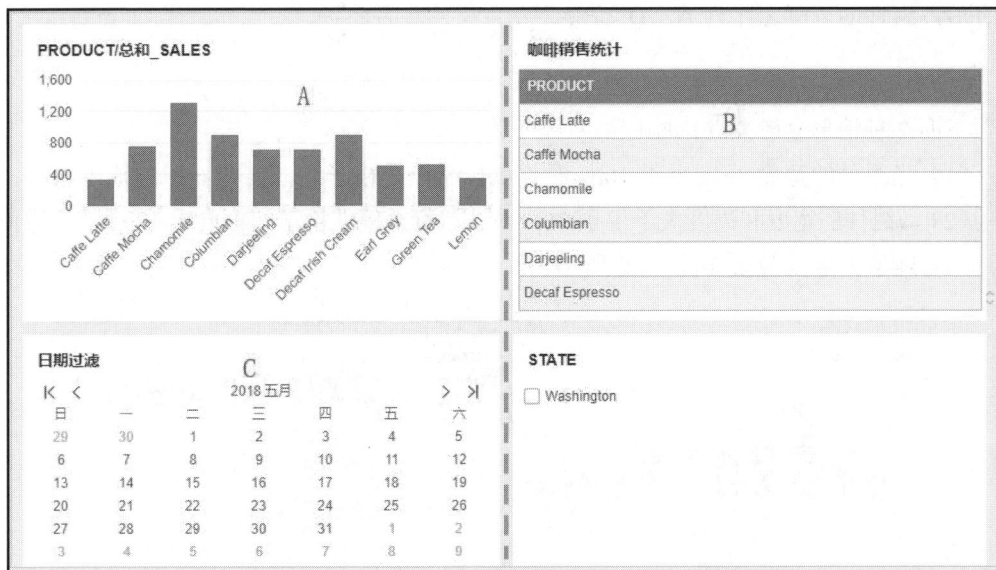

图 5-33　整体响应图示

当出现上图中的绿色虚线，插入组件，效果如图 5-34 所示。

整体响应时，组件的比例规则如下：

（1）插入组件高度。

插入组件的高度=组件 A 的高度+组件 C 的高度+12px

其中：12px 表示智能布局下 2 个相邻格子之间的间距。

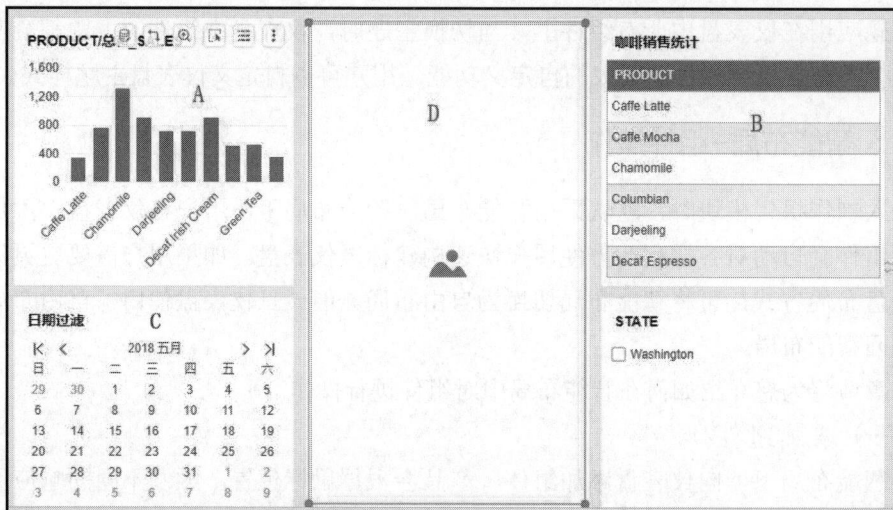

图 5-34　组件插入效果图示

（2）插入组件的宽度。

假设仪表盘的宽为 1，插入组件 D 之前，组件的宽度之比为 A∶B = 3∶2。插入组件

D 之后，组件的宽度之比为 $A : D : B = \dfrac{2}{3} \times \dfrac{3}{5} : \dfrac{1}{3} : \dfrac{2}{3} \times \dfrac{2}{5}$

2. 局部响应

下面 2 种情形会触发局部响应：

（1）当组件的宽度/高度小于 36px 时，鼠标悬停在格子边框向内 6px 的范围内；

（2）当组件的宽度和高度大于等于 36px 时，鼠标悬停在格子边框向内 12px 的范围内。

局部响应的触发效果如图 5-35 所示。

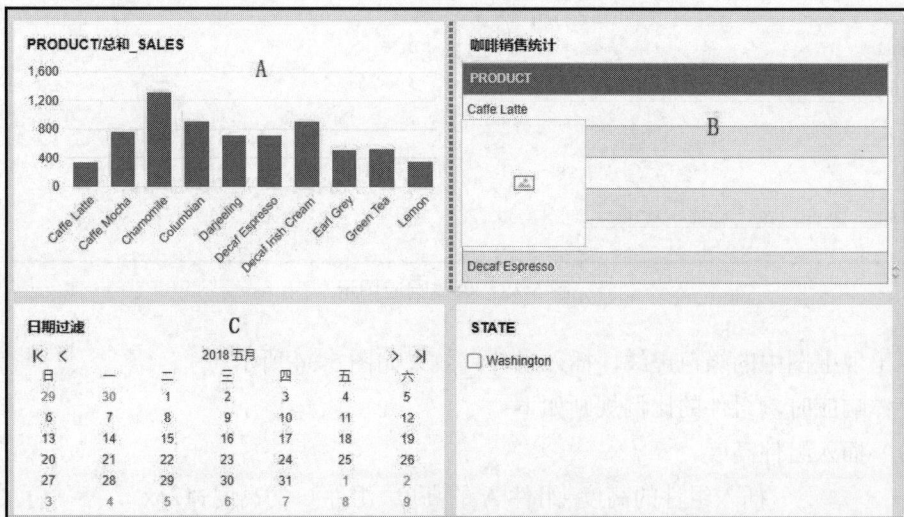

图 5-35　局部响应触发效果图示

当出现上图所示的绿色虚线时，插入组件，效果如图 5-36 所示。

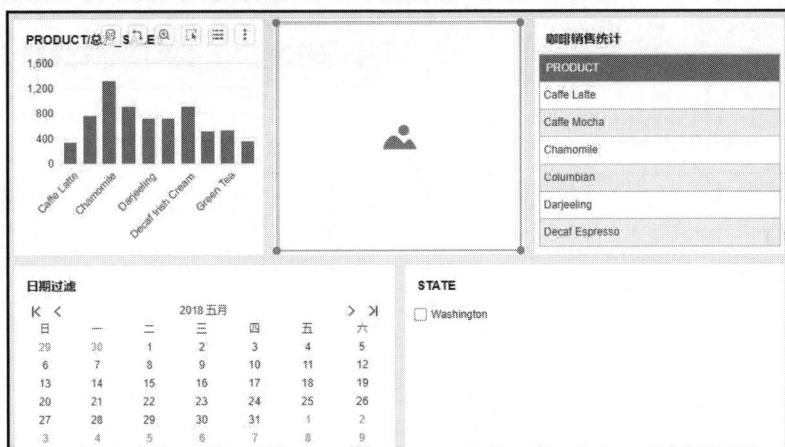

图 5-36　局部响应插入效果图示

局部响应时，组件的比例规则如下：

（1）插入组件高度为

$$插入组件的高度=组件 A 的高度$$

（2）插入组件的宽度。

插入组件的宽度与整体插入响应区时的计算方法相同。

3．内部响应

内部响应又分为左右响应和上下响应。

（1）内部左右响应。

当鼠标悬停在组件的左右 1/3 区域时，即下图蓝色区域内，触发组件内部左右响应区。内部左右响应的触发效果如图 5-37 所示。该图以右侧响应为例。

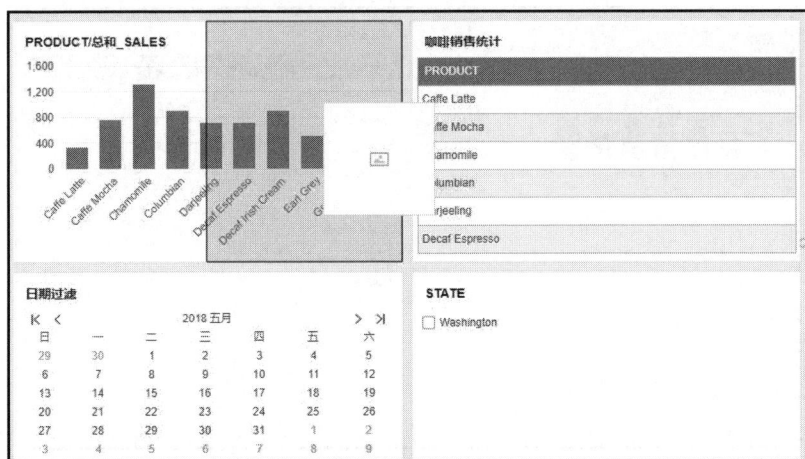

图 5-37　内部（右侧）响应触发效果图示

当出现图 5-37 所示的绿色区域时，插入组件，效果如图 5-38 所示。

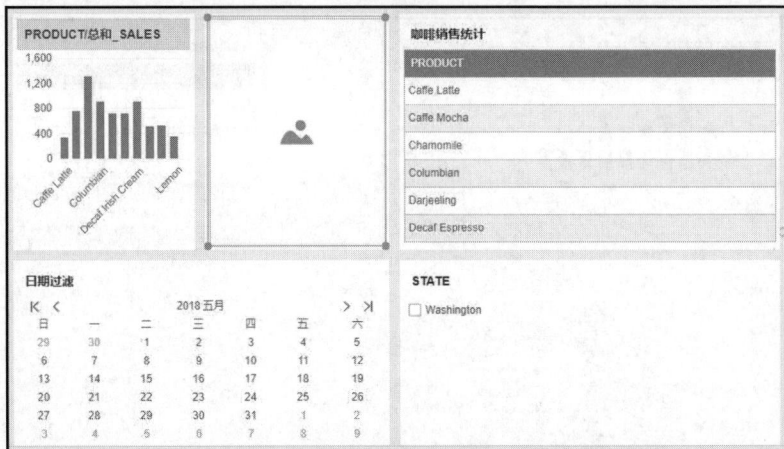

图 5-38　内部（右侧）响应插入效果图示

内部左右响应时，组件的比例规则如下：

1）插入组件高度为

$$插入组件的高度=组件\,A\,的高度$$

2）插入组件的宽度为

$$插入组件的宽度=\frac{组件A的宽度-12px}{2}$$

（2）内部上下响应。

当鼠标悬停在组件的中间 1/3 区域时，即图 5-39 所示的红色区域内，触发组件内部上下响应区。

内部上下响应的触发效果如图 5-39 所示。该图以上方响应为例。

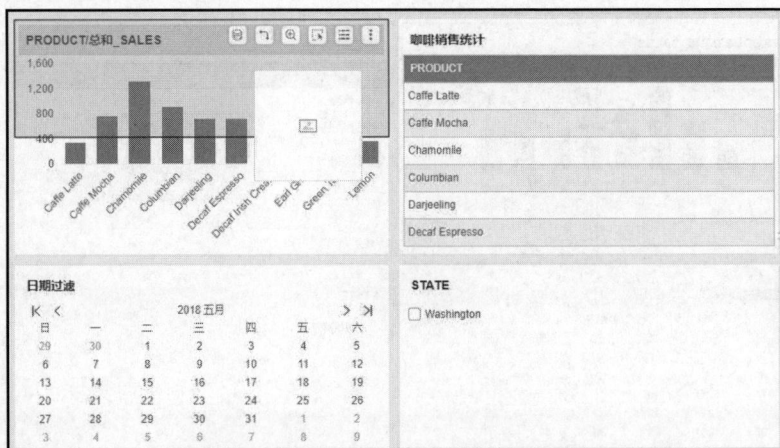

图 5-39　内部（上方）响应触发效果图示

当触发上图所示的绿色区域时，插入组件，效果如图 5-40 所示。

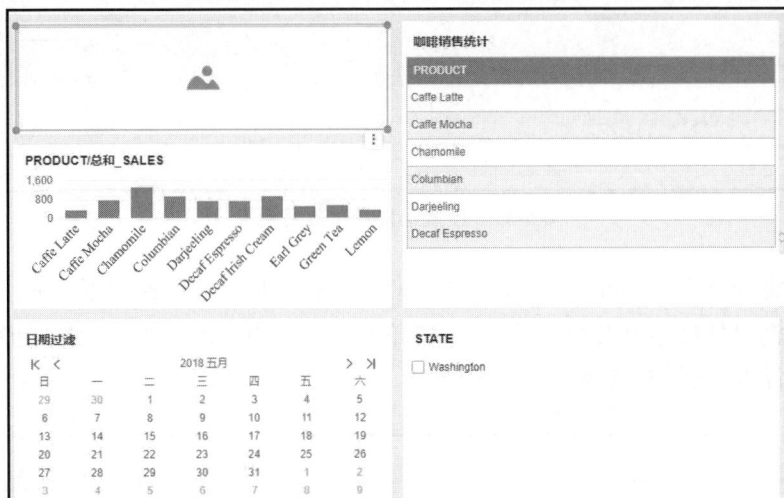

图 5-40 内部（上方）响应插入效果图示

内部上下响应时，组件的比例规则如下：

1）插入组件高度为

$$插入组件的高度=\frac{组件A的宽度-12px}{2}$$

2）插入组件的宽度为

插入组件的宽度=组件 A 的宽度

（二）移除组件

产品提供 2 种方式来移除组件。当用户需要移除组件时，可采取下面其中一种方法。

（1）选中需要移除的组件，在该组件更多菜单中选择"删除组件"选项。

（2）选中需要移除的组件，通过键盘上的 Delete 快捷键快速移除组件。

当用户需要一次删除多个组件时，需要使用 Ctrl 键同时选中多个组件进行移除。使用 Ctrl+A 可全选仪表盘中的所有组件，进行移除。

组件移除时，周围的组件会进行智能布局。组件优先以横向扩展，优先左侧的组件补充空白。

（三）悬浮组件

在智能布局下，使用悬浮功能，使某一个组件悬浮在固定组件上层，实现组件的叠加。当一个组件设置悬浮后，它将置于智能布局上层，不受智能布局限制；而智能布局中的固定组件，将实现自动调整。

（1）设置组件悬浮效果：在报告的编辑页面，选中组件，右上角点击更多按钮，选择"悬浮"，如图 5-41 所示。

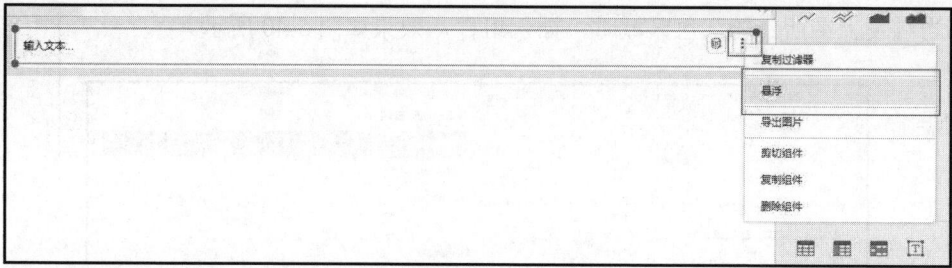

图 5-41 设置组件悬浮效果图示

该组件将悬浮至智能布局上方，其余组件按智能布局移除组件规则，进行自动调整。

（2）取消组件悬浮效果：在报告的编辑的页面，选中悬浮组件，点击更多按钮，选择"取消悬浮"，如图 5-42 所示。

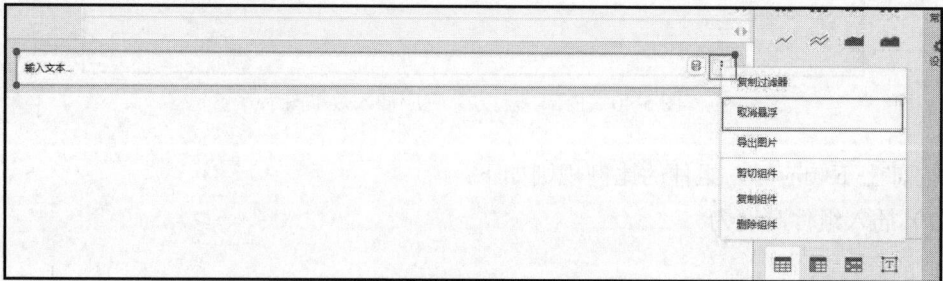

图 5-42 取消组件悬浮效果图示

该组件取消悬浮后，将重新添加到智能布局中。仪表盘按增加组件规则，自动调整布局。

2 个悬浮组件之间、悬浮组件与固定组件之间可以实现组合。当悬浮组件与固定组件组合时，组合后的整体作为一个固定组件插入到原固定组件位置。具体的组合功能，请参考组合组件小节。

（四）组合组件

组合，即把多个组件组合为一个整体。组内成员最外围的边界即为组合整体的边界。智能布局下，一个固定组件和多个悬浮组件或多个悬浮组件之间能够进行组合。组合后，整体可与其他组件（包括组合中的组件）或组合再次组合，无嵌套关系。

（1）组合组件的悬浮：组合整体支持悬浮，但组合内的组件不支持悬浮。悬浮后组合大小、位置不变，处于布局上层，下层为智能布局的组件，实现自动调整。悬浮的具体操作与效果，请参考悬浮组件章节。图 5-43 所示为悬浮组件与固定组件组合前效果图示。

（2）组合组件在仪表盘上的位置：当悬浮组件与悬浮组件组合时，组合整体仍然是一个悬浮组件，组合前后，组件位置不变。当悬浮组件与固定组件组合时，组合整体作为一个固定组件插入到原固定组件位置，如图 5-44 所示。

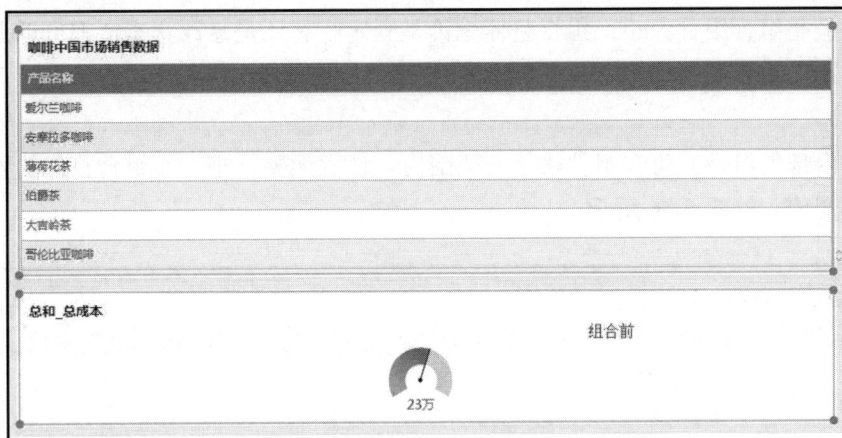

图 5-43 悬浮组件与固定组件组合前效果图示

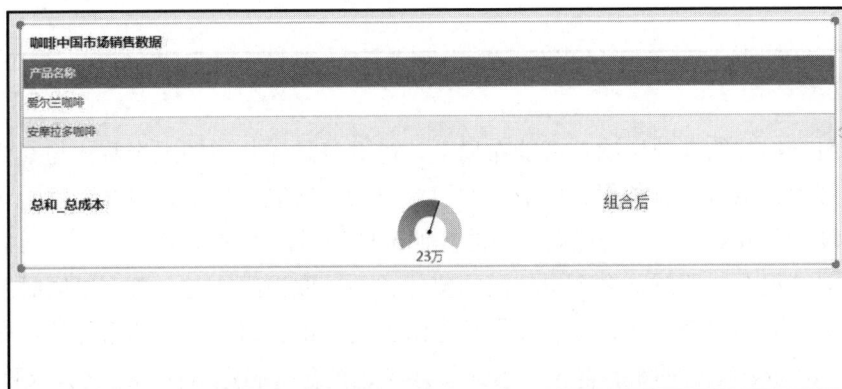

图 5-44 悬浮组件与固定组件组合后效果图示

智能布局下，取消组合的组件全部成为悬浮组件（即使组合前是固定组件），组件大小、位置不变。

（3）移动组合组件：组合整体无论是固定状态还是悬浮状态，都可以通过鼠标拖拽移动位置。组合组件的整体移动操作及规则，与其他组件相同，具体请参考移动组件章节。组合内部的组件，可在组件格子的范围内，任意移动，如图 5-45 所示。

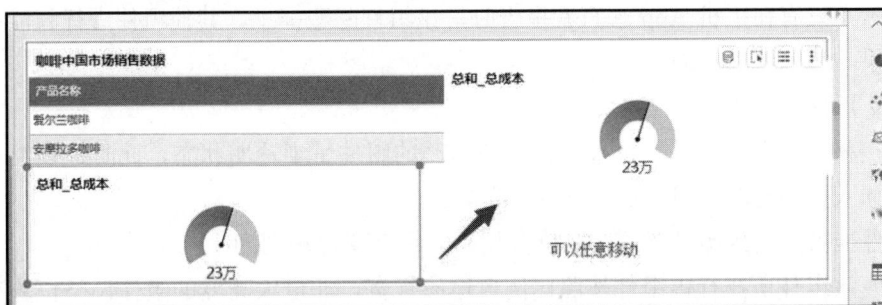

图 5-45 组合组件移动效果图示

（4）调整组合组件大小：组合整体无论是固定状态还是悬浮状态，都可以调整组合整体的大小。组合组件的尺寸调整操作及规则，与其他组件相同，具体请参考调整组件大小章节。

组合内部的组件，可在组件格子的范围内，任意调整大小。而组合整体的外围边界不会发生变化，如图 5-46 所示。

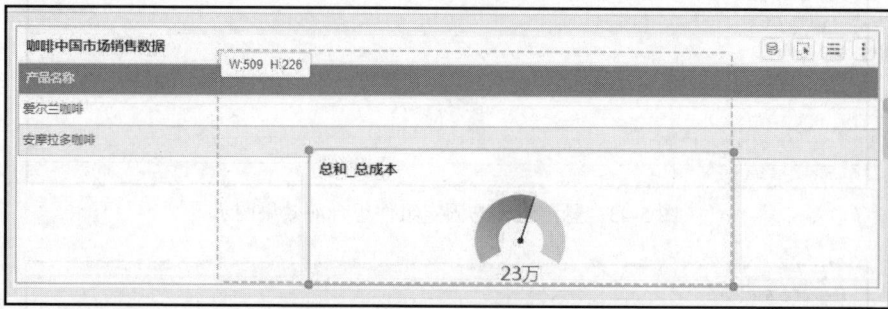

图 5-46　组合组件调整大小图示

（5）组合组件的叠放层次：智能布局下，可调整悬浮状态的组合整体与其他悬浮组件的叠放层次，也可以调整组合中成员的组内层次。智能布局下，组合为固定状态时，组合整体没有叠放层次，同智能布局中的其他组件一样位于最底层。

（6）取消组合：即解除多个组件间的整体关系。取消组合时，既可以同时解除一个组合内所有组件的组合关系，也可以只解除组合内的部分组件和其他组件的组合关系。智能布局下，取消组合的组件全部显示为悬浮（包括含有固定组件的组合），组件大小、位置不变。

（五）隐藏组件

隐藏组件，即设置组件在某些情况下对用户不可见。根据隐藏条件，隐藏组件分为组件不可见、手机不可见。

（1）组件不可见：当组件不可见时，该组件在制作报告模块中显示为置灰状态，在预览或查看报告模块中直接隐藏，其他组件进行智能布局。查看效果与移除组件相同。

（2）手机不可见：当组件设置为手机不可见时，不会影响组件在制作报告和查看报告的显示。只有在手机 App 端查看报告时，该组件隐藏掉了，其他组件进行智能布局。查看效果与移除组件相同。

（六）移动组件

拖拽移动可调整组件的位置。被拖拽移动的组件呈半透明状态，此时拖拽组件到新位置的插入行为与新建组件插入行为一致。

组件拖拽移动到新位置后，原位置相邻的组件变化规则为：

（1）该组件所在行内组件按照比例自适应行宽，非最大高度的组件调整位置后，原有临近的组件高度按比例自适应最大行高；

（2）优先以横向扩展，优先由左侧的组件补充空白。

多个组件可同时移动。按住 **Ctrl** 键，选中多个组件，鼠标拖拽移动即可。同时移动多个组件的时候，插入原则不变，插入组件的顺序按照移动组件之前组件的相对位置：先上后下，再左再右，再上层下层。

（七）调整组件大小

智能布局下，用户可以对单个组件或者一行/列组件进行宽度/高度的修改。当鼠标悬停在组件边界上时，会使鼠标状态变为双向箭头状，此时可以按住鼠标左键向上/下，左/右移动鼠标修改组件的尺寸。当单个组件或一行/列组件的宽度/高度改变时，其他组件的尺寸也会自适应调整。

以调整组件的宽度为例：当鼠标悬停在组件 B 的边框上时，鼠标呈双向箭头状，按住鼠标左键向右移动，调整组件 B 的宽度，B 右侧的组件 C 的宽度也自适应调整。

调整前：见图 5-47。

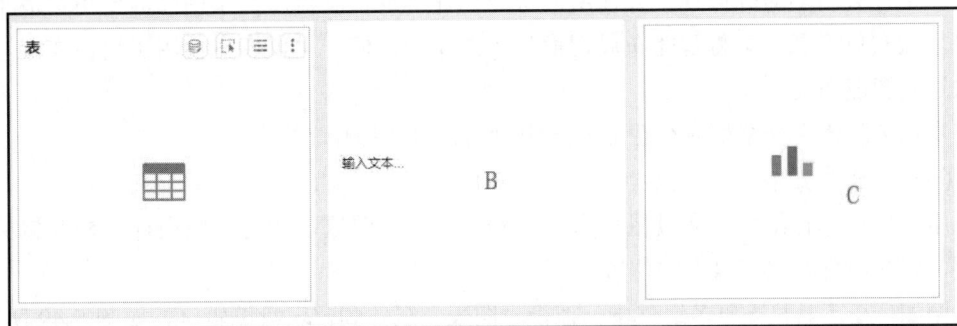

图 5-47　组件调整大小前效果图示

调整后：见图 5-48。

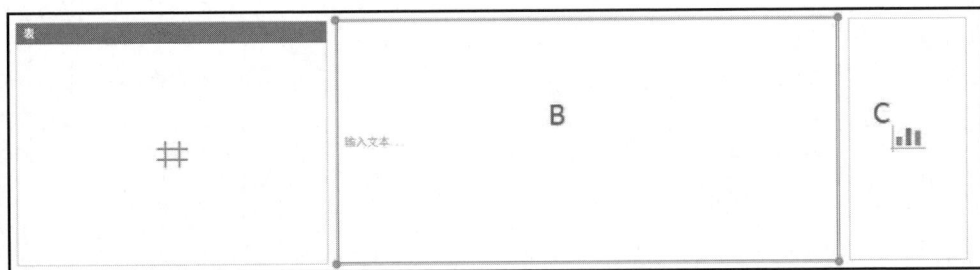

图 5-48　组件调整大小后效果图示

（八）复制/剪切/粘贴组件

智能布局下，用户可复制/剪切/粘贴单个组件或多个组件。

当用户需要复制/剪切单个组件时，首先选中需要复制/剪切的组件，在该组件上右键选择复制/剪切组件选项，然后在指定区域右键选择粘贴组件（或快捷键 **Ctrl+V**），则可把当前组件从仪表盘编辑区中剪切/复制到指定仪表盘的指定区域。

当用户需要一次复制/剪切多个组件时，需要使用 Ctrl 键同时选中多个组件，然后使用快捷键 Ctrl+C 复制/Ctrl+X 剪切。或可以使用 Ctrl+A 全选仪表盘中的所有组件进行复制/剪切。

在智能布局粘贴组件时，鼠标点击的位置作为插入位置，插入复制/剪切的组件。当同时粘贴多个组件时，组件插入顺序的原则与移动组件时相同：先上后下，再左再右，再上层下层。粘贴的组件的尺寸与插入位置有关，当插入到新的一行时，会保持原有组件的高度，宽度自适应；当插入的位置不是新的一行时，会根据插入位置自适应组件的高度和宽度。

三、自由布局

进入制作报告模块时，默认采用智能布局。智能布局下，用户在仪表盘中添加新的组件，组件会自动对齐排列，方便用户快速构建标准仪表盘。如果用户需要更灵活个性的仪表盘布局方式，可将智能布局切换为自由布局。但一旦仪表盘使用了自由布局，就无法返回智能布局。

本章节将为您介绍如何在智能布局中对组件进行操作。

（一）增加组件

用户根据选择组件，通过鼠标拖拽，到仪表盘编辑区，即可生成组件。松开鼠标的位置，就是组件在仪表盘上的位置。

例如：在工具栏->更多组件中，拖拽"图表"组件到仪表盘编辑区，如图 5-49 所示。

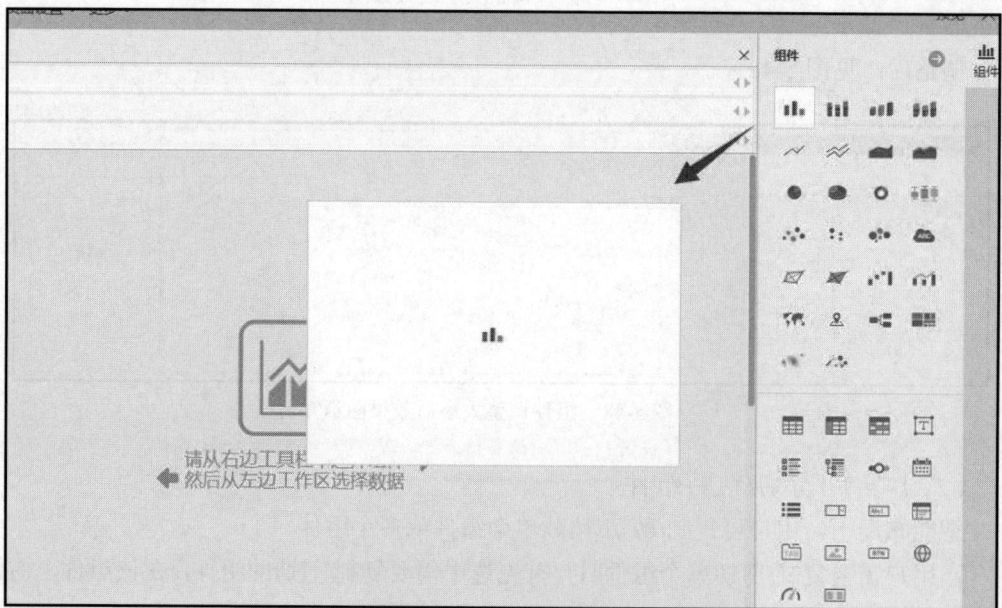

图 5-49　增加组件图示

（二）移除组件

当用户移除指定组件时，其他组件的位置保持不变，当前移除组件的位置会空白。
移除组件前，见图 5-50。

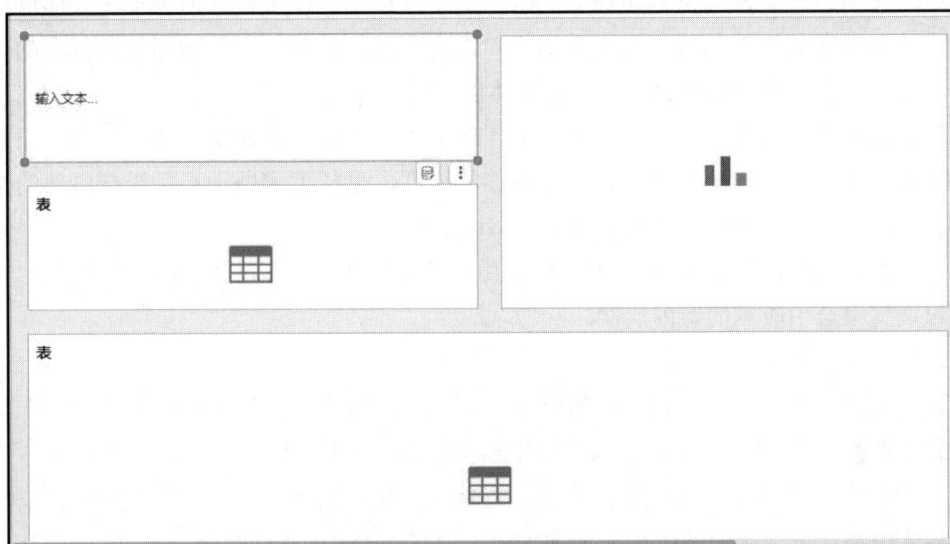

图 5-50　移除组件前效果图示

移除组件后，见图 5-51。

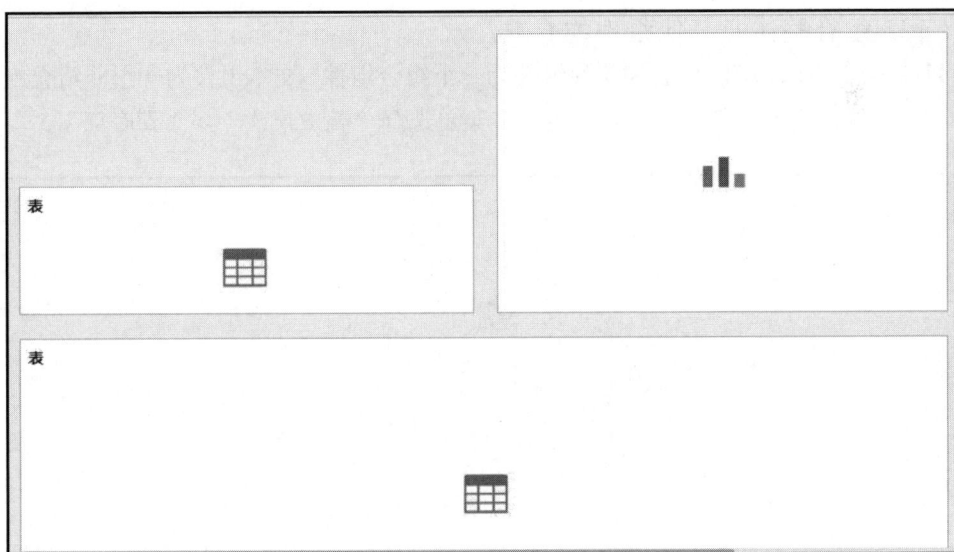

图 5-51　移除组件后效果图示

（三）组合组件

组合，即把多个组件组合为一个整体。组内成员最外围的边界即为组合整体的边界。

自由布局下可选中 2 个或多个非容器类组件（容器类组件：过滤容器、选项卡）进行组合。组合后，整体可与其他组件（包括组合中的组件）或组合再次组合，无嵌套关系。

自由布局下，可对组合组件进行下述操作。

（1）移动组合组件：自由布局下，组合整体可移动到仪表盘任何位置。具体操作及效果，请参考移动组件章节。自由布局下，组合内部的组件，可移动到仪表盘上的任意位置。随着组合内部的组件移动，组合整体的边界动态调整。

（2）调整组合组件大小：自由布局下，选中组合整体，可调整组合整体的大小。组合内的所有组件也会同比例放大。组合内部的组件，可任意调整大小。组合内部的组件调整大小时，组合整体的外围边界也会动态调整。

（3）组合组件的叠放层次：自由布局下，可调整组合整体与其他组件的叠放层次，也可以调整组合中成员的组内层次。

（四）取消组合

取消组合，即解除多个组件间的整体关系。取消组合时，既可以同时解除一个组合内所有组件的组合关系，也可以只解除组合内的部分组件和其他组件的组合关系。

（1）整体取消组件：选中组合整体，右键->"取消组合"按钮，组合内所有组件均解除组合关系。取消组合的组件，组件大小、位置不变。

（2）部分取消组件：选中组合内部单个或多个组件组合，右键->"取消组合"按钮，选中的组件脱离组合，其余组件仍维持组合关系。取消组合的组件，组件大小、位置不变。

（五）组合整体与其他组件的叠放层次

以图 5-52 所示为例，仪表和图片组件为一个组合组件，文本组件为一个非组合组件。选中位于上层的文本组件，点开组件更改多菜单选择"叠放层次"->"到底部"。

图 5-52　组合组件与其他组件叠放层次调整前图示

该例中，原本位于上层的文本组件被放置到底层，下层的组合组件被置于上层，挡住了下层的文本组件，如图 5-53 所示。

图 5-53　组合组件与其他组件叠放层次调整后图示

（六）隐藏组件

隐藏组件，即设置组件在某些情况下对用户不可见。根据隐藏条件，隐藏组件分为组件不可见、手机不可见。

（1）组件不可见：自由布局下，当组件不可见时，制作报告的此组件会显示为置灰状态。预览或在查看报告查看此报告时，不可见的组件所在位置显示空白，其余组件的位置和大小保持不变。组件不可见的设置方法，请参考智能布局-隐藏组件章节。

（2）手机不可见：自由布局下，当组件设置为手机不可见时，不会影响组件在制作报告和查看报告的显示。只有在手机 App 端查看报告时，该组件隐藏掉了，其他组件进行智能布局。查看效果与移除组件相同。手机不可见的设置方法，请参考智能布局-隐藏组件章节。

（七）移动组件

用户可通过鼠标拖拽来移动组件到编辑区中指定的位置。当组件被鼠标拖拽时会形成半透明状态的组件，用户可把此半透明状态的组件摆放到指定的位置。

移动组件的效果，如图 5-54 所示。

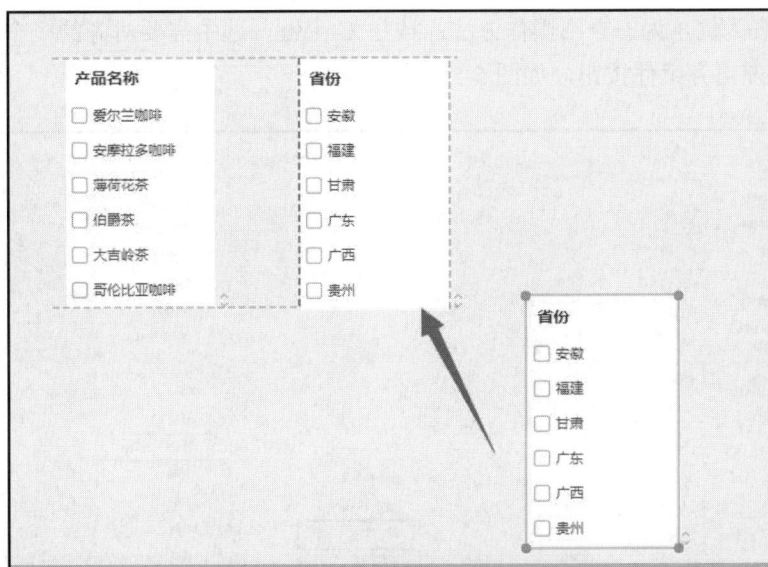

图 5-54　移动组件效果图示

系统具有辅助对齐功能。当拖拽组件移动的时候，系统会出现绿色对齐提示线，方便用户对齐组件。

（八）组件对齐

2 个组件或多组件之间可以互相对齐。产品提供对齐按钮和对齐提示线，辅助用户对齐仪表盘上的多个组件。

1. 通过对齐按钮对齐组件

组件右键菜单-对齐中有顶端对齐组件、底端对齐组件、左对齐组件、右对齐组件 4 个按钮，一键对齐多个组件，如图 5-55 所示。

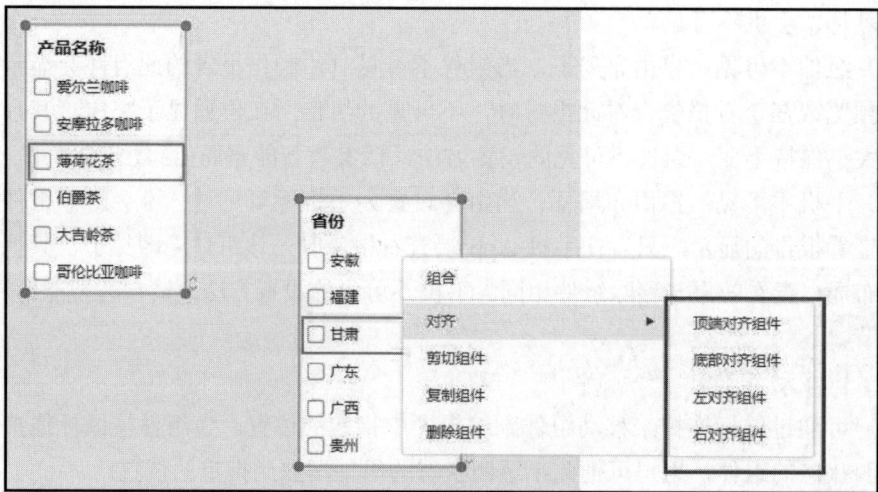

图 5-55　对其组件效果图示

以左对齐为例，为您介绍操作方法：按住 Ctrl 键，选中需要对齐的多个组件，右键菜单-对齐中左对齐组件按钮，如图 5-56 所示。

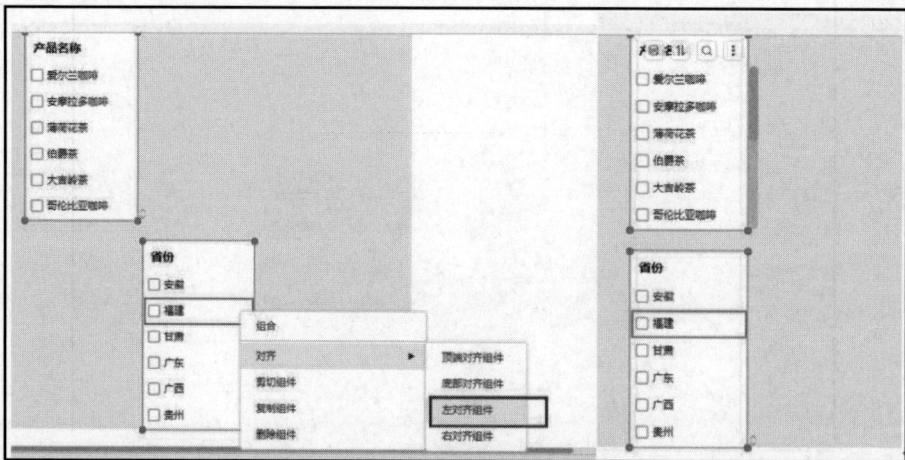

图 5-56　左对齐组件效果图示

2. 通过对齐提示线对齐组件

当拖拽移动组件时，对齐提示线可有效辅助用户对齐组件。对齐提示线分为上对齐提示线、下对齐提示线、左对齐提示线、右对齐提示线、中间对齐提示线、中心对齐提示线。上对齐提示线，如图 5-57 所示。

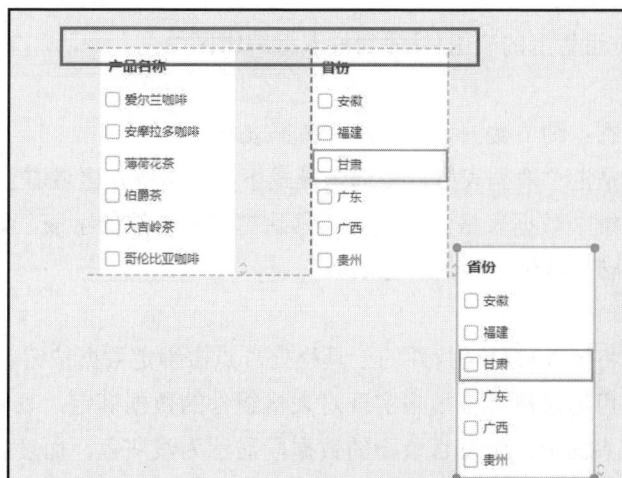

图 5-57　上对齐提示线效果图示

（九）调整组件大小

用户可对组件进行横向纵向尺寸的修改，当鼠标处于调整尺寸状态时可对当前组件的尺寸进行设定。本产品支持从组件的右侧、下侧以及右下角进行尺寸调整。调整组件大小的同时，绿色对齐线提示线会辅助用户对齐组件。具体对齐方式，请参考自由布局-组件对齐章节。

（十）复制/剪切/粘贴组件

将组件复制/剪切后，粘贴到自由布局的仪表盘时，以鼠标点击的位置作为粘贴的起始点，粘贴后，保持原有组件的尺寸和布局不变。

第四节　图表插入

一、图表制作

表格组件（Table）是以表格的形式展现数据的载体。表格可以绑定任意一查询的多个字段。根据是否给字段使用统计函数来区分，可划分为细节数据表格（Plan Table）和汇总表格（Aggregation Table）。

细节数据表是没有汇总统计函数的表，显示的都是具体的细节数据；汇总表格是使用了汇总统计函数的表，按照维度分组汇总统计数值类型的数据。

表格组件的功能还有过滤、排序和排名、合计和总计、取别名、合并单元格、添加格式、超链接、高亮、表格渲染、笔刷、同比环比、动态计算、钻取等功能。

本小节将主要介绍如何制作表格，如何设置表格，如何绑定数据以及各种交互功能。

（一）表（交叉表）

1. 创建表（交叉表）

拖拽右侧面板-组件上的表组件到仪表盘编辑区。

2. 表的状态

表格有 2 种状态：细节数据表格，汇总数据表格。

新建表格默认是汇总数据表格，在绑定模式下，点击绑定区域右上角的按钮 $\sum$ 来切换汇总数据表格和细节数据表格。转换时会移除掉可能非法的字段，如绑定的聚合指标计算器，并试图去转换度量字段的汇总函数。

3. 绑定数据源

选中表格组件将鼠标移动至组件的工具栏处，点击绑定数据按钮，打开表格组件的绑定界面。用户可通过鼠标拖拽来实现对表格组件的数据绑定，表格组件能够绑定多个数据段。在绑定界面中，维度目录下的数据段显示为浅灰色，而度量目录下的数据段显示为深灰色。

在查询树中支持 Shift 键连续选中，以及 Ctrl 键不连续多选，我们有以下 3 种方式来绑定数据段：

（1）拖拽数据段到绑定窗口实现绑定，如图 5-58 所示。

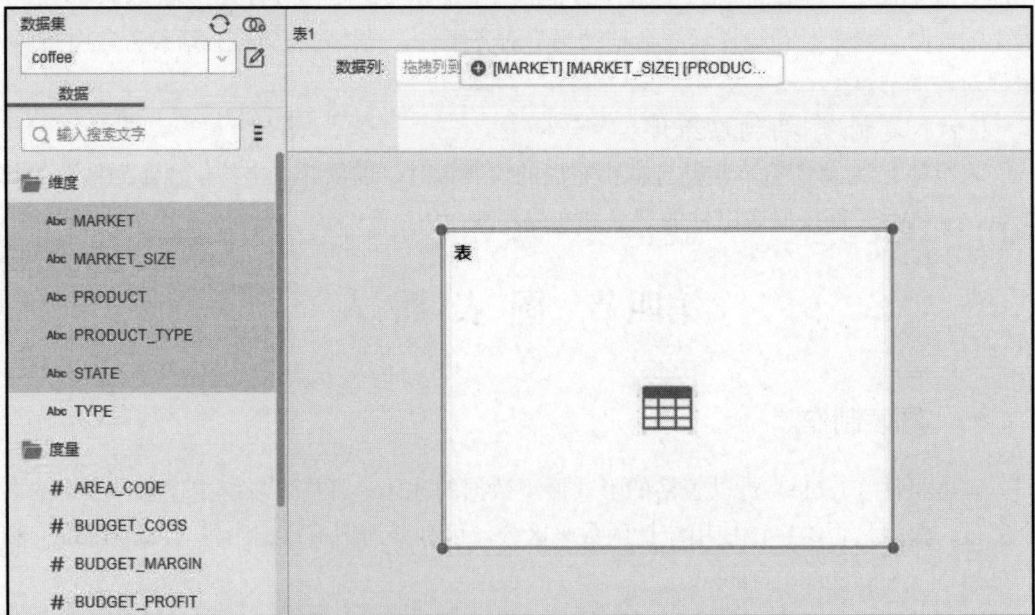

图 5-58　拖拽数据段到绑定窗口实现绑定效果图示

（2）拖拽数据段到表格区域实现绑定，如图 5-59 所示。

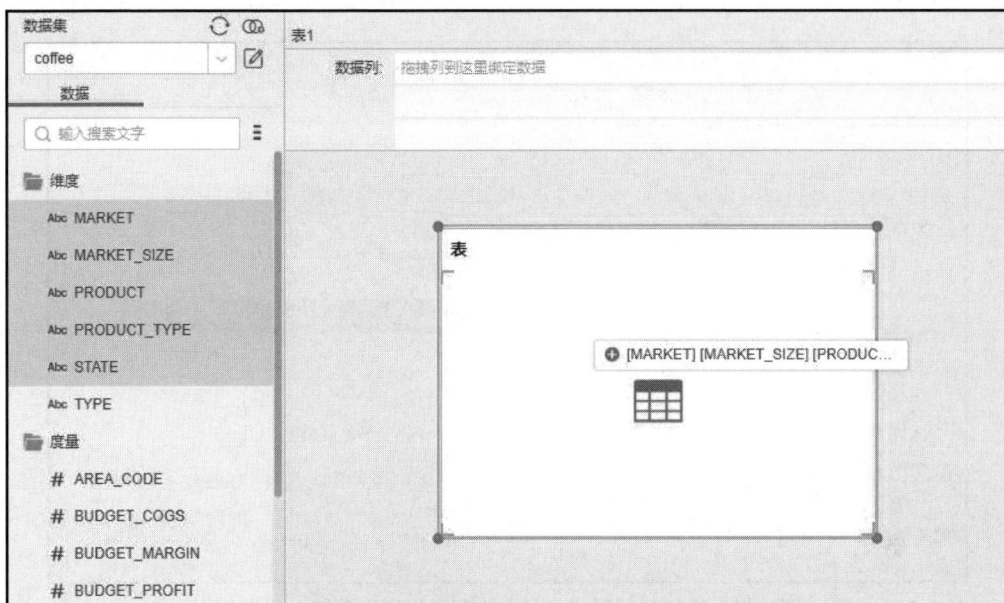

图 5-59　拖拽数据段到表格区域实现绑定效果图示

（3）双击查询树列表的数据段，实现绑定。

4．移除数据段

永洪支持 4 种方式来移除数据段。

（1）在已绑定的数据段的下拉列表中选择删除，如图 5-60 所示。

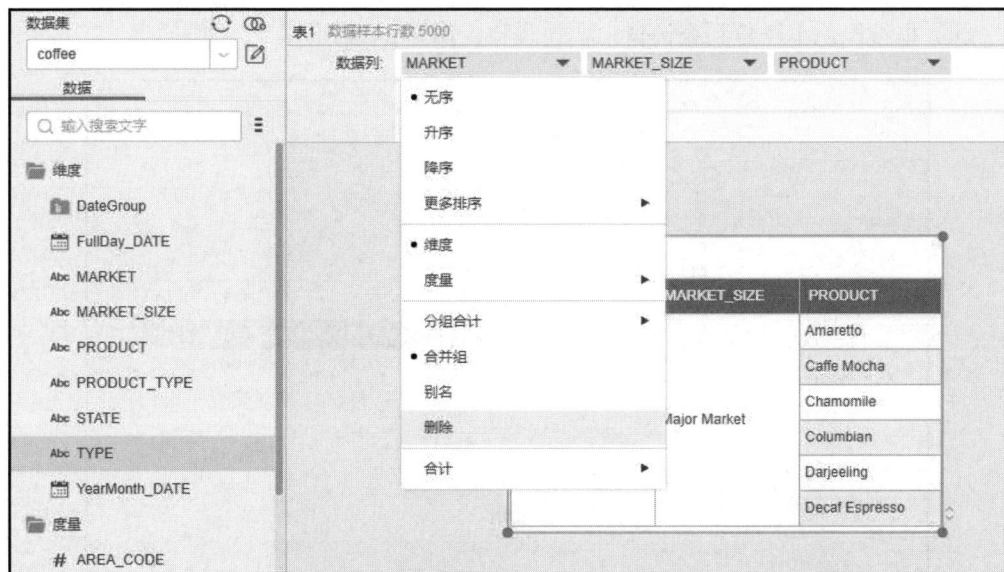

图 5-60　在已绑定的数据段的下拉列表中选择删除效果图示

（2）直接通过鼠标拖拽来实现数据段的移除，把数据段拖拽的查询树中，如图 5-61 所示。

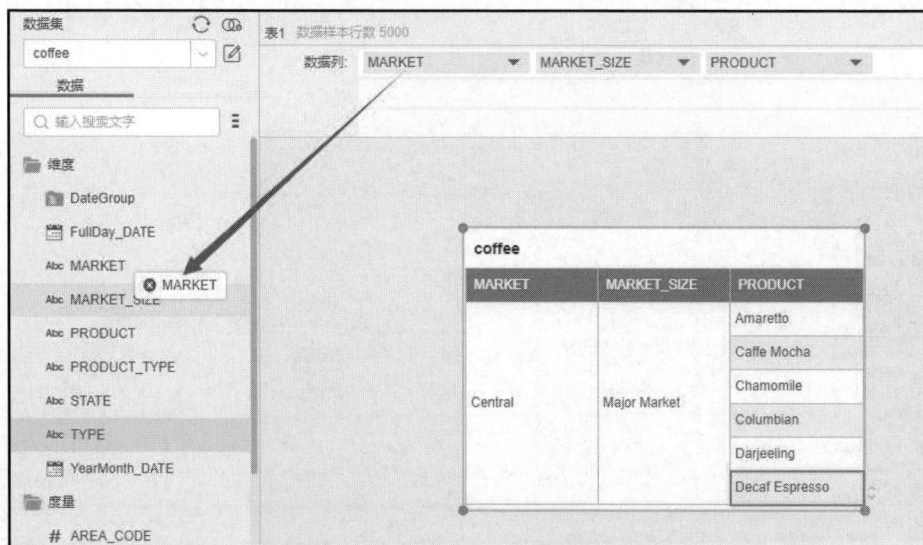

图 5-61　直接通过鼠标拖拽来实现数据段的移除效果图示

（3）通过绑定窗口的快捷清除按钮来移除所有数据段，如图 5-62 所示。

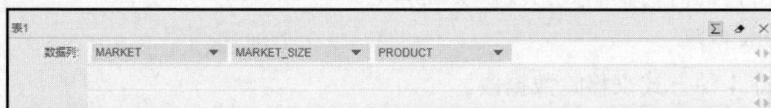

图 5-62　通过绑定窗口的快捷清除按钮来移除所有数据段效果图示

（4）拖拽绿色小三角到查询树中实现移除，如图 5-63 所示。

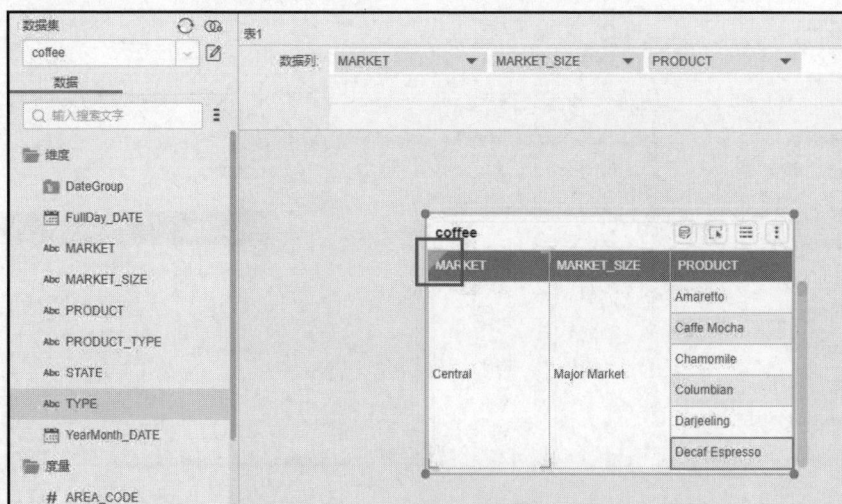

图 5-63　拖拽绿色小三角到查询树中实现移除效果图示

（二）图表

图表组件（Chart）是以图表的形式展现数据的载体。图表可以绑定任意一查询的多个字段。图表组件除了有表格组件支持的功能外，还有自身特有的、更丰富的功能。

一个组数据系列采用什么形式（颜色，符号，形状，纹理）显示在图表上，被称作标记。支持的标记种类包括点图、线图、面积图、柱状图、饼图、雷达图、组织图、气泡、词云、矩形图、盒须图等。

本小节主要介绍如何创建图表，如何定义属性，如何绑定数据以及各种交互功能。

1. 创建图表

拖拽右侧面板-组件中的图表按钮到报告编辑区，则在报告中生成相应的图表，如图 5-64 所示。

2. 绑定数据段

图表：把鼠标移动到图表内的"点击以绑定数据"图标，鼠标变成手状，点击则可打开图表的绑定界面。或者在图表的悬浮菜单栏中点击绑定数据按钮，打开图表的绑定界面。绑定界面包含 3 个部分：查询树、美化界面以及图表的绑定窗口。在查询树中支持 Shift键连续选中，以及 Ctrl 键不连续多选。

图表支持以下 3 种方式来绑定数据段：

（1）X 轴或 Y 轴绑定。

拖拽数据段到绑定窗口实现 X 轴或 Y 轴绑定，如图 5-65 所示。

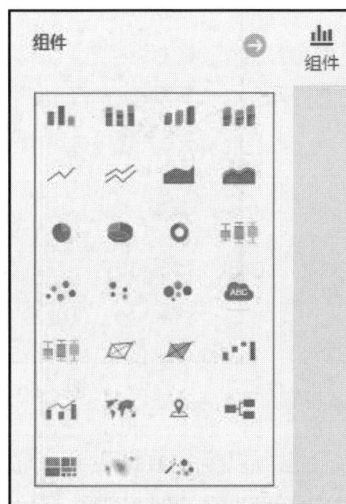

图 5-64　面板-组件中的图表
　　　　按钮图示

图 5-65　拖拽数据段到绑定窗口实现 X 轴或 Y 轴绑定效果图示

也可以拖拽数据段到绑定窗口替换绑定。拖拽数据段到图表区域的 X 轴、Y 轴、图表展示区域实现绑定，初始状态的 X 轴和 Y 轴的划分区域如图 5-66 所示，深灰色的是图表展示区域。

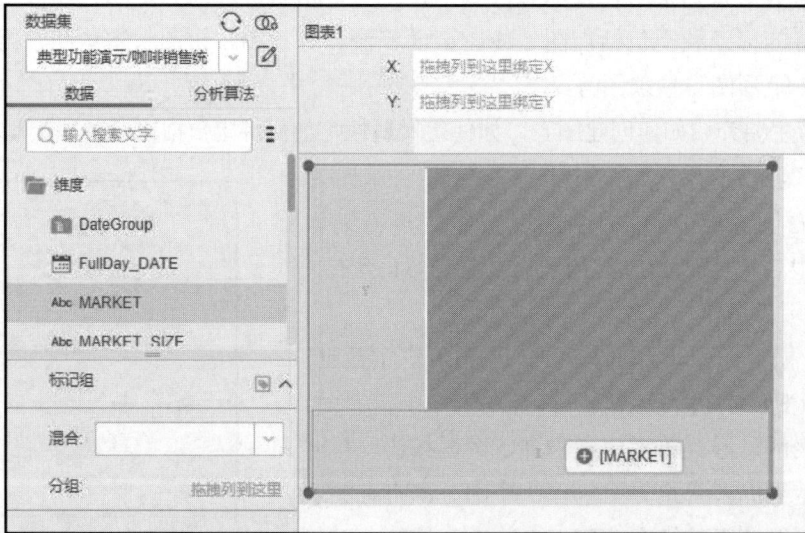

图 5-66　初始状态的 X 轴和 Y 轴的划分区域图示

也可以拖拽数据段到 X 轴或者 Y 轴替换绑定。还可以拖拽数据段在 X 轴或 Y 轴插入绑定（可以插入到 X 轴数据段的顶部或底部或者插入到 Y 轴的左侧或者右侧），如图 5-67 所示。

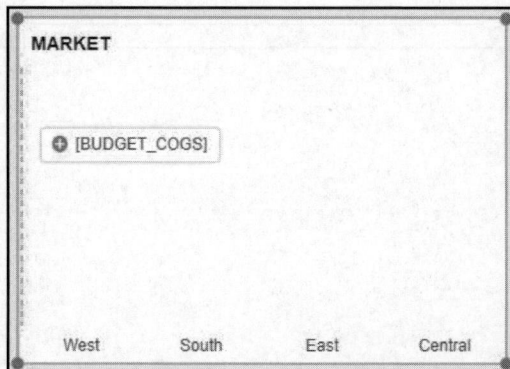

图 5-67　拖拽数据段到 X 轴或者 Y 轴替换绑定效果图示

（2）标记组的绑定方法。

拖拽数据段到图表区域实现绑定（标记组添加数据段的规则：数据绑定在标记组上，顺序为颜色、形状、大小、标签；如都绑定了字段，再进行拖拽到区域绑定，只在颜色上进行改变），如图 5-68 所示。

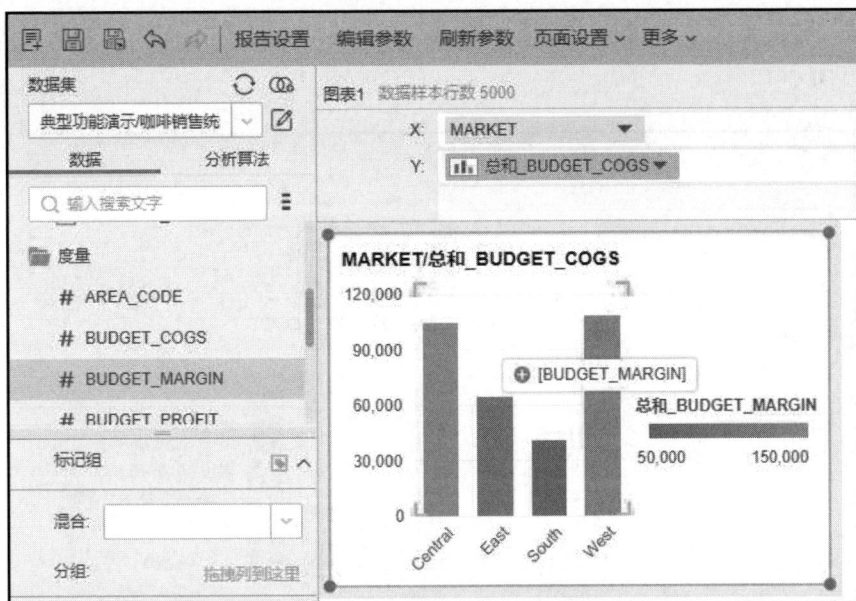

图 5-68 拖拽数据段到图表区域实现绑定效果图示

（3）拖拽数据段到标记组窗口实现绑定。

3. 移除数据段

移除绑定数据段，有以下 3 种方法：

（1）绑定窗口的下拉列表中选择删除。

（2）拖拽绑定窗口的数据段到查询树中实现移除。

（3）拖拽绿色小三角到查询树中实现移除，如图 5-69 所示。

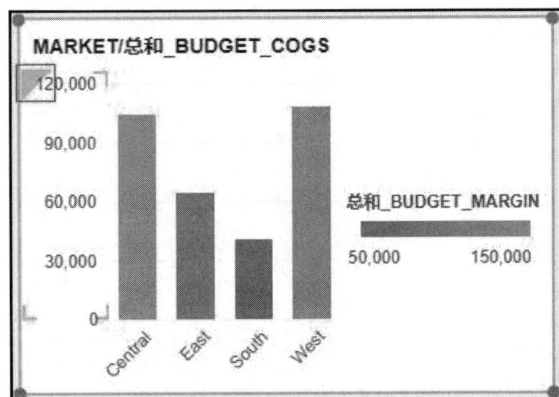

图 5-69 拖拽绿色小三角到查询树中实现移效果图示

4. 切换图表类型

图表包括多种类型，如柱状图、线图、点图、雷达图、组织图等，下面详细介绍图表的类型。切换图表类型的方式有 2 种，一种是通过右侧面板-常规-图表类型切换图表类型，另一种是直接单击切换图标更改图表类型。通过单击标记图标切换图表类型效果如图 5-70 所示。

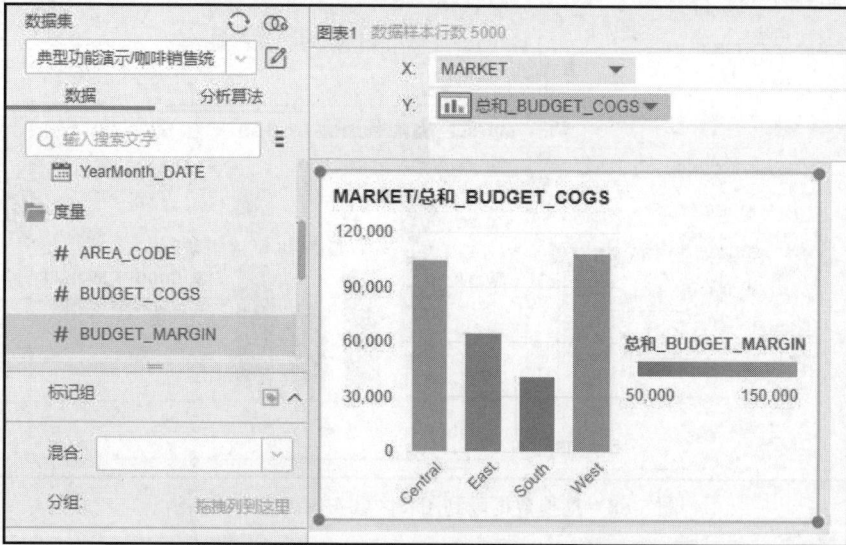

图 5-70　通过单击标记图标切换图表类型效果图示

弹出如图 5-71 所示的对话框，即可切换。

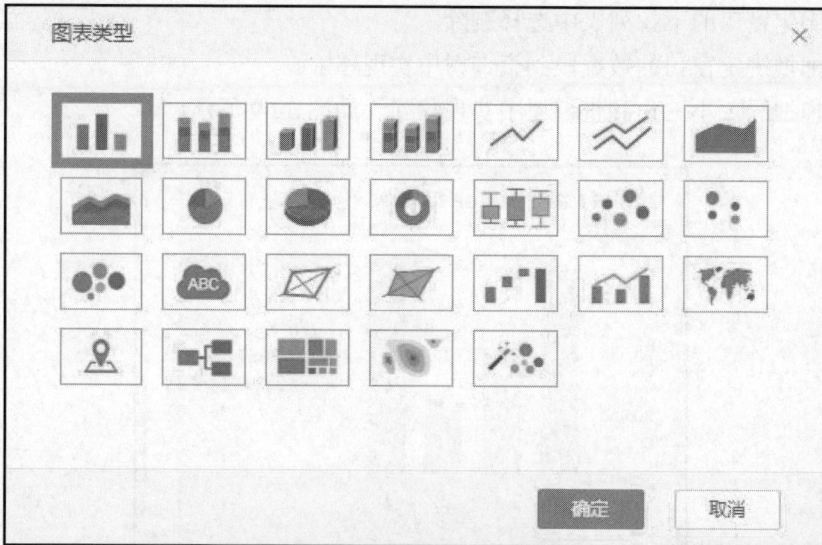

图 5-71　切换图表类型对话框图示

（1）柱状图（3D 柱状图）。

柱状图是一种图表，主要用于表示分类数据的大小。在柱状图中，分类数据通常沿着水平轴布置，数值沿着垂直轴布置。每个类别都有一个矩形条（或"柱"），其长度或高度与其对应的数值成比例。

柱状图是数据可视化的重要工具,它可以帮助我们更直观、更快速地理解数据的特征和趋势。柱状图常用于显示一段时间内的数据变化或显示各项之间的比较情况;3D 柱状图使用三维透视效果显示数据,使用隐藏的第三条数值轴。图 5-72 所示为柱状图效果图示。

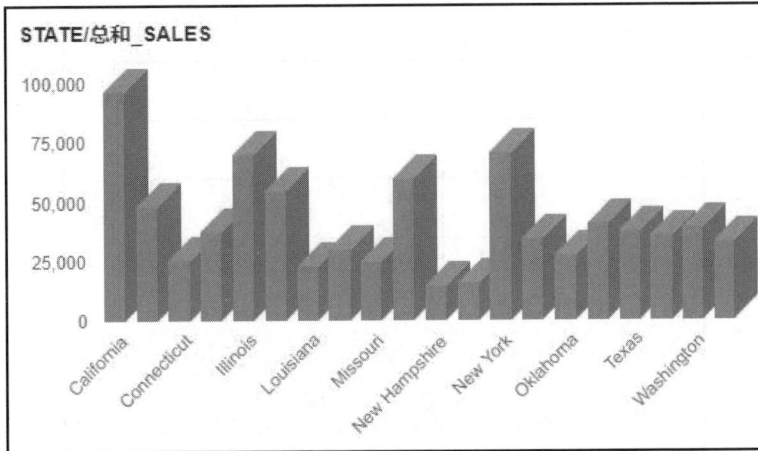

图 5-72 3D 柱状图效果图示

(2)堆积柱状图(3D 堆积柱状图)。

堆积柱状图(Stacked Bar Chart)是一种柱状图的变形,它用于展示各个类别中子类别的比例关系以及整体的大小。在堆积柱状图中,每一个柱子代表一个总体类别,然后每个柱子又被分成几个部分,每个部分代表该类别中的一个子类别。柱子的总长度或高度代表该类别的总量,柱子中每个部分的长度或高度代表子类别的数量或比例。

堆积柱状图常用于显示单个项目与总体的关系,并跨类别比较每个值占总体的百分比。堆积柱状图使用二维垂直堆积矩形显示值。当有多个数据系列并且希望强调总数值时,可以使用堆积柱状图或 3D 柱状图效果显示数据。图 5-73 所示为堆积柱状图(3D 柱状图)效果图示。

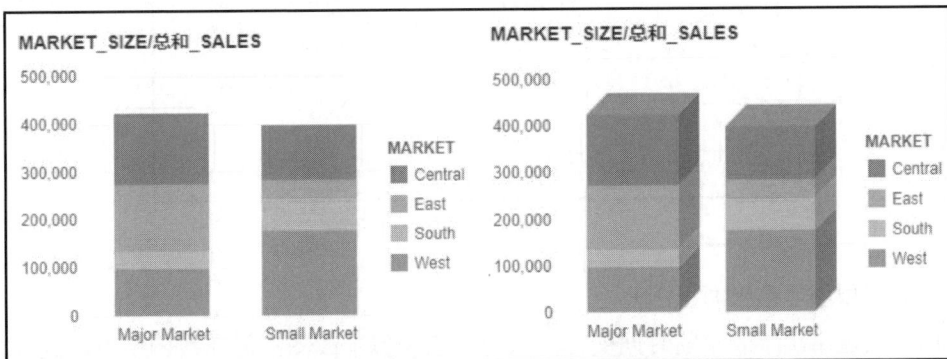

图 5-73 堆积柱状图(3D 柱状图)效果图示

（3）折线图（堆积折线图）。

折线图可以显示随时间（根据常用比例设置）而变化的连续数据，因此非常适用于显示在相等时间间隔下数据的趋势。在折线图中，类别数据沿水平轴均匀分布，所有值数据沿垂直轴均匀分布。图 5-74 所示为折线图效果图示。

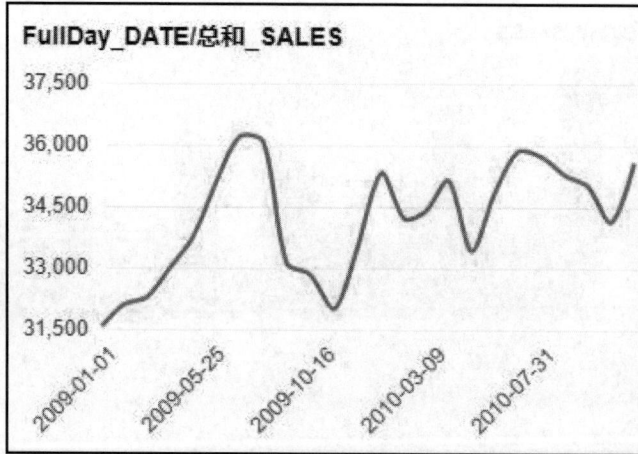

图 5-74　折线图效果图示

堆积折线图可用于显示各个值的分布随时间或排序的类别的变化趋势，但是由于看到堆积的线很难，因此请考虑改用其他折线图类型或者堆积面积图。图 5-75 所示为堆积折线图效果图示。

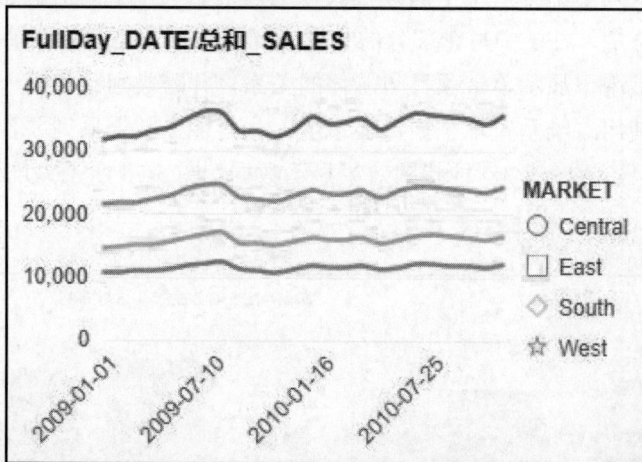

图 5-75　堆积折线图效果图示

（4）面积图（堆积面积图）。

面积图通常用于表示随时间变化的数量。它类似于线图，但在线图下方的区域被填充颜色或阴影，以更加突出地显示数量的变化。图 5-76 所示为面积图效果图示。

面积图强调数量随时间而变化的程度，也可用于引起人们对总值趋势的注意。例如，表示随时间而变化的利润的数据可以绘制在面积图中以强调总利润。

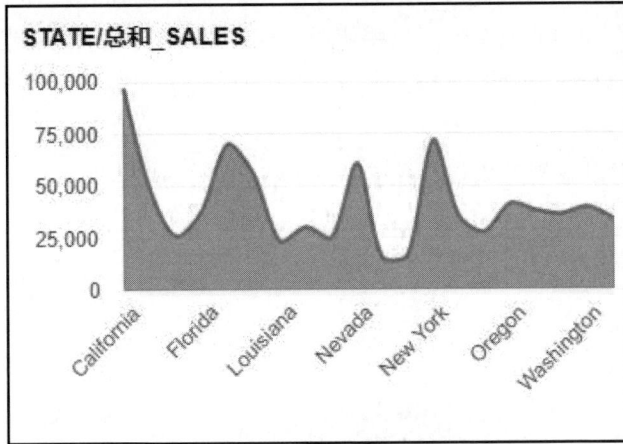

图 5-76　面积图效果图示

堆积面积图（Stacked Area Chart）是面积图的一种，它在展示整体随时间（或其他变量）变化的同时，也能展示各个部分的变化。在堆积面积图中，每个类别的数据都以从某一基线开始的面积图形式表示。面积上方的类别的数据也是如此，但是其基线是位于其下方的类别的数据线。这样，你可以看到每个类别随时间的变化，同时也可以看到所有类别的总和随时间的变化。

通过显示所绘制的值的总和，堆积面积图还可以显示部分与整体的关系。图 5-77 所示为堆积面积图效果图示。

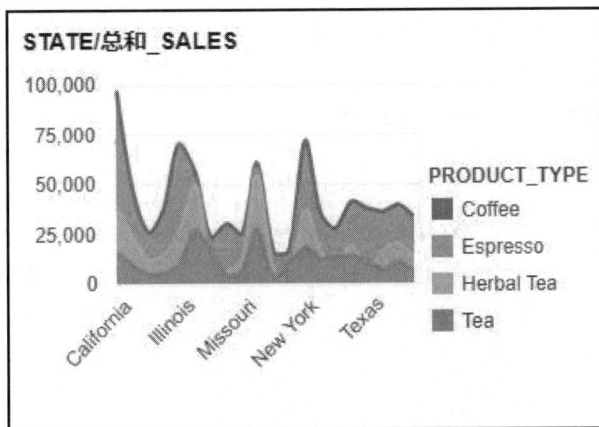

图 5-77　堆积面积图效果图示

（5）饼图（3D 饼图）。

饼图，只有 X 轴绑定度量字段或只有 Y 轴绑定度量字段。饼图显示一个数据系列（数据系列：在图表中绘制的相关数据点，这些数据源自数据表的行或列。图表中的每个数据系列具有唯一的颜色或图案并且在图表的图例中表示。可以在图表中绘制一个或多个数据系列。饼图只有一个数据系列。）中各项的大小与各项总和的比例。饼图中的数据点（数据点：在图表中绘制的单个值，这些值由条形、柱形、折线、饼图或圆环图的扇面、圆点和其他被称为数据标记的图形表示。相同颜色的数据组成一个数据系列。）显示为整个饼图的百分比。

3D 饼图使用三维透视效果显示数据，如图 5-78 所示。

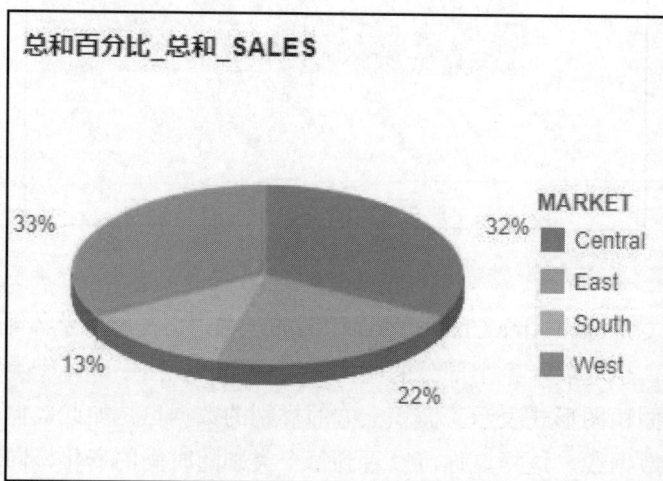

图 5-78　3D 饼图效果图示

（6）环状图。

环状图，只有 X 轴绑定度量字段或只有 Y 轴绑定度量字段，可以绘制到环状图中。显示数据的方式和饼图一样，如图 5-79 所示。

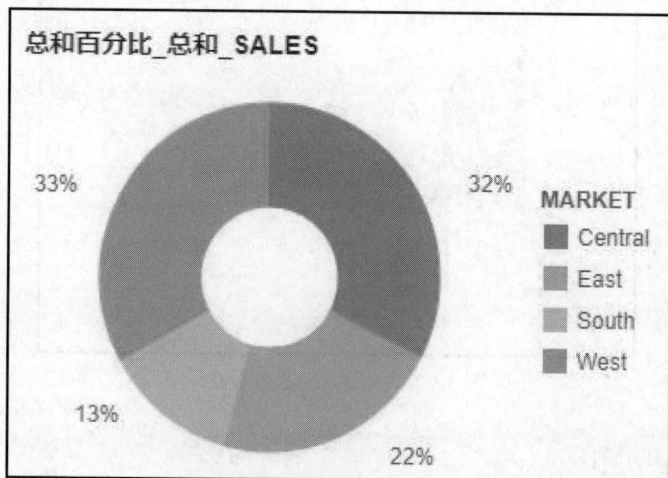

图 5-79　环状图效果图示

（7）地图。

用户可通过地图来统计不同区域的销售等指标。

地图分为 2 种数据类型，一种是区域数据，一种是点数据，具体名称请见表 5-1。其中"自定义"是用户提供的地图数据。

表 5-1   地图数据分类

地理信息	区域数据	点数据
自定义	区域	点
世界大洲	大洲（区域）	大洲（点）
世界国家	国家	市
世界省份	省	市
世界城市	市	市（点）
世界县城	县（区域）	县（点）
中国	省	市

区域数据 4 种渲染方式：区域渲染、点渲染、迁徙渲染、热力渲染，用户可在已绑定字段的下拉列表中选择渲染类型；而点数据不支持区域渲染，只能是点渲染、迁徙渲染、热力渲染。

1）地图定位。

地图中有 2 种方式来定位，通过经纬度来定位与通过地标来定位。

① 通过经纬度来定位。

经纬度接收的字段类型为处于维度和度量目录下的数值类型的字段。

如果是第一次绑定经纬度字段，会根据经纬度数据自动匹配相应的国家地区。

在绑定的度量字段的下拉列表中，可以设置地理信息，例如：世界国家，或者中国、美国等。

经纬度的数据类型为点数据，可以在绑定的度量字段的下拉列表中选择渲染方式：点渲染、迁徙选取或热力渲染。

② 通过地标来定位。

地标行接收的字段类型为字符串类型，在地标处绑定字段时，首先要将字段转换为地图列才能进行绑定。

若是用户第一次编辑地图列会弹出提示对话框：地图列是全局属性，继续修改？若选择"是"并勾选"记住我的选择"则修改属性并且以后将不再弹出此提示，若选择"否"则不修改。如果不慎误选了"记住我的选择"，则需先退出产品再清除浏览器（cookie）缓存，即可。选择"是"打开地图设置对话框，如图 5-80 所示。

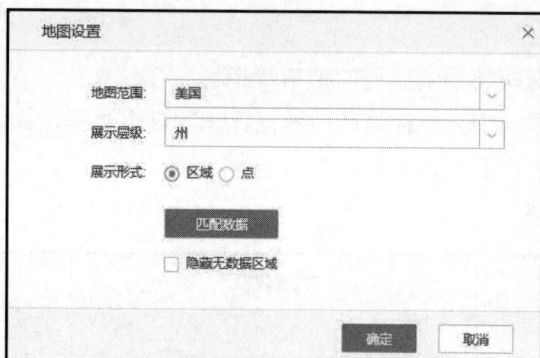

图 5-80　地图设置对话框图示

对话框中功能含义如下：

【地图范围】选择地图的地理信息，例如世界国家、世界省份、世界城市、世界县城、中国、美国等。

【展示层级】地图数据展示的最小层级，根据选择的地图范围的不同，层级可选的不同，参考本节最上方的表格。

【展示形式】地图的匹配数据的展示类型，可选择区域形式展示或者展示为点。

【匹配数据】打开地理数据匹配对话框，进行数据匹配，如图 5-81 所示。

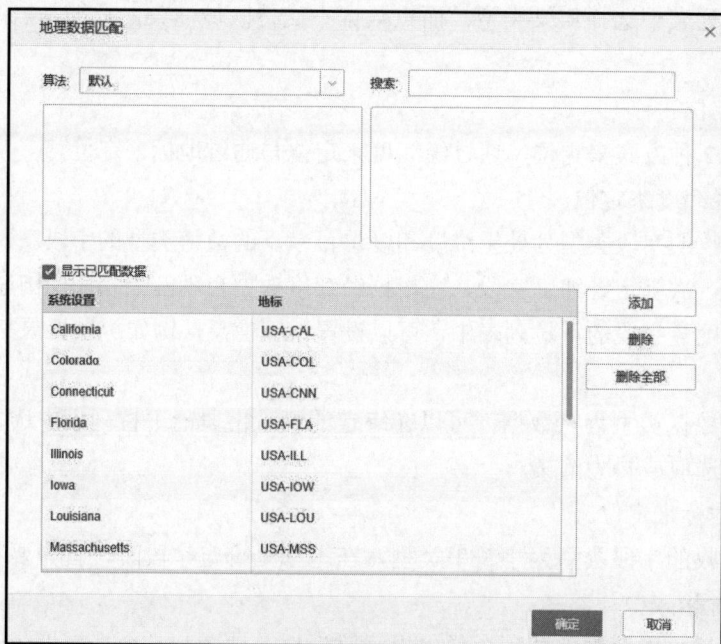

图 5-81　地理数据匹配对话框图示

【隐藏无数据区域】勾选后会优化地图展示范围。

产品提供了 4 种匹配算法，已匹配的数据将在地图中显示，数据全部匹配确定后，地图列对话框中的地理数据匹配项会变成数据已匹配。

2）渲染类型。

用户可在已绑定字段的下拉列表中选择类型：区域渲染、点渲染、迁徙渲染、热力渲染。用户可选择世界或者某个特定国家的地图，展现形式为区域渲染、点渲染、迁徙渲染或热力渲染，迁徙渲染、热力渲染详见迁徙图、热力图。

当地图选择的类型为点渲染的时候，可以将 map 上面的点标记为饼图，只需要在美化界面上绑定相应的字段。

3）自定义地区数据。

支持地理区域编组行为，可按大区显示（如华中、华南等），可对省、市等同级别的地理数据设定组合，变为一个区域进行展示。

在展示层级中点击自定义，如图 5-82 所示。

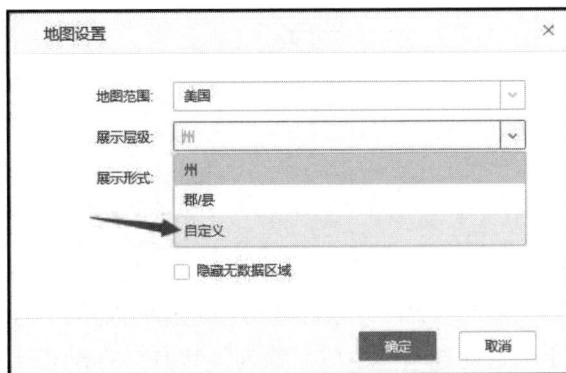

图 5-82　地图设置—自定义展示层级图示

点击自定义后出现"自定义设置"按钮，点击进入自定义对话框，如图 5-83 所示。地理信息不同时，可分别对该层次的数据进行编组。

图 5-83　自定义设置对话框图示

① 世界。

当地图范围选择世界时，在自定义设置对话框中，层级选择大洲，地理数据为大区，则未分组。数据为世界大洲的数据，如图5-84所示。

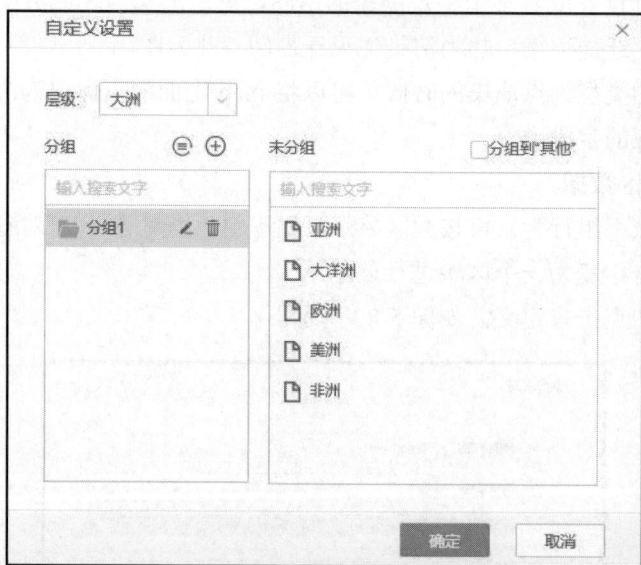

图5-84　世界—自定义设置对话框图示

以大洲举例，地图范围为世界时，层级还可以选择为国家、省、城市、县城。

【分组到"其他"】勾选此选项会生成名称为"其他"的分组，如果有的数据没有进行分组，则会放到"其他"分组下面。

【新建分组】点击分组区域的新建按钮会生成分组，默认名称是分组1，分组2等，新建后光标会选中并能修改分组名称，新建的分组可以从右侧拖入地理数据。

【重命名】选中某个分组，点击重命名能够对分组修改名称。

【删除】选中某个分组，点击取消分组，当前分组被清除。

【重置】清除所有的分组。

② 国家。

以地图范围选择为中国举例，自定义设置的页面如下图所示，默认的分组信息为中国大区的信息，可以通过新建分组，重命名等操作进行自定义。

产品提供了中国的默认大区及对应省份。

a. 东北：吉林、辽宁、黑龙江；

b. 华东：上海、安徽、山东、江苏、浙江、福建、江西；

c. 华中：河南、湖北、湖南；

d. 华北：内蒙古、北京、天津、山西、河北；

e. 华南：广东、广西、海南；

f. 港澳台：台湾、澳门、香港；

g. 西北：宁夏、新疆、甘肃、陕西、青海；

h. 西南：云南、四川、西藏、贵州、重庆；

数据匹配后，就可以画出大区分组的中国地图。

如果用户需要将中国按照自己设置的分组进行展示，可以对默认大区分组数据进行编辑。

③ 地图钻取。

Map 天生就存在着一定的层次（Hierarchy），比如一开始是全球，用户可以选中国，下钻，显示中国的各个省，选中广东，下钻，可以显示广东的各个城市，也可以通过上钻返回。地图的定义有两种，一种是通过地标列，另外一种是通过 X，Y 经纬度的绑定，第一种才支持钻取，第二种无所谓上下层级关系，所以不支持。

当用户绑定带有层次的字段后，在地图上直接点击右键就可以直接上钻或者下钻。

大区也支持下钻，设置层次后，在地图上直接点击右键就可以进行钻取。

（8）词云。

词云图类似于气泡图。对于关键词予于视觉上的突出，形成"关键字云层"或"关键字渲染"从而大量过滤掉相对不重要信息，帮助浏览者找到它的关键信息，词云效果图如图 5-85 所示。

在标记组的颜色、大小、标签字段上绑定合适的值生成词云图。或者先绑定字段到 X 轴或 Y 轴上，然后单击字段前面的图标或通过右侧面板-常规-图表类型-更多，转化为词云图。

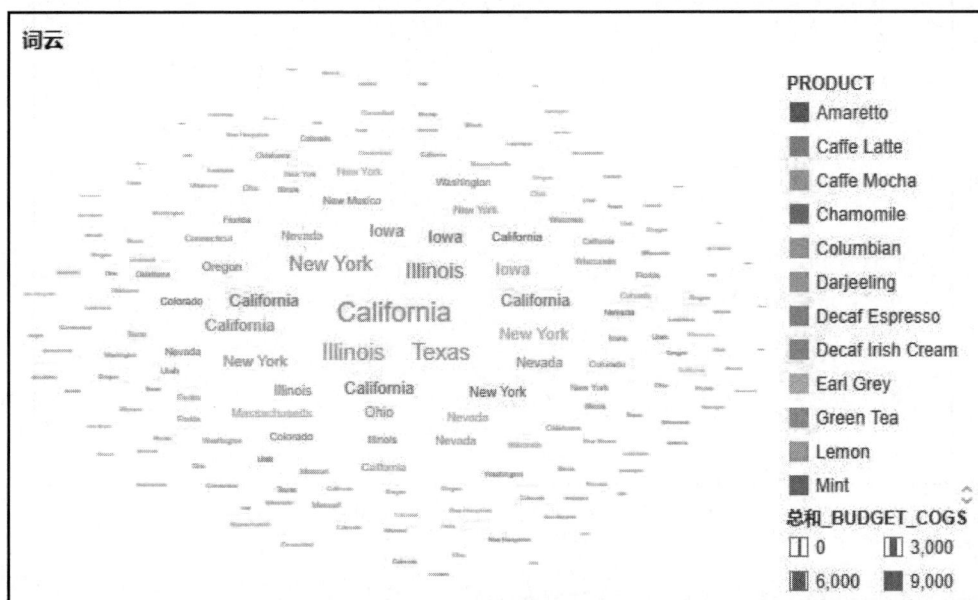

图 5-85　词云效果图图示

（9）指标卡。

指标卡用来显示关心的某一个指标值（即度量值）及其变化趋势（比如同比，环比），如图 5-86 所示。

图 5-86　指标卡效果图图示

（三）文本

文本组件是一种输出型组件。除了可以输出静态的文本字符外，还可以输出一个计算结果。例如绑定一个数字类型的字段，并做汇总统计，把结果以文本形式输出。

此组件支持过滤器、超链接、高亮的功能。当过滤器组件发生数据联动时，此组件也会被联动起来。当笔刷或缩放行为发生时，此组件也会被缩放范围。

这个章节主要介绍如何创建文本，以及如何定义属性，如何绑定数据，和各种交互功能。

1. 创建文本

在右侧面板中，拖动文本组件到报表区域，进行创建，如图 5-87 所示。

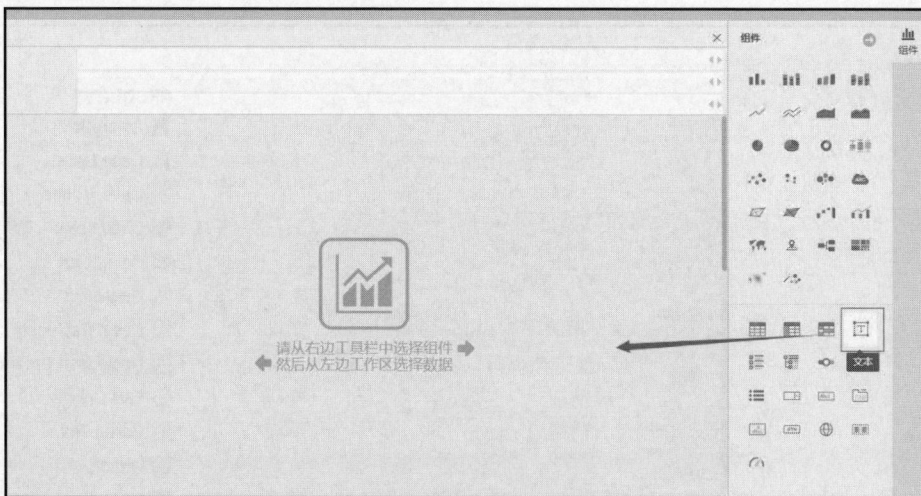

图 5-87　拖动创建文本组件图示

2. 绑定数据

用户可通过鼠标拖拽来实现对文本组件的数据绑定。文本组件只能绑定一个数据段。

文本组件可接收任何类型的数据段，对维度数据段有 5 种统计函数：计数、不同值计数、精确不同值计数、最大值、最小值。而对度量数据段支持多种统计函数，用户可根据需求进行使用。我们有以下 3 种方法绑定数据段。

（1）拖拽数据段到绑定窗口绑定，如图 5-88 所示。

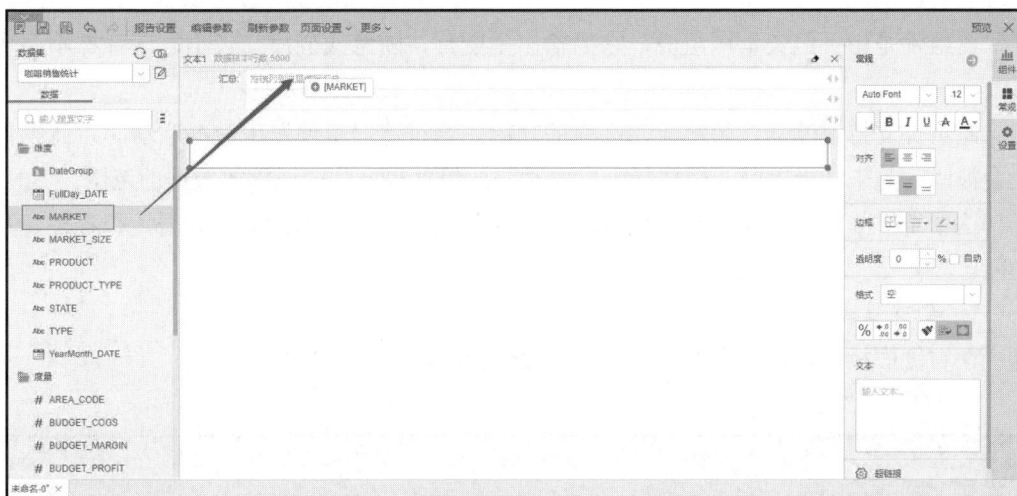

图 5-88　拖拽数据段到绑定窗口绑定图示

也可以拖拽数据段到绑定窗口替换绑定。

（2）拖动数据段到文本组件上实现绑定，如图 5-89 所示。

图 5-89　拖动数据段到文本组件绑定图示

也可以拖拽数据段到文本组件上替换绑定的数据段。

（3）双击查询树列表的数据段，实现绑定。

3. 移除数据段

移除绑定数据段，我们有以下 3 种方法：

（1）绑定窗口的下拉列表中选择移除。

（2）拖拽绑定窗口的数据段到查询树中实现移除。

（3）点击绑定窗口右上方的清空按钮。

（四）仪表

仪表组件也是一种输出型组件。把汇总的结果表示在仪表上的位置，可以提供警戒的颜色范围。例如绑定一个数字类型的字段，并做汇总统计，把结果对应的指针显示在仪表的圆盘上。

此组件是由一组矢量图组成，它的输出是图片，随意改变尺寸大小，图片都不会变形。

此组件支持过滤器、超链接、高亮的功能。当过滤器组件发生数据联动时，此组件也会被联动起来。当笔刷或缩放行为发生时，此组件也会相应地缩放数据的范围。

这个章节主要介绍如何创建仪表，以及如何定义属性，如何绑定数据，和各种交互功能。

1. 创建仪表

在右侧面板中，拖拽仪表组件到仪表盘编辑区，如图5-90所示。

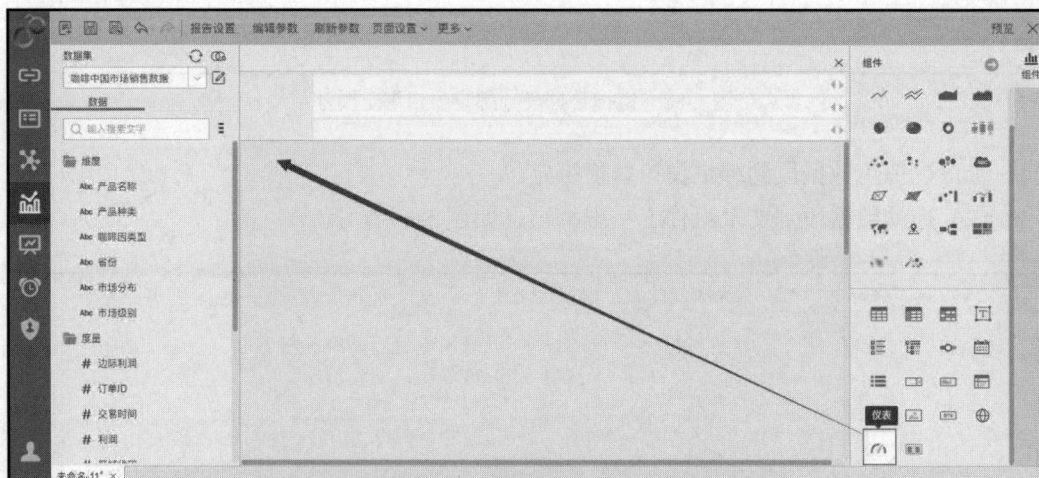

图5-90　拖拽仪表组件到仪表盘编辑区图示

2. 绑定数据

选中仪表组件将鼠标移动至组件的工具栏处，点击绑定数据按钮，用户可通过鼠标拖拽来实现对仪表组件的数据绑定。仪表组件只能绑定一个数据段。

仪表组件可接收任何类型的数据段，对维度数据段有3种统计函数：计数、不同值计数、精确不同值计数。而对度量数据段支持多种统计函数，用户可根据需求进行使用。我们有以下3种方法绑定数据段。

（1）拖拽数据段到绑定窗口绑定，也可以拖拽数据段到绑定窗口替换绑定，如图5-91所示。

图 5-91 拖拽数据段到绑定窗口绑定图示

（2）拖动数据段到仪表组件上实现绑定，也可以拖拽数据段到仪表组件上替换绑定的数据段，如图 5-92 所示。

图 5-92 拖动数据段到仪表组件实现绑定图示

（3）双击查询树列表的数据段，实现绑定。

3．移除数据段

移除绑定数据段，我们有以下 3 种方法：

（1）绑定窗口的下拉列表中选择删除。

（2）拖拽绑定窗口的数据段到查询树中实现移除。

（3）点击绑定窗口右上方的清空按钮。

（五）图片

图片组件也是一种输出型组件。图片可以缩放和按照九宫格（scale-9）的格式缩放。用户可以还维护和管理所有已经导入的图片资源。

此组件除了本身的属性之外，没有过多的交互功能。大多数时候用来做装饰作用，可以作为整体的背景图，也可以是某个组件的背景，或者小图做修饰用。

（1）在编辑报告-右侧面板中拖拽图片组件到仪表盘编辑区，如图 5-93 所示。

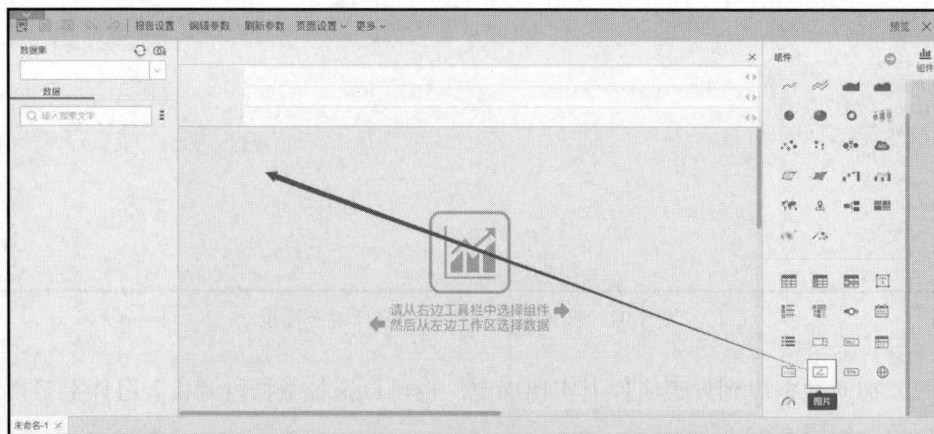

图 5-93　拖拽图片组件到仪表盘编辑区图示

（2）点击右侧面板"常规"页签，选择"选择图片"，打开图片对话框。

（3）你可以在图片列表选择需要的图片，也可以通过"导入图片"，将本地图片导入到系统中，进行使用。

（六）选项卡

将不同的组件放到选项卡中后可以节约组件的占用空间，通过点击选项卡来实现不同的组件的切换。

选项卡分为 2 个部分，一部分是选中，一部分是非选中，并且可以对他们进行分别的格式设置。

这个章节主要介绍如何创建选项卡，如何定义属性，如何将不同的组件添加到选项卡中，以及对不同的模块格式设置。

1. 创建选项卡

在右侧面板的组件中，拖拽选项卡组件到仪表盘编辑区，如图 5-94 所示。

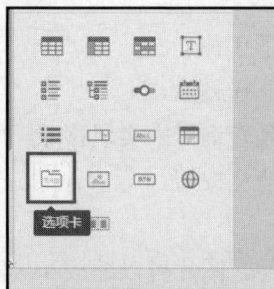

图 5-94　选项卡组件图示

2. 添加组件

选项卡添加组件的方法有以下 3 种：

（1）在仪表盘中提前建好要添加的组件，在右侧工具栏"设置"中，点击"配置组件"然后对话框中有选项，此时可以将可选的组件选中然后点击"添加"，这样就能成功地将组件添加到选项卡中，如图 5-95 所示。

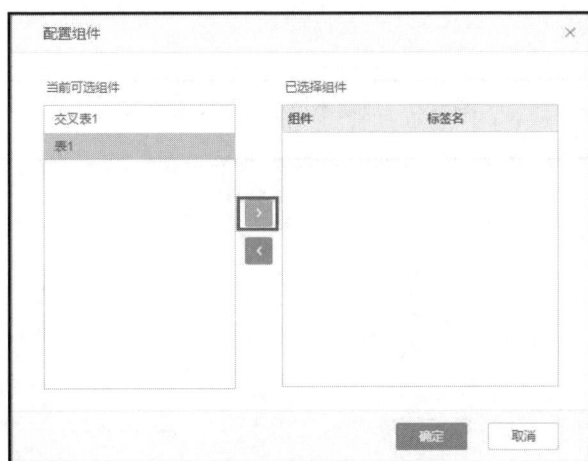

图 5-95　配置组件对话框图示

（2）拖拽要添加的组件到选项卡区域实现添加。

拖拽范围过滤添加到选项卡的效果显示图，如图 5-96 所示。

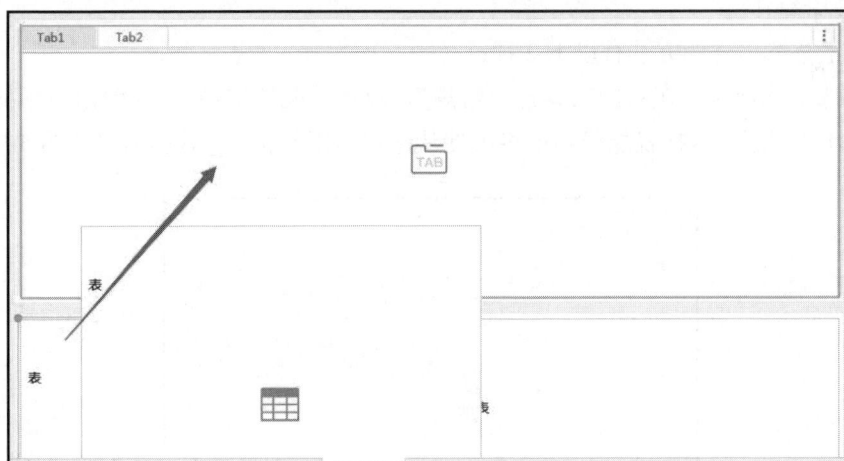

图 5-96　拖拽范围过滤添加到选项卡的效果图图示

组件被成功添加后，如图 5-97 所示。

（3）从工具栏的下拉框中拖拽要添加的组件到选项卡区域实现组件直接添加到选项卡中，如图 5-98 所示。

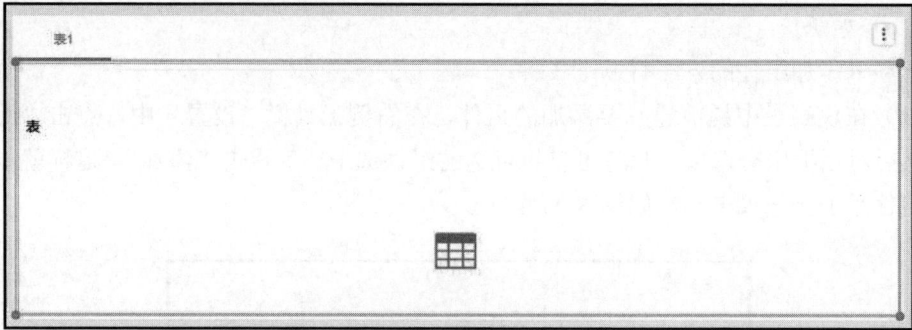

图 5-97　成功添加组件效果图图示

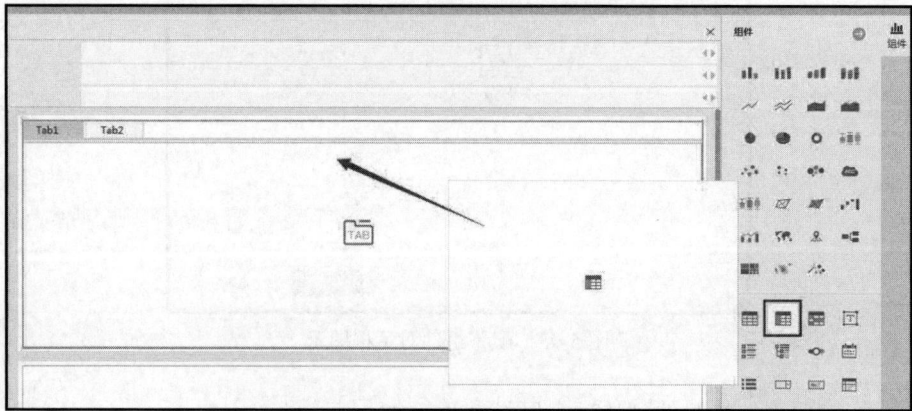

图 5-98　从工具栏下拉框拖拽添加组件图示

3. 移除组件

选项卡移除组件的方法有以下 2 种：

（1）选中选项卡，在右侧工具栏"常规"，点击"配置选项"，在弹出对话框中可以将已选的组件移除，这样就能成功地将组件从选项卡组件移除，具体情况如图 5-99 所示。

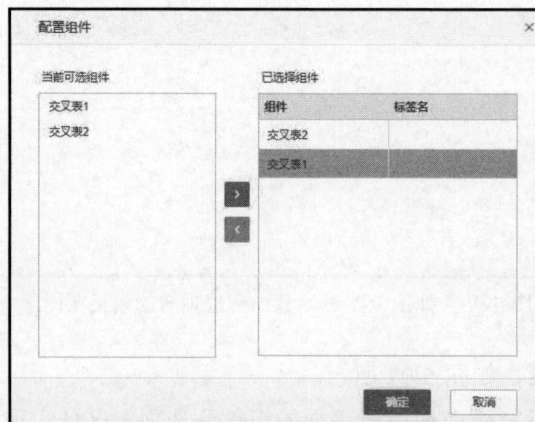

图 5-99　配置组件对话框图示

（2）选择选项卡内的组件拖拽到选项卡以外的区域实现移除。

图 5-100 所示为将交叉表 1 拖拽到选项卡以外的区域显示效果图。

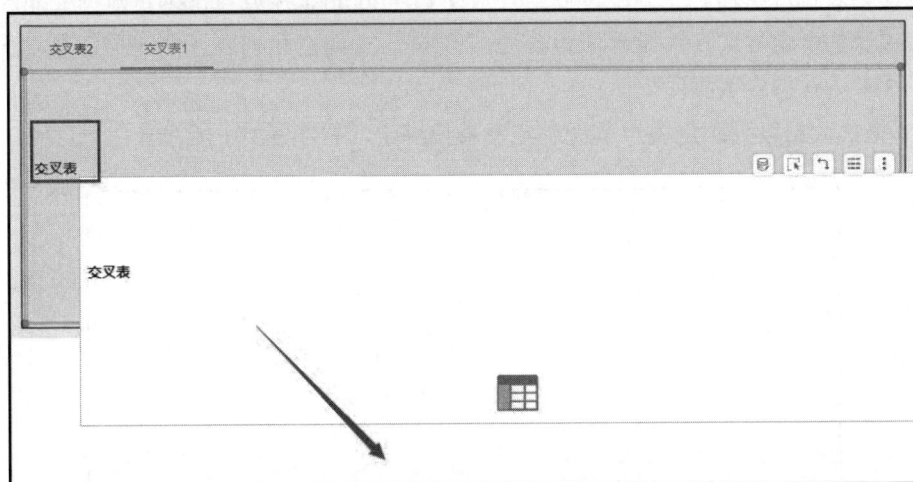

图 5-100 将选项卡内组件拖拽到选项卡外区域效果图示

二、图表设置

（一）数据过滤

可供选择数据项，并自动过滤数据的组件被称作过滤器组件。此类组件包括列表过滤组件、树状过滤组件、日期过滤组件和范围过滤组件。当修改了过滤器组件上的选项，所有与该组件同一数据源的输出型组件（例如图表、表格、交叉表、文本和仪表）都会自动过滤出数据，把此种行为称作数据联动。数据联动是 Yonghong Z-Suite 的一个重要特点，是提供一种从数据库提取信息的方法，改善用户的使用体验，使基于任意数据的任意分析都能得到响应。当用户选择了该组件上的某些记录，这些记录被送到其他同数据源的数据组件上作为查询条件，更新查询数据。

1. 列表过滤组件

列表过滤组件是以列表的形式提供选项，选项可以单选也可以是多选。列表过滤可以绑定任意一查询的一个字段，该字段是不能使用汇总函数的。列表过滤组件区域分为标题部分和选项部分。除了整体部分可以设格式属性外，标题和选项部分也可以被分别定位，设定格式和属性。

这个章节主要介绍如何添加列表过滤，如何绑定数据，如何设置属性，以及各种交互功能。

（1）创建列表过滤。

在右侧面板的组件中点击列表过滤的按钮，按住鼠标左键将其拖拽到仪表盘编辑区，则在仪表盘编辑区中创建列表过滤。

（2）绑定数据源。

列表过滤不接收用户在仪表盘编辑区中创建的聚合类型的数据段。

创建列表过滤组件。在列表过滤组件上的悬浮 toolbar 区域点击绑定数据 icon，则打开列表过滤的绑定界面，绑定界面包含 2 个部分，查询树和列表过滤的绑定窗口。我们有以下 2 种方法绑定数据段。

1）拖拽数据段到绑定窗口实现绑定及替换绑定，如图 5-101 所示。

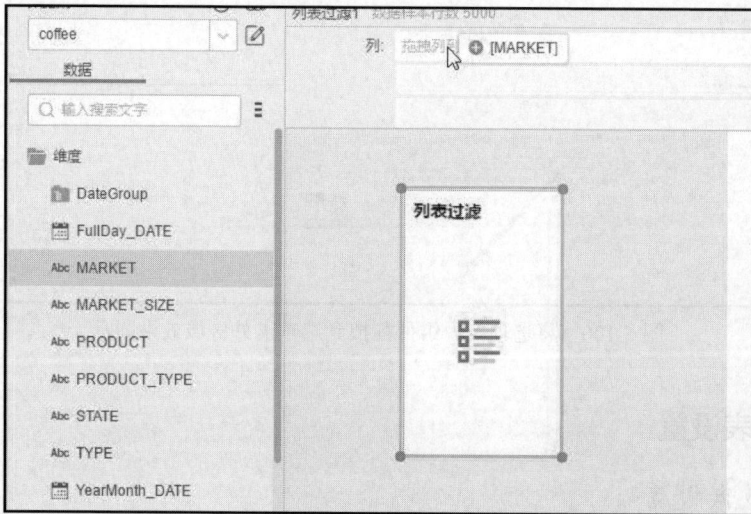

图 5-101　拖拽数据段到绑定窗口实现绑定效果图示

2）拖动数据段到列表过滤组件上实现绑定及替换绑定，如图 5-102 所示。

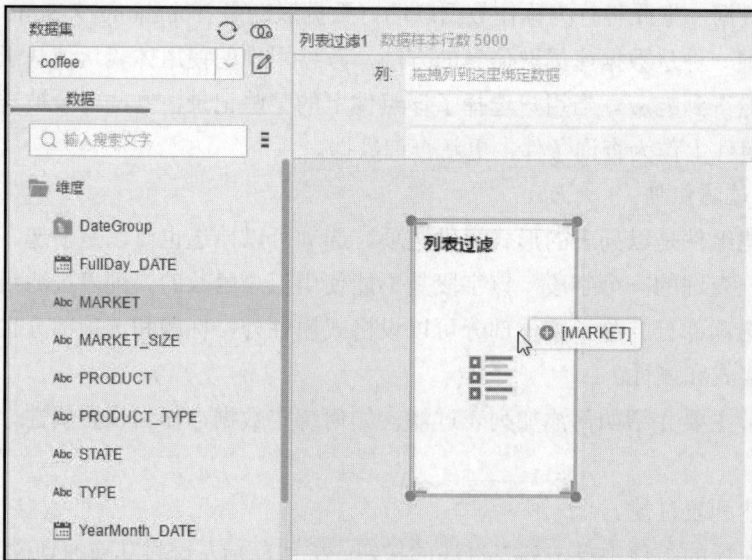

图 5-102　拖动数据段到列表过滤组件上实现绑定效果图示

（3）移除数据段。

移除绑定数据段，我们有以下 3 种方法。

1）绑定窗口的下拉列表中选择删除，如图 5-103 所示。

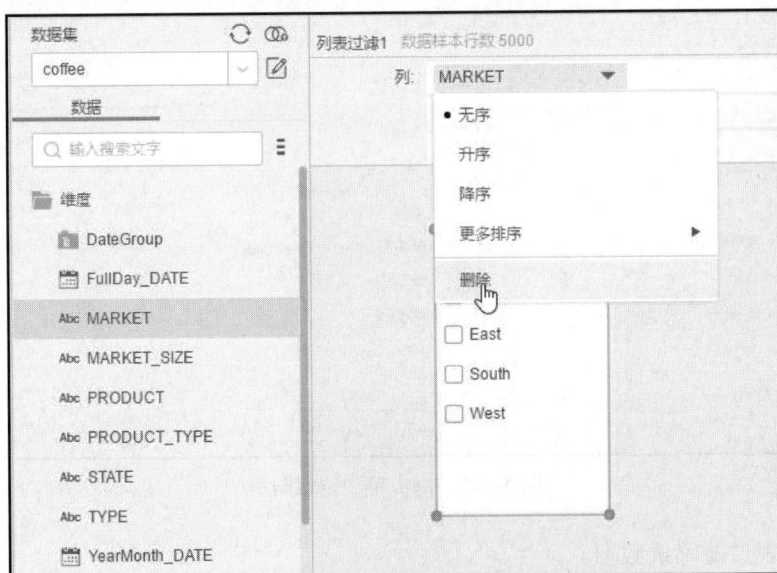

图 5-103 绑定窗口的下拉列表中选择删除图示

2）拖拽绑定窗口的数据段到查询树中实现移除。

3）点击清空按钮，如图 5-104 所示。

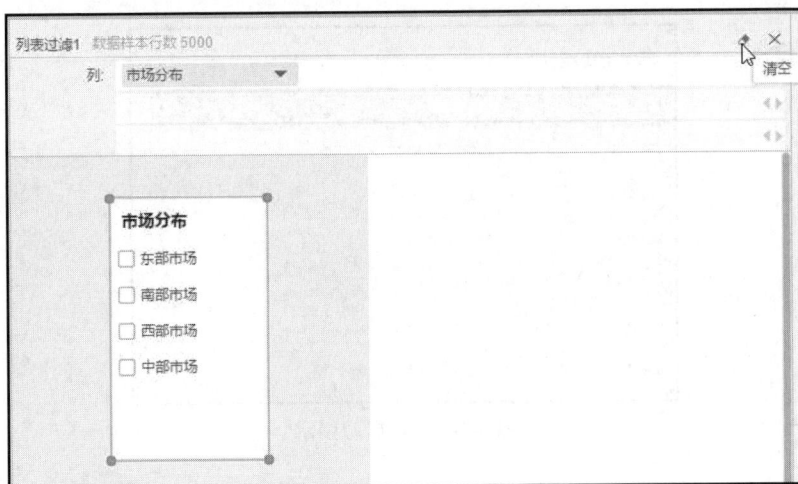

图 5-104 点击情况按钮图示

（4）已绑数据段排序。

对列表过滤中的数据进行排序，包括无序、升序、降序、更多排序，更多排序包括定制排序、手动排序和高级排序，其中高级排序的详细介绍见"排序"。图 5-105 为点击按钮图示。

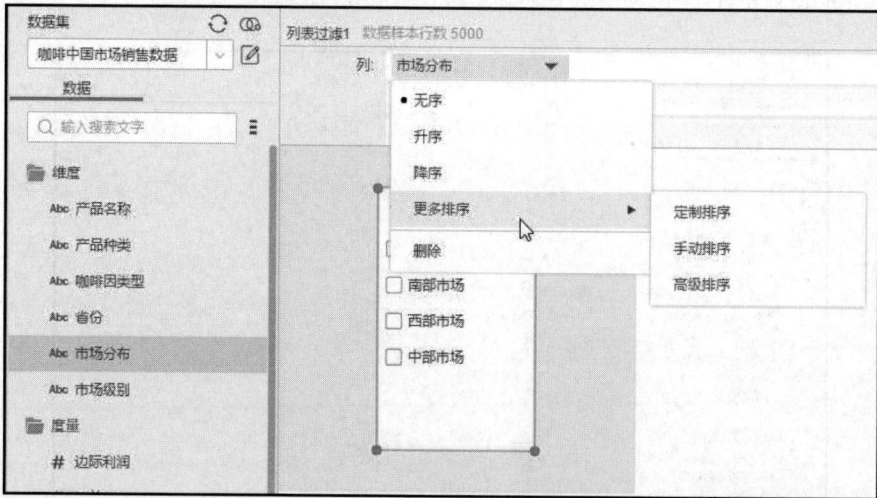

图 5-105　点击排序按钮图示

（5）列表过滤筛选数据。

列表过滤对绑定相同数据源的其他组件（文本、表、交叉表、自由式表格、仪表、图表）具有筛选作用。

列表过滤与其他组件的数据联动。

假设一数据源包含 MARKET、MARKET_SIZE、ID 3 个数据段，如图 5-106 所示。

图 5-106　数据源图示

新建交叉表、文本、仪表、图表，对其分别绑定与列表过滤相同的数据源中的数据段，其中文本、仪表绑定的数据段为 ID，对 ID 求总和，交叉表和图表为聚合表。图 5-107 为聚合图表图示。

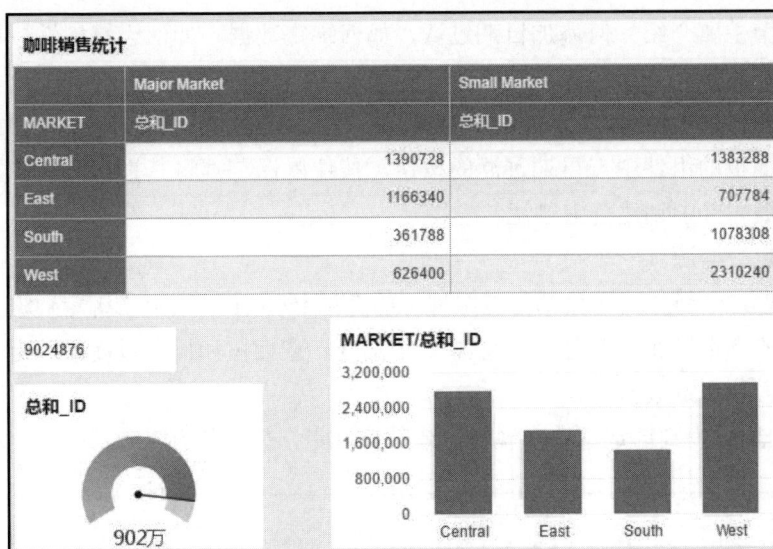

图 5-107 聚合图表图示

新建一个列表过滤对其绑定数据段。并勾选列表过滤的"Central"选项，对数据进行筛选，如图 5-108 所示。

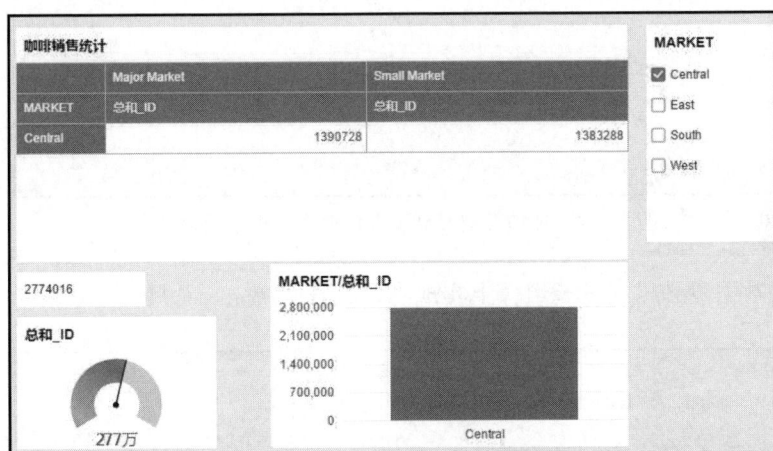

图 5-108 筛选聚合图表图示

同样我们可以创建 2 个列表过滤，一个绑定 market_size 数据段，另一个绑定 market 数据段，从而实现对多层过滤。

2. 日期过滤组件

日期过滤是以日期的形式提供选项，选择模式可以是单独模式、范围模式和比较模式。日期过滤可以绑定任意一个查询的一个日期类字段，该字段必须是按照年、季度、月、日或星期进行分组的数据。日期过滤区域分为标题部分和选项部分。除了整体部分可以设格式属性外，标题和选项部分也可以被分别定位，设定格式和属性。

这个章节主要介绍如何添加日期过滤，如何绑定数据，如何设置属性，以及各种交互功能。

（1）创建日期过滤。

在右侧面板的组件中点日期过滤的按钮，按住鼠标左键将其拖拽到仪表盘编辑区，则在仪表盘编辑区中创建范围过滤。

（2）绑定数据源。

创建日期过滤组件。在日期过滤组件上的悬浮 toolbar 区域点击绑定数据 icon，则打开日期过滤的绑定界面，绑定界面包含 2 个部分，查询树和日期过滤的绑定窗口。我们有以下 2 种方法绑定数据段。

1）拖拽数据段到绑定窗口实现绑定或替换绑定，如图 5-109 所示。

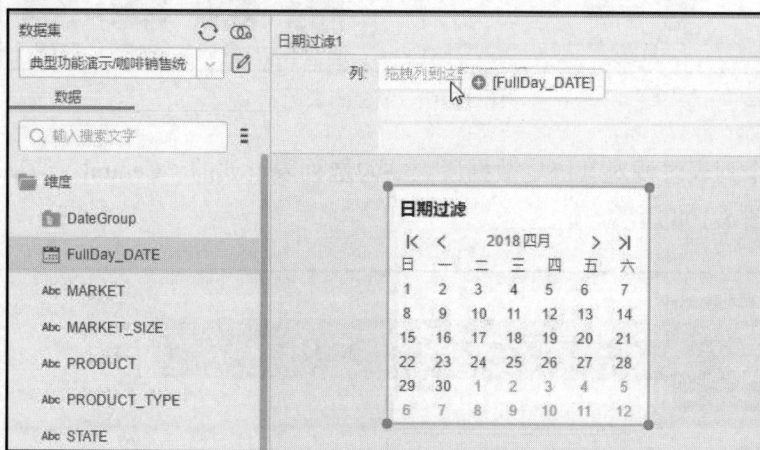

图 5-109　拖拽数据段到绑定窗口实现绑定效果图示

2）拖动数据段到日期过滤组件上实现绑定或替换绑定，如图 5-110 所示。

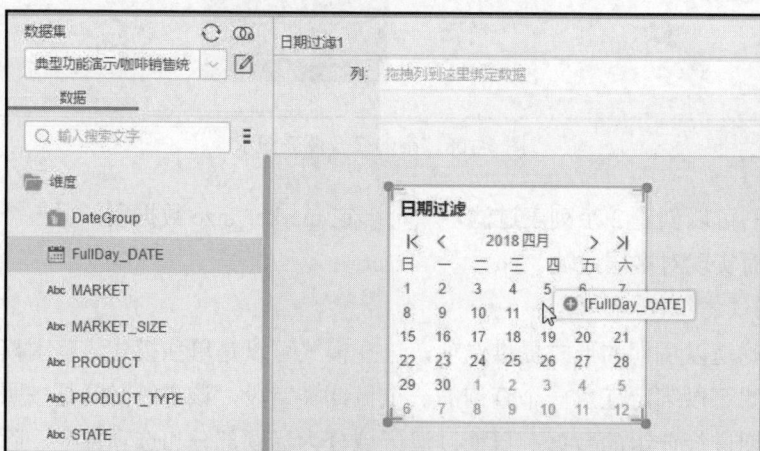

图 5-110　拖动数据段到日期过滤组件上实现绑定效果图示

（3）移除数据段。

1）在已绑定的数据段的下拉列表中选择删除。

2）直接通过鼠标拖拽来实现数据段的移除，把数据段拖拽到查询树中。

3）点击清空按钮实现数据段的移除。

（4）使用日期过滤。

当日期过滤的模式是比较模式或范围模式时，则在日期过滤的右上方悬浮应用按钮，当选中时间点或时间段后，点击此按钮执行筛选，如图 5-111 所示。

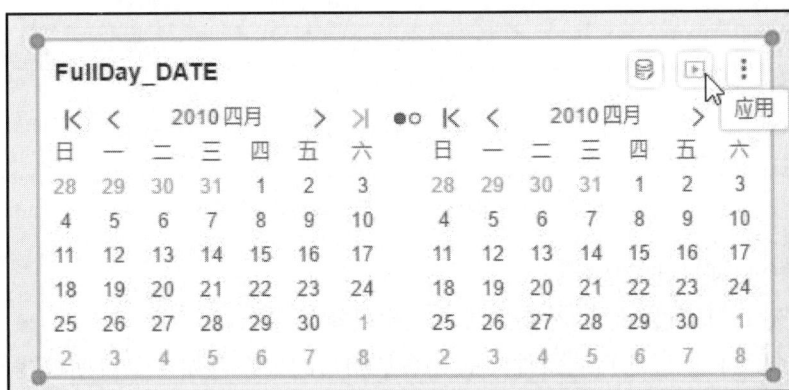

图 5-111　点击日期筛选按钮效果图示

（5）单个日期过滤筛选数据。

日期过滤对其他组件（文本、表、交叉表、自由式表格、仪表、图表）具有筛选功能。

1）假设一数据源中含有 date、market 这 2 个数据段，新建一个 table 组件绑定这 2 个字段，如图 5-112 所示。

咖啡销售统计

DATE	MARKET
2009-01-01 00:00:00	Central
2009-01-01 00:00:00	Central
2009-01-01 00:00:00	Central
2009-01-01 00:00:00	Central
2009-01-01 00:00:00	Central
2009-01-01 00:00:00	Central

图 5-112　数据源图表图示

2）新建一个日期过滤，对其绑定 date 字段。使用日期过滤对其进行筛选，假设筛选 2009-05-02 的数据，table 组件如图 5-113 所示。

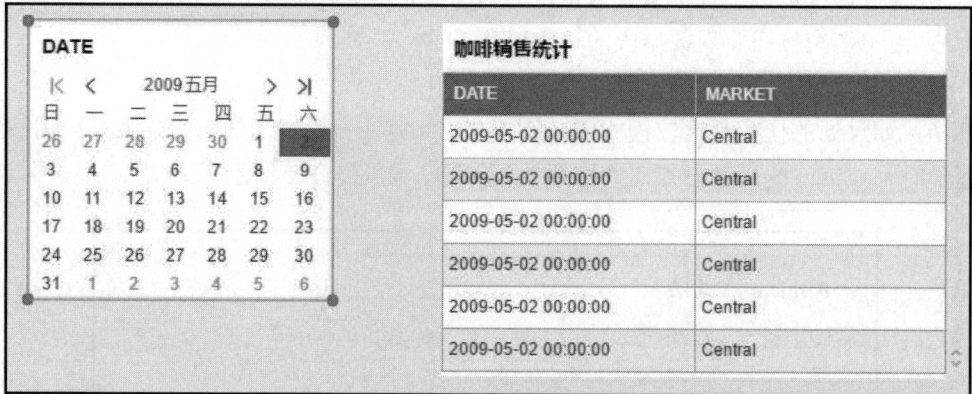

图 5-113　通过单个日期筛选数据源图示

（6）多个日期过滤筛选数据。

日期过滤与日期过滤之间在筛选过滤时也具有状态影响。

日期过滤与日期过滤筛选条件间的关系是相与的关系。如一个日期过滤的筛选条件是 2010-08 到 2010-10 之间，另一个日期过滤的筛选条件是 2010-09 到 2010-11，则日期过滤对其他组件的筛选条件是 2010-09 到 2010-10 之间的数据。

1）新建一个表，对其绑定数据段，如图 5-114 所示。

图 5-114　数据源图示

2）新建 2 个日期过滤，分别对其绑定对 date 按照月进行分组后的数据段，均以范围模式展现。日期过滤 1 的筛选条件是 2010-08 到 2010-10，日期过滤 2 的筛选条件是 2010-09 到 2010-11，则最终筛选条件为 2010-09 到 2010-10。图 5-115 为通过多个日期筛选数据源图示。

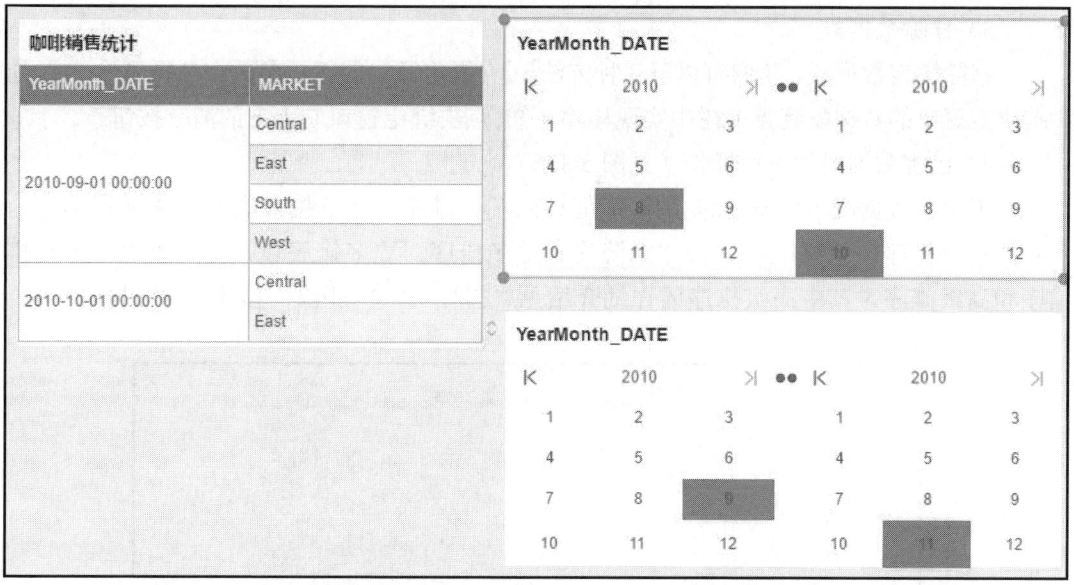

图 5-115　通过多个日期筛选数据源图示

（7）使用下拉参数。

参数组件是输入型对象，其作用是给参数赋值。参数组件包括文本参数组件，下拉参数组件，列表参数组件。

参数组件的名字属性比较关键，代表一个参数名。例如给一个参数组件命名为 a，输入内容为 BeiJing。就相当于定义了一个 a=BeiJing 的参数。当给输出型组件（例如图表、表格、交叉表、文本和仪表）加过滤条件时，就可以使用参数 a。例如给 city 字段加过滤条件为 "city=?{a}"，表明过滤出数据 city=BeiJing 的数据。随着用户输入不同值，过滤出不同的结果。

下拉参数组件是以下拉表的形式提供选项的参数组件。通过绑定任意查询的任意字段，此组件可以提供参数的选项。下拉参数选择的结果只能是单选。

这个章节主要介绍如何创建下拉参数，如何定义属性，如何绑定数据，以及各种交互功能。

1）创建下拉参数。

在右侧面板的组件中点击下拉参数的按钮，按住鼠标左键将其拖拽到仪表盘编辑区，则在仪表盘编辑区中创建下拉参数。

2）绑定数据源。

①　绑定数据。在下拉参数的 toolbar 上点击绑定数据按钮，打开下拉参数组件的绑定界面，进行数据绑定，行和标签行均只能绑定一个数据段。②　查找下拉框中的选项。在下拉参数组件的下拉菜单中存在一个输入框，输入要查找的内容后便能筛选出包含此内容的所有数据。当数据较多时，此功能可使用户更快的找到所要数据。

3）移除数据段。

移除绑定数据段，我们有以下 3 种方法。① 绑定窗口的下拉参数中选择删除。② 拖拽绑定窗口的数据段到查询树中实现移除。③ 点击绑定窗口右上方的清空按钮。

4）已绑数据段的可用操作（见图 5-116）。

绑定的数据段可用操作包括排序和移除。① 排序：对下拉参数的值和标签绑定的数据进行排序，包括无序、升序、降序、更多排序，更多排序包括定制排序、手动排序和高级排序，其中高级排序的详细介绍见"排序"。② 删除：移除当前数据段。

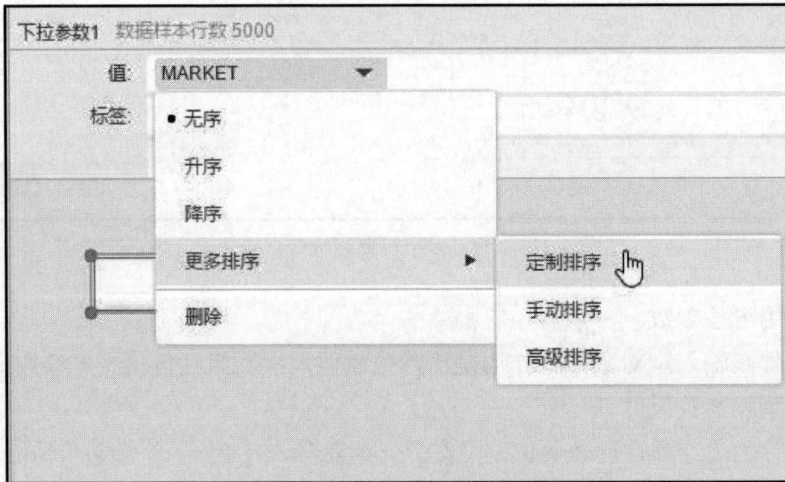

图 5-116 已绑数据段的可用操作图示

5）使用下拉参数组件过滤数据。

新建一个表，对其绑定 2 个数据段，如图 5-117 所示。

图 5-117 数据源图示

新建一个下拉参数，对其值行绑定"Market"，如图 5-118 所示。

图 5-118　新建下拉参数图示

在表上创建过滤器，过滤条件假设为"Market"是等于下拉参数中的一个，注意此处的参数?{下拉参数 1}是步骤 2 中的下拉参数的名称。图 5-119 为过滤器条件设置对话框图示。

图 5-119　过滤器条件设置对话框图示

在下拉参数中勾选"East"，则表中被筛选出"Market"为"East"的数据，如图 5-120 所示。

图 5-120　勾选文本实现筛选效果图示

（二）设置格式

格式能够设置的项有：字体、颜色、对齐、边框、透明度、数据格式。选择组件不同的区域可以设置不同的格式；选择的区域不同能够设置的格式项也不同。图5-121为设置文本格式工具栏图示。

1. 字体和颜色

字体样式用于设置：粗体、斜体、下划线、删除线、字体颜色。

图5-121 设置文本格式工具栏图示

【字体】设置字体。

【大小】选择字号大小。

【粗体】选择字体是否加粗。

【斜体】选择字体是否倾斜。

【删除线】选择字体是否加删除线。

【下划线】选择字号大小。

【背景类型】背景类型包括单色、渐变色（包括单色渐变和双色渐变）、图片，图案。其中图案只有图表组件的标记上能够设置。

（1）单色。

用户可在展开的颜色面板中选择已给定的颜色设定背景的颜色，也可以点击更多颜色按钮，根据需要自定义选择颜色。

在表格的单元格上设置颜色为黄色，如图5-122所示。

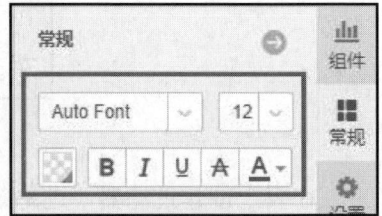

图5-122 单元格设置为单色效果图示

（2）单色渐变和双色渐变。

用户可点击背景颜色面板中的渐变按钮，打开设置渐变颜色的对话框，如图 5-123 所示。

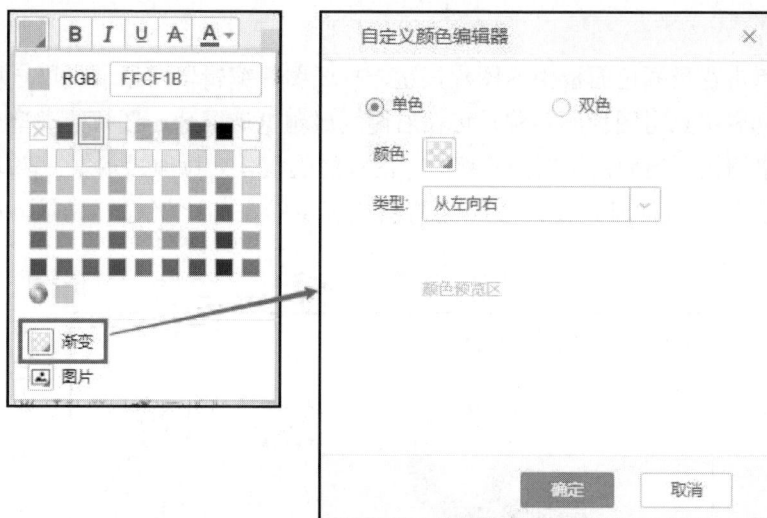

图 5-123 自定义颜色编辑器对话框图示

当选择单色时，用户可以设置颜色和渐变类型，渐变类型默认选中"从左向右"，用户可根据需要进行选择。

当选择双色时，用户可设定开始的颜色、结束的颜色，以及渐变类型，本产品提供多种颜色渐变类型，用户可根据需要进行选择，如图 5-124 所示。

在表格的第一列单元格上设置颜色为黄色，渐变方式为从左向右，第二列单元格上设置开始的颜色为红色，结束的颜色为黄色，渐变方式为垂直从外部向内部，如图 5-125 所示。

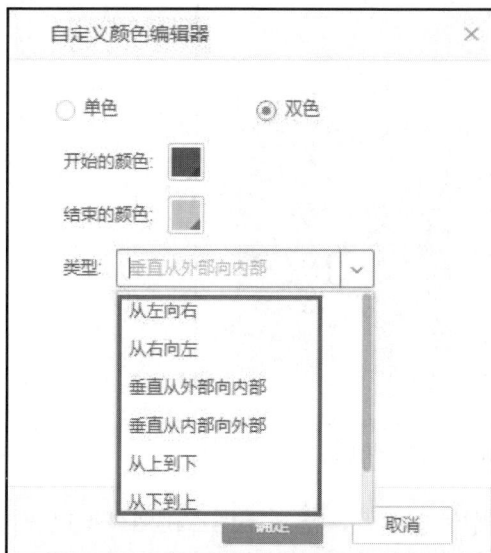

图 5-124 自定义颜色编辑器类型选择图示

图 5-125 单元格设置为渐变效果图示

（3）图片。

用户可点击背景颜色面板中的图片按钮，打开图片编辑器对话框。用户可以导入图片，在图片列表中点击图片的名称，可在右侧区域预览该图片。图片的类型分为拉伸、重复、九宫格缩放（当为柱状图的标记时，图片的类型分为拉伸、重复、按比例重复）。

当图片类型为拉伸时，图片按照当前图表区域的宽高比例进行显示，如图 5-126 所示。

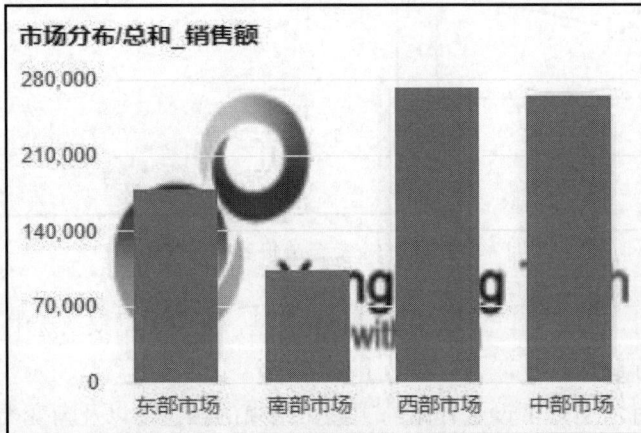

图 5-126　背景图片设置为拉伸效果图示

当图片的类型为重复时，图片按照原图比例在图表区域上重复显示。当原图比图表的区域小时，则在图表上进行重复显示，如图 5-127 所示。

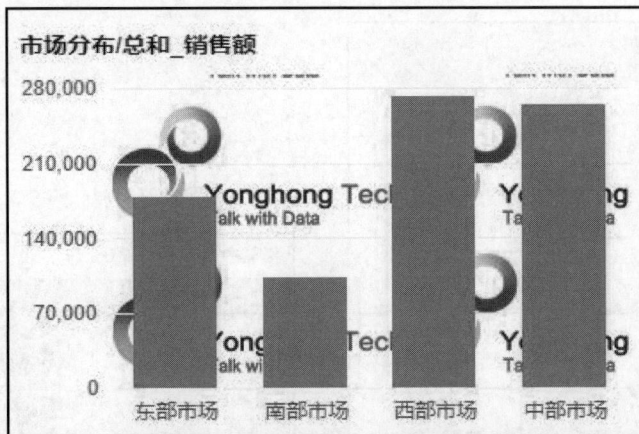

图 5-127　背景图片设置为重复效果图示

当图片的类型为九宫格缩放时，用户可设定缩放位置，则当前图片在图表上以此位置区域进行缩放，九宫格缩放的原理请参考"设置图片属性"中关于这部分的介绍，这里不再赘述。设置顶部 100px，底部 200px，左 100px，右 200px，如图 5-128 所示。

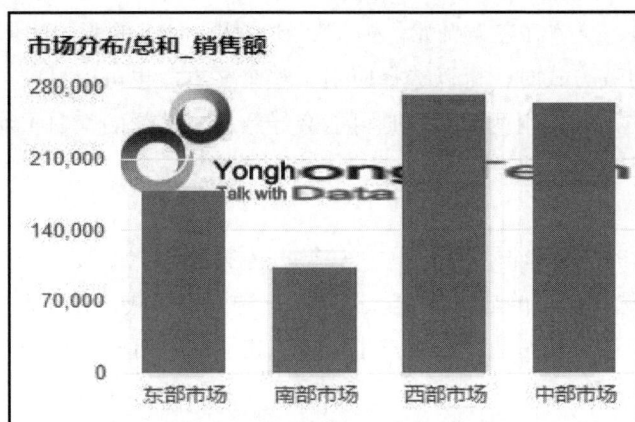

图 5-128　背景图片设置为固定大小效果图示

当设置柱状图标记的背景图片类型是按比例重复时，用户可设定重复的单位，一个单位则显示一张图片。例如，设置单位为度量轴的一个主要刻度值，则当前图片在柱状图标记区域中显示，如图 5-129 所示。

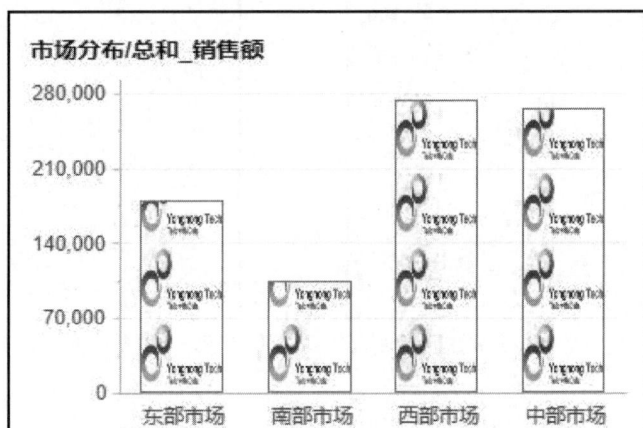

图 5-129　柱状图设置为按比例重复图片效果图示

2. 对齐

永宏提供了多种对齐方式以控制文本的布局，如图 5-130 所示。

（1）左对齐：默认设置，文本会从左侧开始，行的右侧是不规则的。

（2）右对齐：文本从右侧开始，行的左侧是不规则的。

（3）居中对齐：文本在页面的中心位置开始，行的两侧都是不规则的。

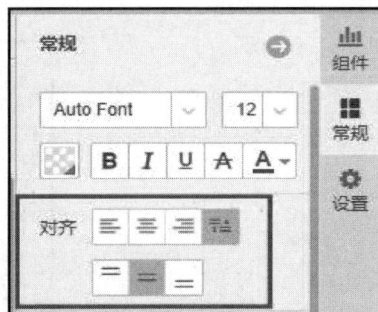

图 5-130　设置文本对齐方式工具栏图示

（4）两端对齐：文本在左侧开始，但扩展到右侧，使行的两侧都是平直的。

在使用这些对齐方式时，可以选择应用于整个文本，也可以只应用于选定的文本或段落。需要注意的是，使用两端对齐时可能会导致文本之间的空白不均匀，特别是在一行中的文本较少时。

3. 边框

图 5-131 所示的 3 个边框线对话框中 3 个设置按键作用如下。

【边框样式】选择边框的显示样式，提供了 6 种固定样式，分别为空、全部边框、上边框、下边框、左边框和右边框。用户也可以点击更多，打开边框线对话框进行自定义边框样式的设置。

【线的样式】选择边框线的显示样式，提供了 7 种线的样式，分别为细线、中粗线、粗线、点线、短虚线、长虚线、双实线。

【线的颜色】设置边框线的颜色。

边框线对话框，如图 5-132 所示。

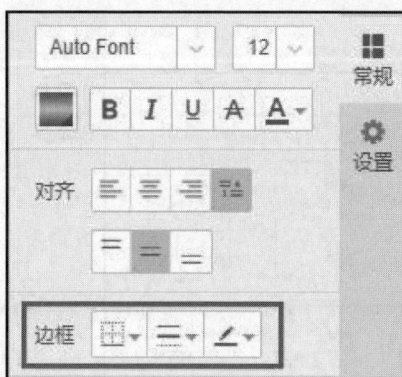

图 5-131 设置边框线方式工具栏图示

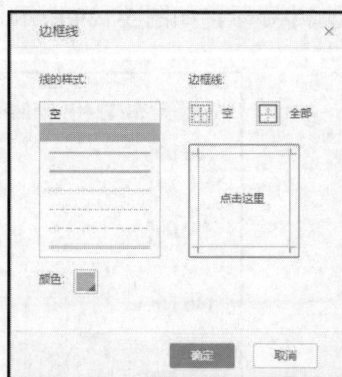

图 5-132 边框线对话框图示

4. 透明度

透明度用于设置背景色颜色的透明度百分比，范围为【0-100】，0 表示无透明度，100 表示全部透明。当勾选自动时，透明度为 disable 不可以设置的，去掉勾选后，才可设置，如图 5-133 所示。

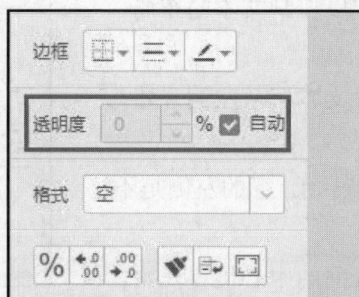

图 5-133 设置透明度方式工具栏图示

5. 数据格式

格式的可选值包括以下几种（见图 5-134）。

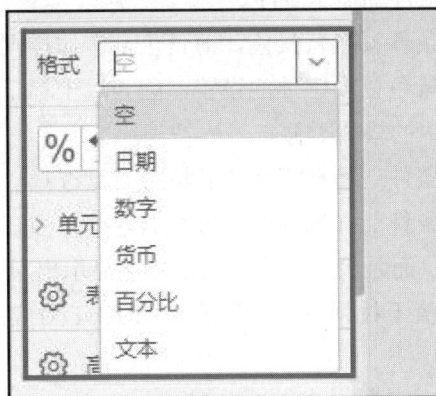

图 5-134 设置数据格式工具栏图示

【空】未设置格式时，默认选择空。

【日期】给日期，时间戳，时间类型的数据设置格式，当选择值为日期时，格式下拉列表下方将会多显示一个日期格式下拉列表，此日期格式下拉列表既支持用户选择产品提供的自带的日期格式，也支持用户自定义格式类型。

【数字】为数字类型的数据设置格式。当选择数字时，下方会多显示一个数字格式下拉列表，此数字格式下拉列表既支持用户选择自带的格式，也支持用户自定义。

【货币】为数字类型的数据设置格式，以货币形式展现，人民币是￥，美元是$。和数字格式中的￥#,##0.00;(￥#,##0.00)和$#,##0.00;($#,##0.00)是一样的，默认保留两位小数。

【百分比】为数字类型的数据设置格式，以百分比形式展现。和数字格式中的#,##0%相同。

【文本】设置字符串格式。当选择文本时，下方会多显示一个输入框，用户可在此输入框设置相应的格式，可以直接写一个字符串，还可以写{0}来引用当前设置列的值。

6. 高亮

在输出型组件中均可设置高亮，高亮是使符合条件的数据以设定的颜色、字体、背景或者格式进行显示，从而在显示上和其他数据区别开来。选中表的数据区域、图表的标记、绑定数据的文本、交叉表的数据区域、自由式表格的单元格，仪表组件，右侧面板的常规中就会有高亮选项。如用户在图表组件上绑定了日期和利润数据段，当利润为负值时，标记以红色显示。复制组件时，高亮也会被复制。图 5-135 为高亮设置对话框图示。

（1）选中需要设置高亮的区域，点击右侧面板—常规中的高亮选项，打开高亮对话框。

（2）在已打开的高亮对话框上点击添加按钮，会添加一个高亮条件，默认名称为"高亮"，用户可修改名称，设置好后点击空白处生效。用户可添加多个高亮，以及通过上移和下移按钮设定不同高亮条件的显示顺序。

（3）可为确定的高亮条件设置背景色，前景色，字体样式以及文字格式。注意图表上的高亮对话框中没有前景色以及字体的设置，因为对于标记来说没有意义。格式的设置方法与组件的局部格式中的格式类似。

（4）点击"增加过滤条件"所在行或在表格中右键选择"增加过滤条件"来新建高亮的过滤条件，设置过滤条件的详细介绍在过滤器章节。但在设置过滤条件时，只能对已绑定的数据段设置条件，而且只有维度数据段才能显示出对应的值，如图 5-135 所示，选择"MARKET"列后，值下拉列表中会显示 MARKET 对应的值。

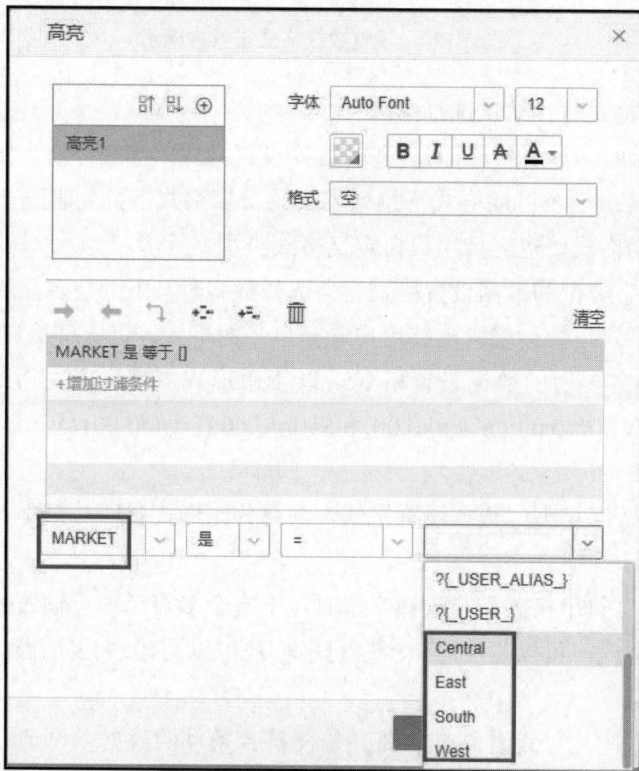

图 5-135 高亮设置对话框图示

（5）点击确定按钮，高亮即可生效。

（三）替换数据集

制作报告时直接切换不同数据源，如报表中用到的字段和新数据源一样则无缝切换，而非通过任务和程序切换。在"更多"—"替换数据集"界面通过选择新数据集来更改数据集，如图 5-136 所示。

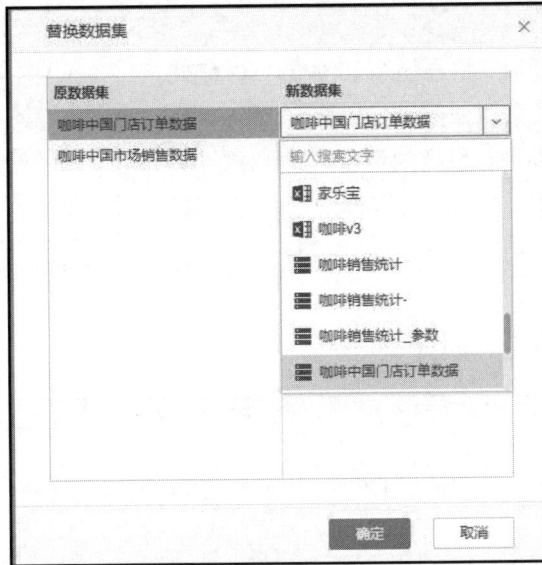

图 5-136　替换数据集对话框图示

如新数据集中存在与原数据集中相同字段，则原字段被直接替换，如图 5-137 所示。

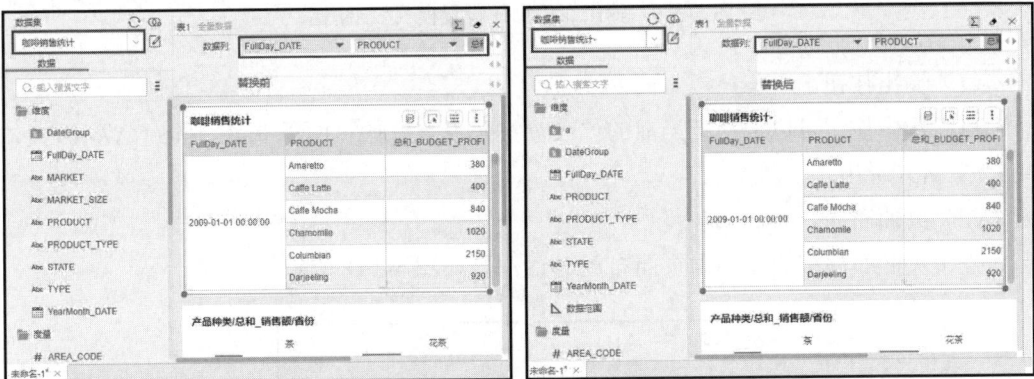

图 5-137　替换数据集效果图示

注意：如新数据集中不存在与原数据集中相同字段，则提示数据列不存在，如图 5-138 所示。

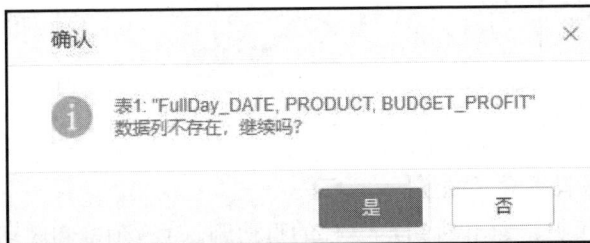

图 5-138　替换数据集与原数据集不存在相同字段警告对话框图示

（四）页面设置

点击页面设置按钮时，将会显示下拉框，选择输出布局，将会弹出工具条，如图 5-139 所示。用户可对当前仪表盘中的组件进行位置的调整，以及对导出的文件的页面进行设置。在页面设置模式下，用户可对组件进行移动，可对组件的大小进行调整。

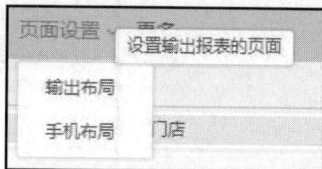

图 5-139　页面布局对话框图示

1. 输出布局

图 5-140 中所有功能按键作用如下：

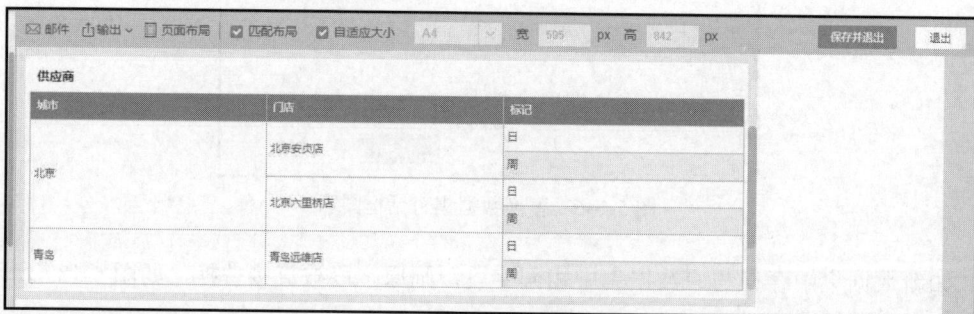

图 5-140　输出布局页面设置模式效果图示

（1）输出按钮。

点击输出按钮可以选择把当前的仪表盘按照设置好的页面以 PDF、Excel、Word、PNG 或 CSV 格式导出。

（2）页面布局。

点击页面布局按钮后弹出页面布局对话框，如图 5-141 所示。

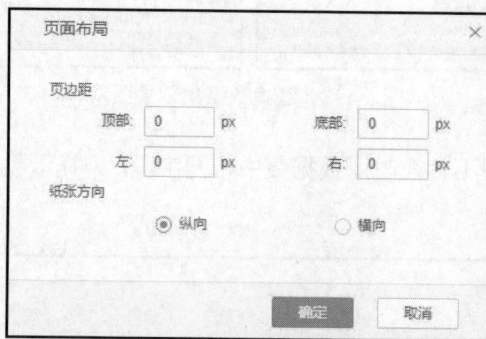

图 5-141　页面布局对话框图示

上图对话框中各设置含义如下：

【页边距】用户可设定导出的 PDF 文件的页边距。注意顶部和底部的边距之和不能超过高度的一半，左右边距之和不能超过宽度的一半。

【纸张方向】当用户由纵向转换成横向时，右边距变成顶部边距，左边距变成底部边距，顶部边距变成左边距，底部边距变成右边距，即页面逆时针旋转90º度。

（3）匹配布局。

默认"勾选"。勾选时，不会展开组件的全部数据。取消"勾选"，会按照数据展开，如：带有滚动条的表会将数据全部展开显示。

（4）自适应大小。

默认"勾选"。当未勾选自适应大小时，用户可选择纸张的类型，或者自定义纸张的宽度和高度。当勾选自适应大小后，输出的 PDF 页面将自动调节大小，此时纸张类型、宽度、高度均处于非激活状态，不能进行修改。

2. 手机布局

图 5-142 为手机布局页面设置模式效果图示。

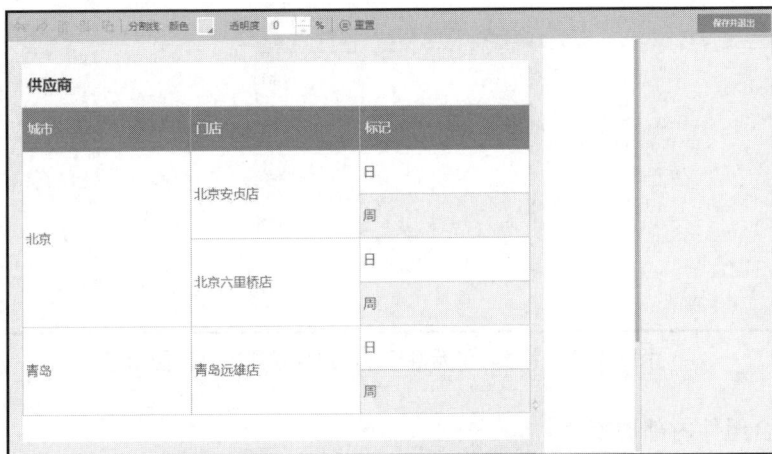

图 5-142　手机布局页面设置模式效果图示

（1）分割线。

颜色：选中可以改变分割线的颜色。图 5-143 为分割线颜色设置选择图示。

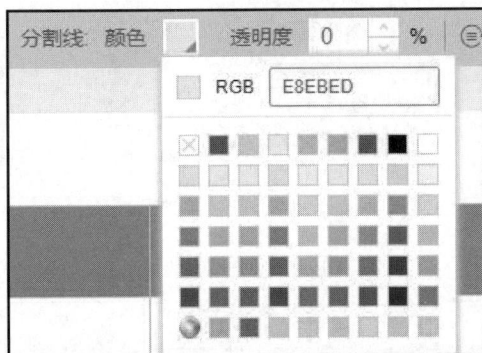

图 5-143　分割线颜色设置选择框图示

（2）透明度。

可以输入数值，设置分割线透明度百分比。也可以通过 icon 点击微调。

（3）字号。

对于组件中有文字的地方可以通过点击组件相应位置，然后点击右侧字号下拉框进行设置字号，如图 5-144 所示。

（4）单元格尺寸。

对于表格类组件，可以通过右侧单元格尺寸设置列宽和行高，如图 5-144 所示。

（5）组件高度。

输入组件高度可以调整组件的显示高度，如图 5-144 所示。

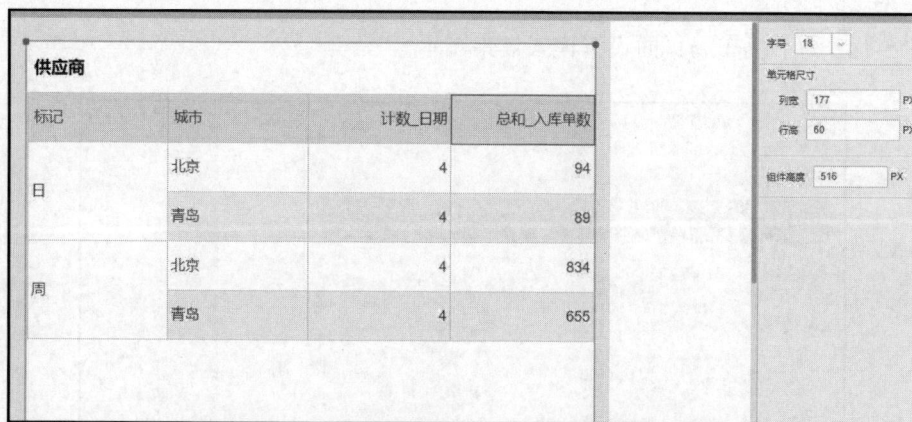

图 5-144　字号、单元格尺寸、组件设置工具栏图示

（6）组合组件内部调整。

当有组合组件时，整个组合占有一个显示单位。

组合内部可以通过拖动，键盘移动来调整相对位置，如图 5-145 所示。

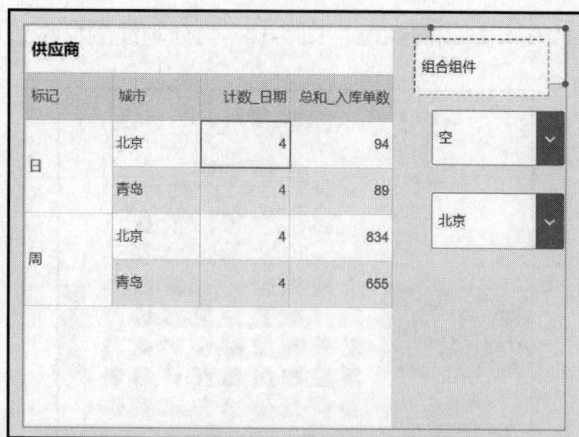

图 5-145　组合组件内部调整工具栏图示

三、指标计算

（一）聚合计算

图表、表、文本、仪表等组件绑定的度量列支持切换不同的聚合方式去展示数据。以表格为例，首次绑定一个度量列时，列的聚合方式默认为总和，可再次绑定 4 次，聚合方式默认依次为平均、计数、最小值、最大值，之后不能再绑定此列。

产品中提供了 23 种聚合方式，下面介绍常用的 5 种。

1. 总和

总和，即将所有数据的值加起来的总值。

例如，给表格组件绑定 2 列 MARKET 和 SALES，列 SALES 的聚合方式为总和，如图 5-146 所示，Central 对应的所有 SALES 数据总和值为 265045。

咖啡销售统计

MARKET	总和_SALES
Central	265045
East	178576
South	103926
West	272264

图 5-146　聚合计算方式——总和示例

2. 平均

平均，即将所有数据值加起来除以总数据数得到的值。

例如，给表格组件绑定 2 列"MARKET"和"SALES",列"SALES"的聚合方式为平均，如图 5-147 所示，Central 对应的所有 SALES 数据的平均值为 192.206。

咖啡销售统计

MARKET	平均_SALES
Central	197.206
East	201.099
South	154.652
West	202.577

图 5-147　聚合计算方式——平均示例

3. 最大值

最大值，即所有数据值中最大的值。

例如，给表格组件绑定 2 列"MARKET"和"SALES"，列"SALES"的聚合方式为最大值，如图 5-148 所示，Central 对应的所有 SALES 数据中的最大的值为 716。

咖啡销售统计	
MARKET	最大值_SALES
Central	716
East	912
South	678
West	912

图 5-148　聚合计算方式——最大值示例

4. 最小值

最小值，与最大值相反，即显示所有数据值中最小的那个值。

例如，给表格组件绑定 2 列"MARKET"和"SALES"，列"SALES"的聚合方式为最小值，如图 5-149 所示，Central 对应的所有 SALES 数据中的最小的值为 23。

咖啡销售统计	
MARKET	最小值_SALES
Central	23
East	39
South	39
West	17

图 5-149　聚合计算方式——最小值示例

5. 计数

计数，即所有数据行的总数量，包括数据值相同的数据。

例如，给表格组件绑定 2 列"列名"和"值"，列"列名"的聚合方式为计数，如图 5-150 所示，"a"对应的所有值的数据总行数计数为 6。

计数			计数	
列名	值		列名	计数_值
a	1		a	6
a	2			
a	3			
a	3			
a	3			
a	3			

图 5-150　聚合计算方式——计数示例

（二）同比、环比计算

同比环比通常用来分析本阶段和上一个阶段的增长率。

同比（Year-on-year）是本阶段的某个周期与上个阶段的相同周期比较，适用于观察某个指标在不同阶段的变化，例如本周本日与上周本日比较，本年同月与上年同月比较等；环比（Month-on-month）是某个阶段与上一个阶段等时长比较，比如上周和本周，上月和本月，上季度和本季度等，用于表示数据的连续变化趋势。

产品中提供 2 种方式计算同环比：按日期维度计算，按非日期列计算。

1. 日期维度的同环比

日期维度的同环比支持的日期表达式有：年（Year），年季度（YearQuarter），年月（YearMonth），年周（YearWeek），天（FullDay）。

通常来讲，绑定了日期维度列和度量之后，在绑定的度量列的下拉列表中选择同比或者环比，展开的子菜单会根据日期列代表的周期自动显示比较的内容。下面以日期列天（FullDay）为例，展示可以计算的内容。

（1）同比。

绑定维度列天和度量列后，在绑定的度量列下面选择同比，显示的子菜单如图 5-151所示。

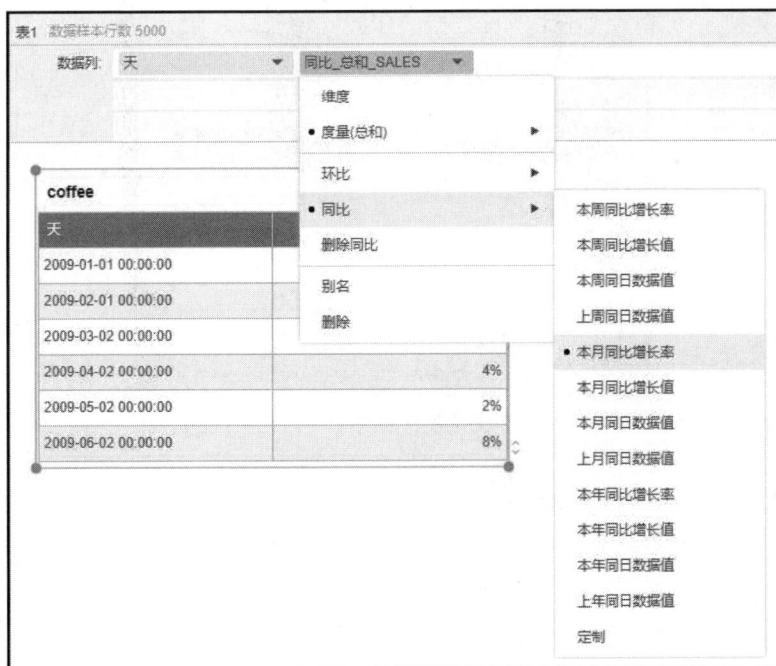

图 5-151　日期维度下同比计算工具栏图示

可以清晰地看到，按天（FullDay）计算同比时，可以计算本周同比增长率，本月同比增长率，本年同比增长率。同时，用户可以根据自己的需求选择定制不同的周期。

（2）环比。

绑定维度列天和度量列后，在绑定的度量列下面选择环比，显示的子菜单如图 5-152 所示。

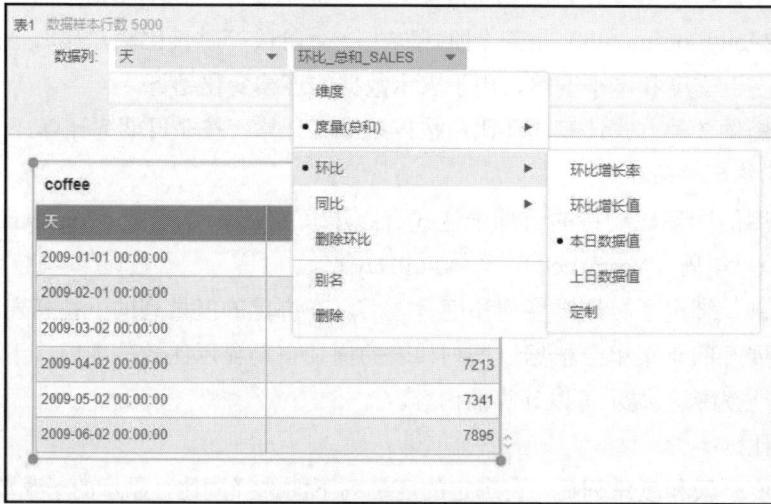

图 5-152　日期维度下环比计算工具栏图示

按照维度列天计算得到环比本月数据值和同比增长率，展示的结果如图 5-153 所示。

图 5-153　以天维度计算环比、同比案例图示

2. 非日期维度的同环比

用户可以根据需求，自定义时间基点参数来计算同比环比，也可以自定义计算的周期和计算的方向，计算的周期包括周、月、年等，计算的方向包括增长值、增长率，本阶段数据值，上阶段数据值，定制等。

当添加了非日期维度列和度量列时，在绑定的度量数据段的下拉列表中选择同比或者环比时，会弹出相应的配置菜单进行计算。

（1）同比。

图 5-154 中的对话框中各功能含义如下所述。

图 5-154 非日期维度下同比计算对话框图示

【日期列】计算同比的日期参数列，可以选择按日、按周、按月、按季度计算同比。

【同比】同比周期、例如按日、同比的大周期有周、月、年；当选择的大周期为月时，可以计算增长率、增长值、本月同日月数据值、上月同日数据值。

【周期间隔】默认值为 1，可以设置大于 1 的数值。

【时间基点参数】设置计算日期。

【时间基点偏移】通过选项来控制是大周期还是小周期。时间基点偏移支持由"负-零-正"数，即可向前偏移也可向后。

（2）环比。

图 5-155 中的对话框中各功能含义如下所述。

图 5-155 非日期维度下环比计算对话框图示

【日期列】系统会自动检测到数据中的日期列，可以选择需要分析的日期列进行计算。可以按日、按周、按月、按季度、按年计算环比。

【环比】可以选择比较的周期。

【周期间隔】默认值为1，可以设置大于1的数值。

【时间基点参数】设置计算日期。既可以选择"编辑参数"中的已有参数（会自动加载显示默认值），也可通过输入参数名称和值创建新的参数。程序中默认显示时间基点参数为"当前日期""当前日期值"。

【时间基点偏移】默认值为0，可是设置"负-零-正"，即可向前偏移也可向后。

（三）排序

排序可以分为无序、升序、降序、定制排序、手动排序和高级排序。

1．手动排序

通过手动排序，用户可以手动地拖拽字段进行排序，更加地方便灵活。图 5-156 所示为手动排序对话框图示。

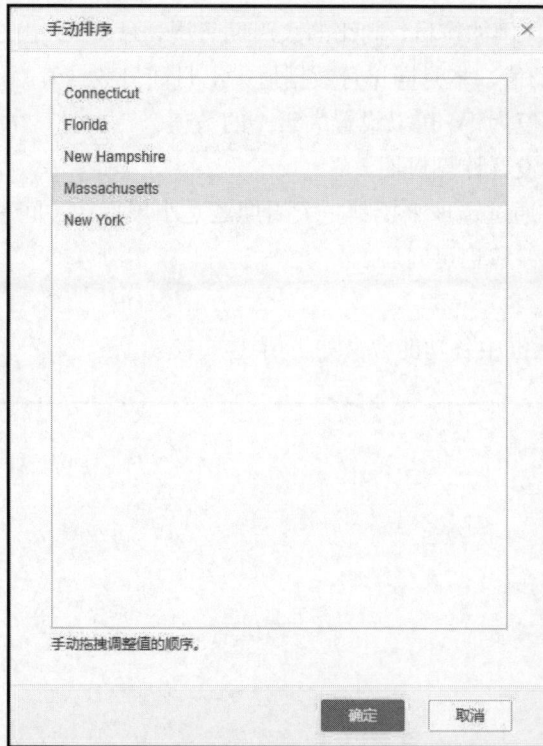

图 5-156　手动排序对话框图示

2．高级排序

高级排序适用于聚合状态的表、交叉表以及处于聚合状态的图表。只有维度数据段才具有高级排序属性，度量类型的数据段不具有此属性。高级排序可实现对聚合的度量字段的排序。

（1）进入高级排序。

打开组件的绑定界面，若是表或图表则使其处于聚合状态，打开维度数据段的下拉列表，点击更多排序下面的高级排序选项打开高级排序窗口，如图 5-157 所示。

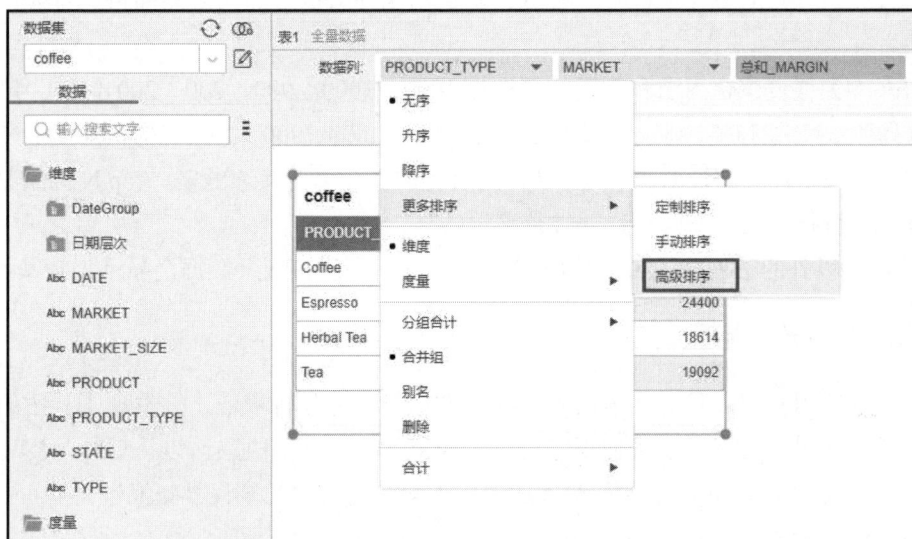

图 5-157　进入高级排序工具栏图示

（2）高级排序原理说明。

高级排序对话框，如图 5-158 所示，默认状态根据字段设置的普通排序保持一致，例如原来设置的是升序，那么高级排序默认就是升序。当选择顺序升序或降序后，值和聚合列变成激活状态。

图 5-158　高级排序对话框图示

图 5-158 中的对话框中各功能含义如下文所述。

【值】当用户选择无序时，默认按照查询中的顺序进行排序，当选择按照值进行升序或降序时，对查询中的数据做普通排序。

【聚合列】当用户选择按照聚合列进行升序或降序排列时，用户需要设定好聚合列的选项，按照聚合列的条件进行筛选数据，筛选出来的数据按照聚合列的值进行升序或降序排序。

【Top N】假设聚合列求和之后的数据为 1000、1000、900、200、200、100，降序处理，选择 Top N 为 4 时，筛选出来的数据为 1000、1000、900、200、200。即 Top N 是按照相同值计数来计算的，第四个是 200，则所有的 200 会被筛选出来。Top N 为空时，即按照聚合列进行排序，不再对数据进行筛选。

【Top N 以外的数据显示为"其他"】除去 Top N，所有剩余数据会显示为"其他"。

四、报告分享与查看

通过上述的介绍，我们相信读者已经基本完成一份分析报告，并发现了其中的一些问题。通过输出报告，可以将使用者的分析成果保存到本地电脑，以待后续与同事研究讨论。Yonghong Z-suite 还提供订阅功能，便于您和他人定时接收最新报告。

（一）查看报告的设置

从首页引导区域或左侧引导栏，点击【查看报告】进入查看报告，如图 5-159 所示。

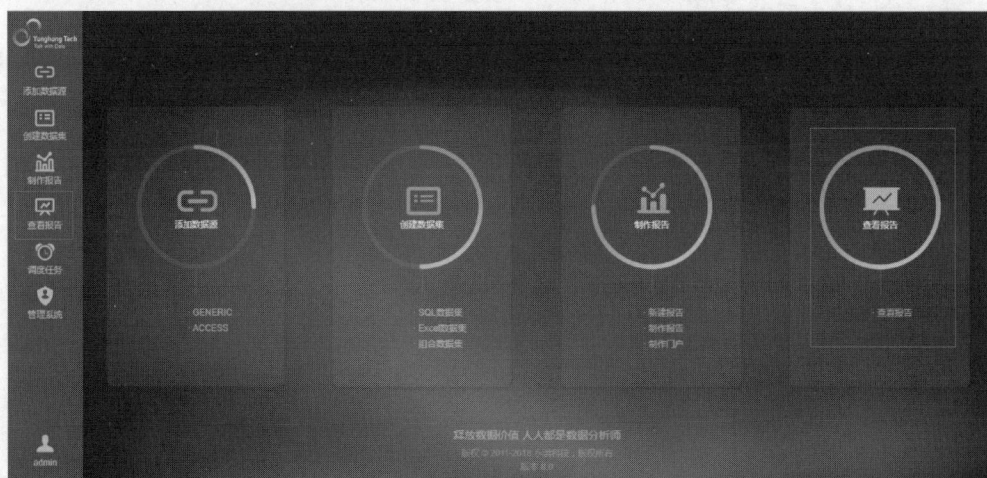

图 5-159 高级排序对话框图示

1. 视图

对于查看报告视图，我们提供了树状显示以及图标显示 2 种模式。在【个人中心】->【个性化设置】->【查看报告视图】中可以进行选择，默认选中"图标"，如图 5-160 所示。

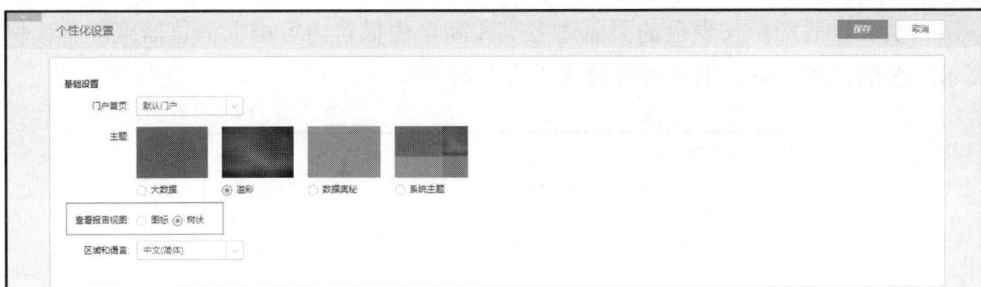

图 5-160　个性化设置对话框图示

2．查看报告模式设置

点击【管理系统】—【系统设置】—【查看报告模式设置】用于配置用户能对报表进行的不同操作，默认是"查看模式"，如图 5-161 所示。

（1）查看模式：用户在查看报表时只能进行查看。

（2）分析模式：用户在查看报表时可以使用组件的部分功能。

（3）编辑模式：用户在查看报表时可以对报表进行编辑。

图 5-161　系统设置对话框图示

3．自适应类型

设置仪表盘的页面在查看报告中是否自适应屏幕大小，默认选中"宽自适应"，如图 5-162 所示。

（1）等比例自适应：整个仪表盘根据横向和纵向较长的方向适应屏幕显示，横向和纵向不会有滚动条，不一定会填充整个屏幕。

（2）宽自适应：仪表盘的页面只适应宽，不会出现横向滚动条。宽自适应时，不支持设置水平对齐方式。

（3）不自适应：按照仪表盘原始大小显示。

（4）全屏自适应：仪表盘的页面适应宽和高，使报告内容根据浏览器或屏幕比例全屏展示。全屏自适应时，不支持设置水平方式对齐。

图 5-162　自适应类型设置对话框图示

4. 报告缩放比例

设置仪表盘的缩放比例后，在查看报告里当前仪表盘中的内容就会缩放相应的倍数。可以设置的比例：标准、2 倍、3 倍，以及用户自定义的倍数。"标准"为默认选项，即不缩放，保持原来的比例。报告缩放比例只能设置大于 1 的倍数。图 5-163 所示为报告缩放比例设置对话框图示。

图 5-163　报告缩放比例设置对话框图示

5. 水平对齐

在查看报告打开这个仪表盘时，页面靠左或者居中显示，默认选中"居中显示"，如图 5-164 所示。

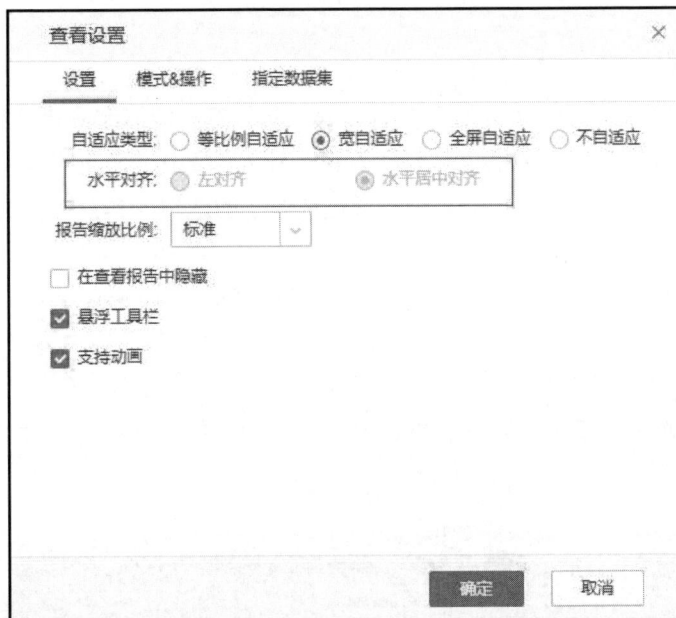

图 5-164 水平对齐设置对话框图示

（二）查找报告

1. 入口

在树状模式下，查看报告入口位于浏览器左上方，在图标模式下，查看报告入口位于浏览器右上方。树状模式如图 5-165 所示。

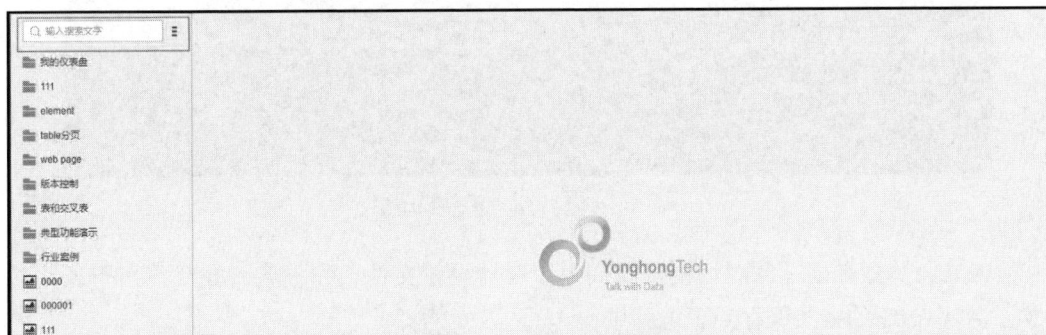

图 5-165 树状模式图示

图标模式如图 5-166 所示。

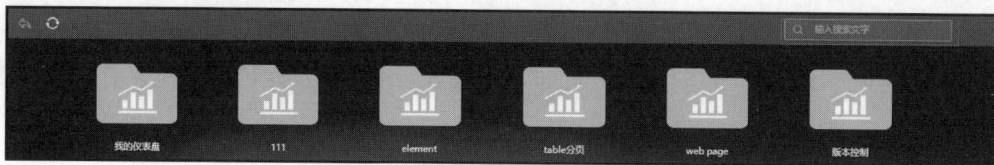

图 5-166　图标模式图示

2. 匹配方式

我们提供了精确查找和模糊查找 2 种方式，精确查找能够准确定位到您所查找报告的详细位置，模糊查找则是能够匹配到含有您所输入的关键字的报告名，文件夹名，在点击文件夹逐级展开的时候，只会显示与关键词匹配的选项，其余的会被隐藏。

（三）导出报告到本地

在查看报告时，我们可能会需要将报告以 PDF，Excel，Word，PNG，CSV 格式进行导出并保存到本地，以便日后的查阅。

我们以 PNG 的导出为例：

（1）单击菜单栏->【输出】->【PNG 格式】，即以 PNG 格式输出报告，如图 5-167 所示。

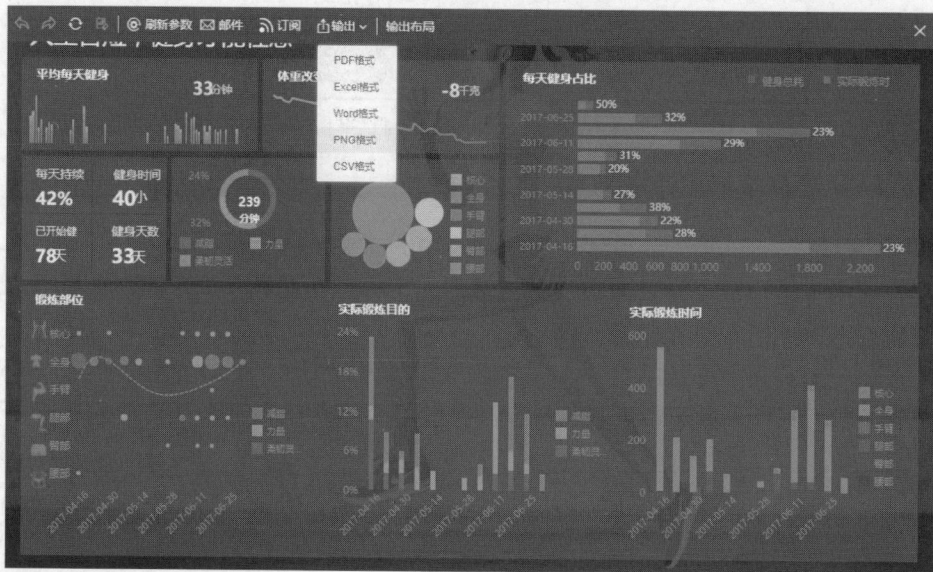

图 5-167　输出报告工具栏图示

（2）浏览器弹出下载对话框，我们可以在此设置文件名和下载路径，点击下载，该报告将以 PNG 的格式保存到了电脑中。

第六章　Python 使　用

第一节　Python 环 境 配 置

本章节以 Windows 10 专业版 64 位系统为例，介绍利用 Anaconda 进行 Python 环境配置相关工具及安装方式，其他系统和工具可参照安装。

一、相关概念

当谈到 Python 编程时，有一些重要的概念需要了解，包括包、环境和编辑器。

1. 包（Package）

在 Python 中，包是指一组相关的模块的集合。模块是 Python 程序的基本组织单位，而包则是用于组织和管理模块的方式。包可以包含其他包和模块，形成一个层次结构，方便代码的组织和复用。通过使用包，可以将代码按照功能或主题进行划分，使得项目更加清晰和可维护。

2. 环境（Environment）

在 Python 中，环境是指一个独立的运行环境，其中包含了特定版本的 Python 解释器和相关的库。不同的项目可能需要使用不同的库和工具，因此使用虚拟环境可以帮助我们隔离不同项目之间的依赖关系。常用的 Python 环境管理工具有 Anaconda、virtualenv 和 pyenv 等。

3. 编辑器（Editor）

编辑器是用于编写和编辑 Python 代码的工具。Python 代码可以使用任何文本编辑器进行编写，但一些编辑器提供了额外的功能和插件，以提高开发效率。常见的 Python 编辑器包括 Jupyter、Visual Studio Code、PyCharm、Sublime Text 和 Atom 等。这些编辑器通常提供代码高亮、自动补全、代码调试和版本控制等功能，以帮助开发人员更加方便地编写和调试代码。

总结起来，包是组织和管理模块的方式，环境是为了隔离不同项目的依赖关系，而编辑器则是用于编写和编辑 Python 代码的工具。了解这些概念将有助于更好地进行 Python 编程和项目开发。

二、Anaconda 的安装及使用

Anaconda 是一个用于数据科学和机器学习的开源发行版，它集成了多个常用的数据科学工具和库。Anaconda 有如下优势。

跨平台支持：Anaconda 可以在 Windows、macOS 和 Linux 等多个操作系统上运行，提供了跨平台的数据科学环境。

预安装的工具和库：Anaconda 预先安装了许多常用的数据科学工具和库，如 Jupyter Notebook、NumPy、Pandas、Matplotlib、Scikit-learn 等，使得用户可以快速开始数据分析和机器学习任务，而无需单独安装和配置这些工具。

管理环境和包：Anaconda 提供了一个名为 conda 的包管理器，可以轻松创建、管理和切换不同的环境。这意味着您可以为不同的项目创建独立的环境，并在这些环境中安装特定版本的工具和库，以满足项目的需求。

用户友好的界面：Anaconda 提供了一个名为 Anaconda Navigator 的用户友好界面，可以通过图形界面轻松管理和启动 Jupyter Notebook、Spyder 等工具。

社区支持和文档丰富：Anaconda 拥有庞大的用户社区，用户可以在社区中获得帮助、分享经验和解决问题。此外，Anaconda 还提供了详细的文档和教程，帮助用户快速上手和深入了解数据科学工具和库的使用。

Anaconda 简化了数据科学工具和库的安装、管理和使用过程，是一个功能强大且易于使用的数据科学平台，使得数据科学家和机器学习工程师可以更加高效地进行数据分析和建模工作。

（一）Anaconda下载

Anaconda 的官方下载地址：https://www.anaconda.com/download/，访问后如图 6-1 所示。

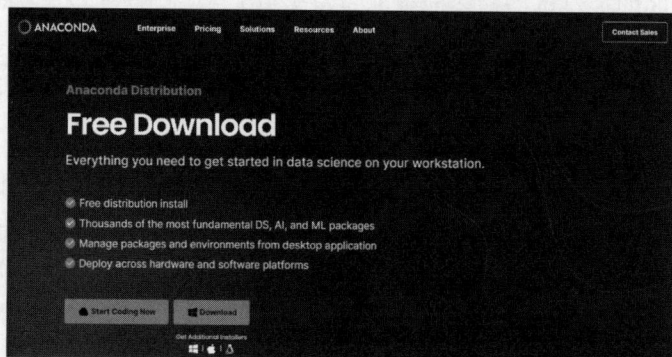

图 6-1　Anacond 官方网站

点击下方 Download，即可下载当前系统对应的最新版本，Anaconda 的最新版本集成了最新的 Python 版本，这里下载的是 Anaconda3-2003-07 版本，对应的是 Python3.11 版本。

当然在下载过程中可能存在网速慢、限流等情况，也可以考虑使用国内镜像网站下载，须在镜像中找到自己系统对应的 Anaconda 版本，镜像网站如：

https://mirrors.tuna.tsinghua.edu.cn/anaconda/archive/

https://mirrors.ustc.edu.cn/anaconda/archive/

图 6-2 所示为清华大学开源软件镜像站。

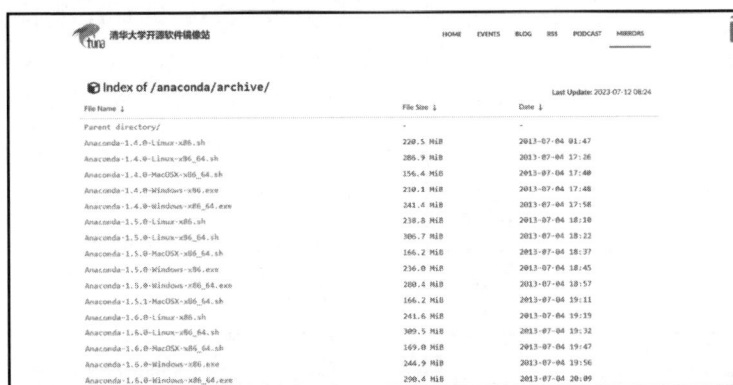

图 6-2　清华大学开源软件镜像站

（二）安装

下载完毕后进行安装：以下是 Anaconda 官方的安装参考手册：https://docs.anaconda.com/anaconda/，可供参考。

（1）双击安装包开始安装。图 6-3 所示为 Anaconda 安装步骤图示。

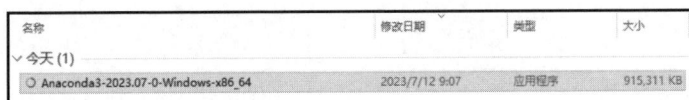

图 6-3　Anaconda 安装包图示

（2）点击 Next，开始下一步，如图 6-4 所示。

（3）点击 I Agree，同意安装条款，如图 6-5 所示。

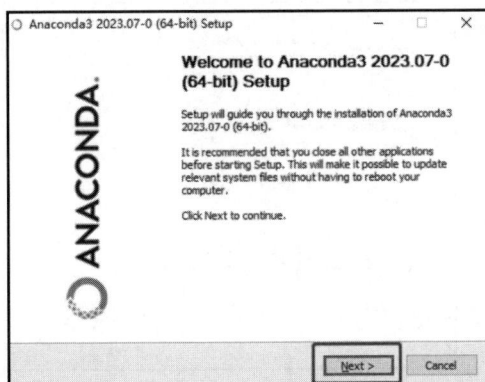

图 6-4　Anaconda 安装步骤图示

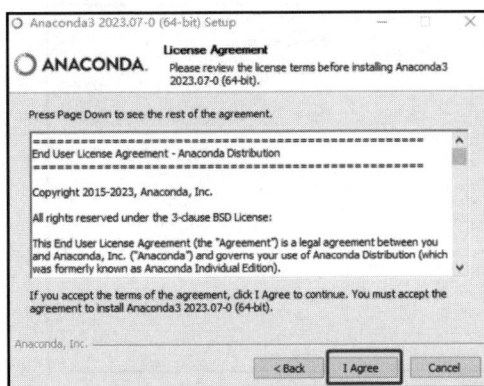

图 6-5　Anaconda 安装条款图示

（4）选择安装用户，这里不涉及多用户的问题，选择 Just Me，继续点击 Next，如图 6-6 所示。

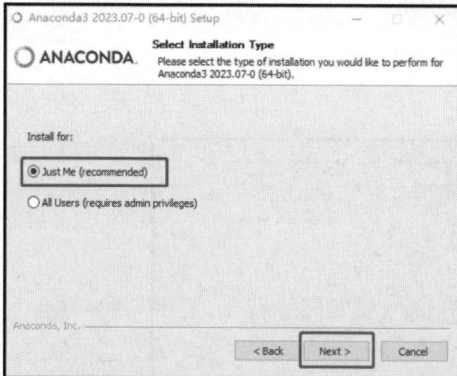

图 6-6　Anaconda 安装用户选择图示

（5）此处可选择 Anaconda 的安装位置，注意安装路径不要包含汉字并且不要包含空格，选择后点击 Next，如图 6-7 所示。

（6）然后点击 Install，等待安装完成，点击 Next，如图 6-8 所示。

需要注意，这一步需要将上图的 Add Anaconda to my PATH environment variable 勾选上。这个会影响到后面 cmd 启动 Python、Python 安装包的 pip 命令、conda 命令，以及 Jupyter Notebook、Spyder 等一系列命令及软件的启动。

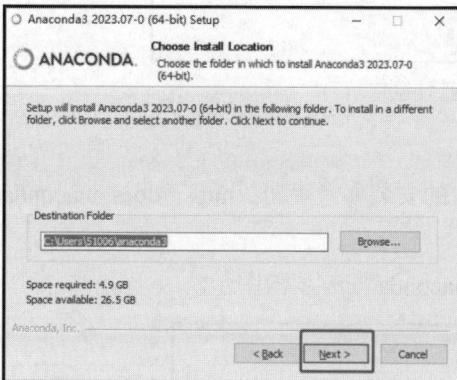

图 6-7　Anaconda 安装位置选择图示

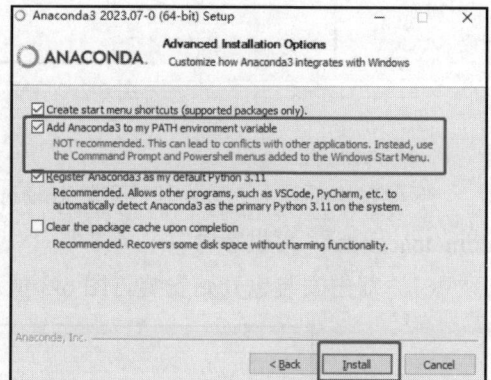

图 6-8　Anaconda 安装图示

（7）安装完成后点击 Next，下一步，如图 6-9 所示。

（8）Anaconda 将自动帮我们安装 Jupyter，继续点击 Next 下一步，如图 6-10 所示。

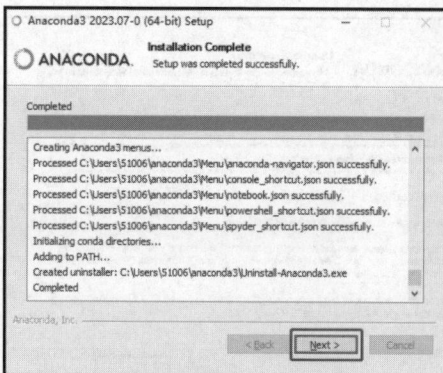

图 6-9　Anaconda 安装完成图示

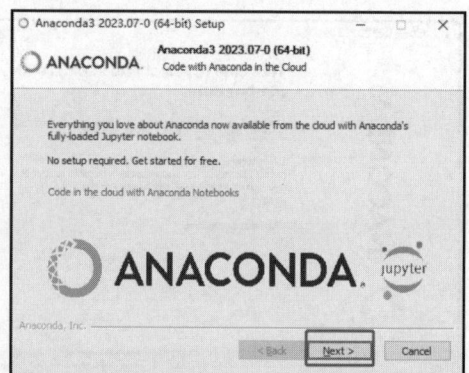

图 6-10　Anaconda 及 Jupyter 安装完成图示

（9）这里的 2 个框无需勾选，点击 Finish 即可完成安装，如图 6-11 所示。

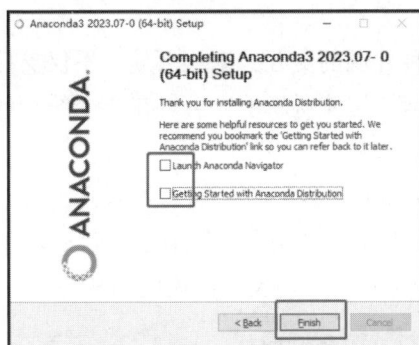

图 6-11　完成 Anaconda 安装图示

（三）验证及使用

使用 win 键+R 键，打开运行窗口，输入 cmd 并回车，打开命令行界面，输入 conda，显示如下内容，即表示安装成功，如图 6-12 所示。

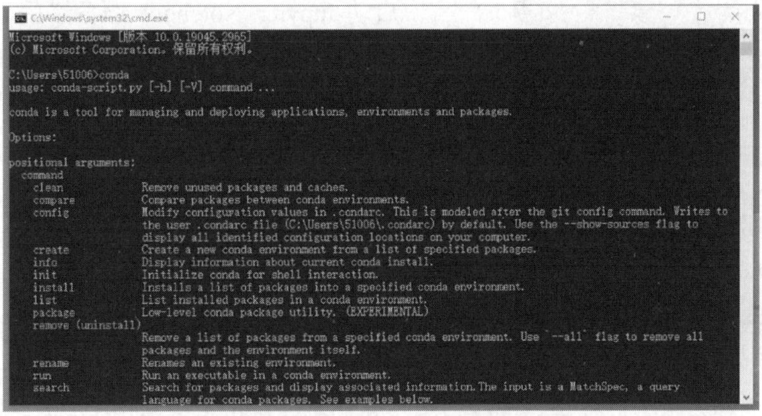

图 6-12　验证 Anaconda 成功安装图示

输入 Python 并回车，显示如下内容，表示 Python 环境配置成功，如图 6-13 所示。

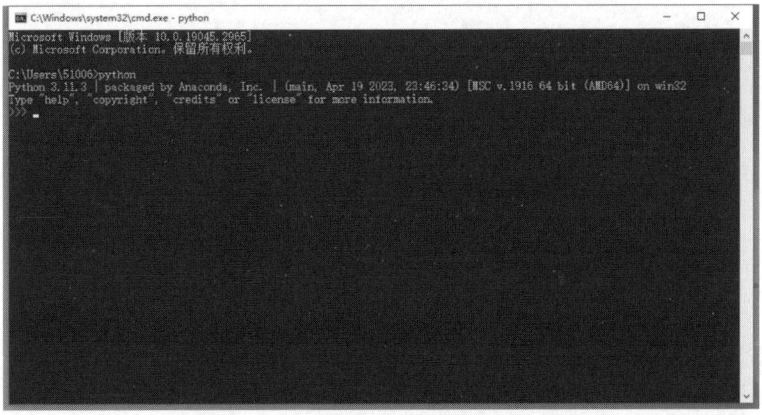

图 6-13　验证 Python 环境成功配置图示

Anaconda 安装后，可以打开菜单目录查看，这里还同时安装了 Spyder 和 Jupyter Notebook 两个编辑器。

Jupyter Notebook 是一种开源的交互式编程环境，不仅支持 Python，还支持多种编程语言，如 R、Julia 和 Scala 等。这使得新手也可以在一个统一的环境中学习和使用多种编程语言，提高编程能力和灵活性。

值得一提的是，Jupyter Notebook 还是一种以网页形式打开的程序，使用者可以在网页中编写和运行代码。代码的运行结果会直接显示在代码块下方。如果需要编写说明文档，也可以在同一个页面中进行，方便及时的说明和解释。

三、Jupyter Notebook 的使用

（一）启动 Jupyter Notebook

我们点击 Jupyter Notebook 应用程序，系统将启动 Jupyter Notebook 服务器，如图 6-14 所示。

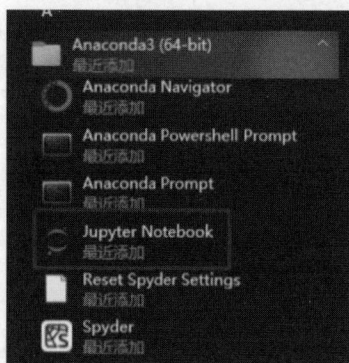

图 6-14　Jupyter Notebook 图示

启动 Jupyter Notebook 服务器后，系统将自动在默认网页浏览器中打开 Jupyter Notebook 的主页面，如图 6-15 所示。这个主页面通常被称为 Notebook Dashboard，是使用者的工作空间，它显示了当前工作目录下的所有文件和子目录。

尽管 Jupyter Notebook 的用户界面显示在浏览器中，但 Jupyter Notebook 服务器和笔记本实际上都在使用者电脑本地运行，所有的计算和数据处理都发生在使用者的电脑中，不会通过互联网传输。

也就是说，即使在没有网络连接的情况下，我们仍然可以正常使用 Jupyter Notebook。

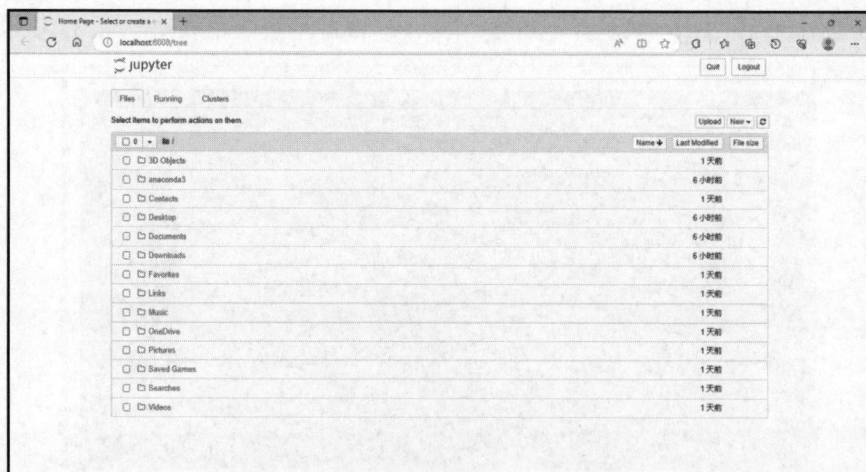

图 6-15　Jupyter Notebook 主页面图示

（二）创建一个新的Notebook

在 Jupyter Notebook 的主页面右上角，会看到一个名为 New 的按钮。点击这个 New 按钮，会弹出一个下拉菜单。在弹出的下拉菜单中，选择 Python，一个新的 Notebook 将会在新的浏览器标签页中打开，可以开始在新的笔记本中编写代码和文本了，如图 6-16 所示。

新创建的笔记本默认名为 Untitled，我们可以通过点击笔记本名称，然后输入新的名称并按回车键来重命名它，如图 6-17 所示。新笔记本会自动保存在已经打开 Jupyter Notebook 时的工作目录中，我们也可以通过 File -> Save as... 来选择其他位置保存，如图 6-18 所示。

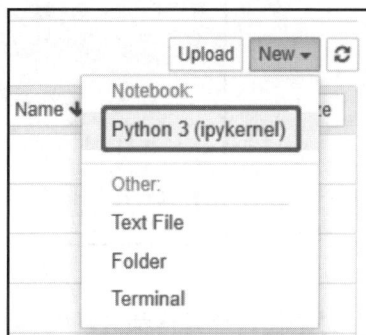

图 6-16 新建 Notebook 工具栏图示

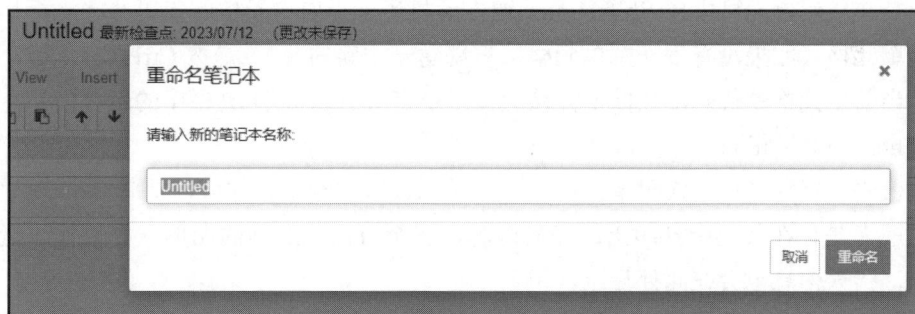

图 6-17 重命名 Notebook 图示

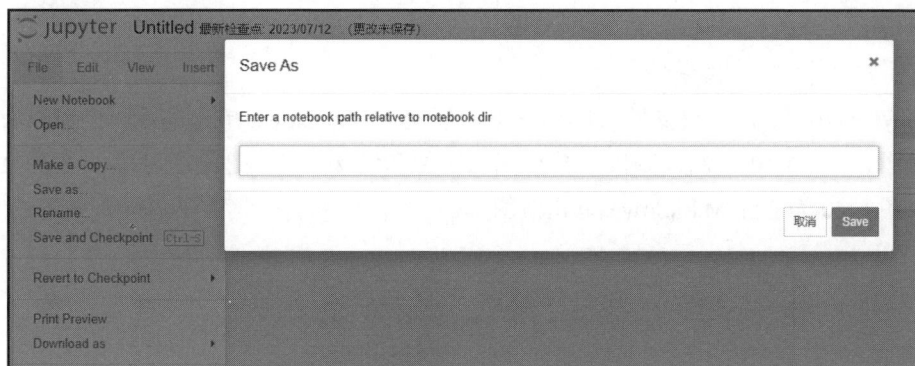

图 6-18 Notebook 另存为图示

（三）编写和运行代码

新创建的 Jupyter Notebook 中，会默认创建一个空白的代码单元格，Jupyter Notebook 通过这种交互式的单元格设计，使得编写和测试代码变得方便快捷。图 6-19 所示为新建 Notebook 工具栏图示。

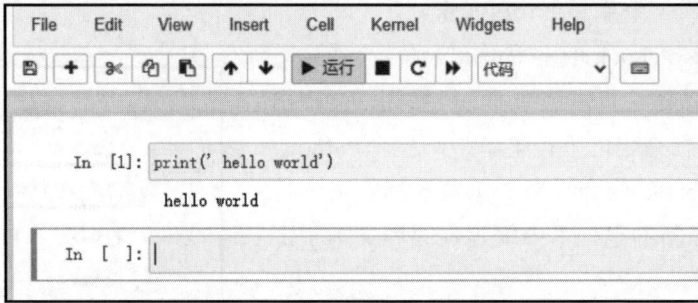

图 6-19　新建 Notebook 工具栏图示

每个代码单元格都可以用于编写一段 Python 代码，代码长度没有特定限制，可以是单行简单的 Python 表达式，也可以是多行复杂的 Python 函数或者类。使用者只需将光标放在代码单元格中，然后开始输入你的代码即可。

在编写完代码单元格之后，我们需要运行它以看到结果。运行代码单元格有几种方式：一是在代码单元格中按 Shift+Enter 键，这将运行当前单元格的代码并将光标移动到下一个单元格（如果没有下一个单元格，将创建一个新的）；二是按 Ctrl+Enter 键，这将仅运行当前单元格的代码，光标不会移动；三是点击 Jupyter 工具栏中的运行按钮，这与 Shift+Enter 的效果相同。

在代码运行完毕后，代码单元格下方会显示代码的输出。这可以是 Python 表达式的结果，或者是你在代码中打印出的任何内容，甚至可以是绘制的图形。如果代码运行出现错误，错误信息也会在此处显示。

除了编写代码，我们还可以在单元格中插入注释。在 Python 中，你可以使用井号（#）来添加注释。这对于解释代码段的作用以及记录你的思路非常有帮助，尤其是当你回过头来查看或者修改代码时。

（四）添加文本和说明

Jupyter Notebook 不仅支持代码单元格，还支持 Markdown 单元格，我们可以在其中编写文本、添加标题、制作列表、甚至插入图像和链接，非常适合创建富文本的文档和教程。图 6-20 为添加 Markdown 单元格图示。

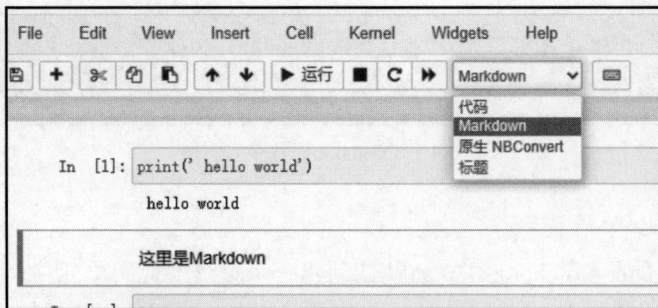

图 6-20　添加 Markdown 单元格图示

（五）保存和导出Notebook

当我们完成了 Jupyter Notebook 中的代码编写和数据分析后，就需要保存当前的工作以便未来的引用和再利用。Jupyter Notebook 提供了一种直接的保存方法：只需点击工具栏中的 Save 按钮（通常显示为一个磁盘图标），即可把所有代码、文本和输出保存在当前的 Notebook 文件中。

有时我们需要将 Notebook 导出为多种不同的格式，例如 HTML、PDF 以及 Python 脚本等。此时，我们只需要在 Jupyter Notebook 的主菜单中选择 File，然后在下拉菜单中选择 Download as。这将打开一个子菜单，列出所有可用的导出格式。点击需要导出的格式，Jupyter 将自动在选择路径下载一个该格式的文件。图 6-21 所示为导出 Notebook 图示。

注意，有些导出选项可能需要安装额外的软件或库。例如，导出为 PDF 通常需要安装 LaTeX。

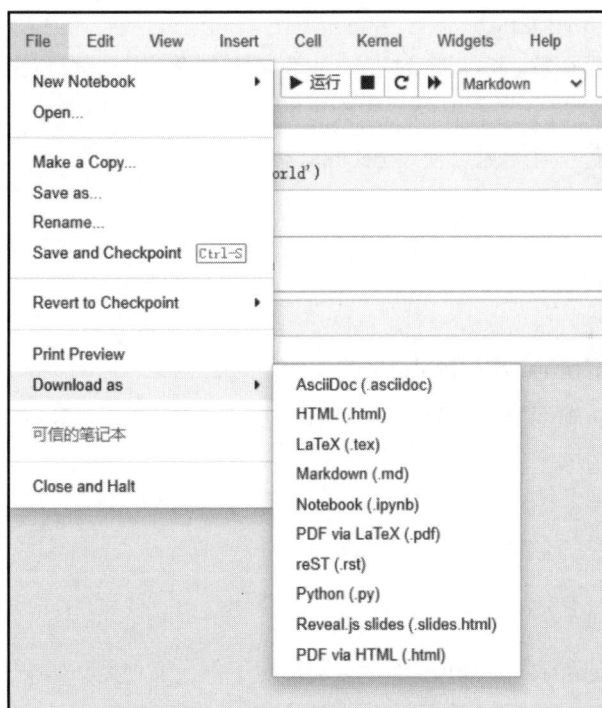

图 6-21　导出 Notebook 图示

第二节　基 本 数 据 类 型

Python 是一种强大的编程语言，它支持多种数据类型。Python 中的每种数据类型都有其特定的存储模型和操作方法。例如，列表和字典可以存储多个元素，但它们的存储方式和访问方式有所不同。了解这些差异可以帮助读者选择正确的数据类型来解决特定的问题。

在本节中，我们将详细介绍每种数据类型的特点及使用方法。

一、数值类型

Python 中的数值类型包括整型、浮点型和复数，下面是对这 3 种类型的详细介绍：

（一）整型（Integers）

整型用于表示整数。在 Python 中，可以直接输入一个数字来创建一个整数。整型在 Python 3.x 版本中没有明确的大小限制，其大小受限于可用内存的大小。这意味着只要计算机的内存允许，就能在 Python 中创建非常大的整数。

```
num = 123
# 可以使用 type () 函数检查变量的类型
print(type(num))
# <class 'int'>
```

（二）浮点型（Floats）

浮点型用于表示小数。可以通过在一个数字中包含一个小数点来创建一个浮点数。浮点数在 Python 中的精度是有限的，在大多数系统中，浮点数的精度大约是 15 位小数。如果需要更高的精度，可能需要使用 decimal 模块或者第三方库。

```
f = 1.23
# 可以使用 type () 函数检查变量的类型
print(type(f))
# <class 'float'>
```

（三）复数（Complex Numbers）

复数是由实部和虚部组成的数字。可以使用 j 来创建一个复数。复数的实部和虚部都是浮点型，因此其精度受到同样的限制。

```
c = 1+2j
# 可以使用 type () 函数检查变量的类型
print(type(c))
# <class 'complex'>
```

总的来说，Python 的数值类型在绝大多数情况下都足够使用。如果需要处理特别大的数或者需要特别高的精度，就需要使用专门设计的库（如 numpy，scipy 或者 decimal 等）。

在实际编程中可以根据需要选择合适的数值类型，并灵活运用 Python 提供的数学函数。

二、布尔类型

在 Python 中，布尔（Boolean）类型有 2 个值：True 和 False，分别代表逻辑的真和假。创建布尔值的办法一般有以下几种：

（一）直接创建布尔值

可以直接给一个变量赋值为 True 或 False 来创建一个布尔值：

```
is_true = True
is_false = False
```

（二）比较操作创建布尔值

也可以通过比较操作或者一些返回逻辑值的函数或方法来创建布尔值：

```
is_greater = 5 > 3   # 返回 True
is_equal = 2 == 3    # 返回 False
```

（三）布尔运算创建布尔值

布尔类型支持逻辑运算：and，or 和 not：

```
True and False  # 返回 False
True or False   # 返回 True
not True        # 返回 False
```

（四）类型转换创建布尔值

可以使用 bool()函数将其他类型的值转换为布尔值。一般来说，以下情况会被转换为 False，见图 6-22。

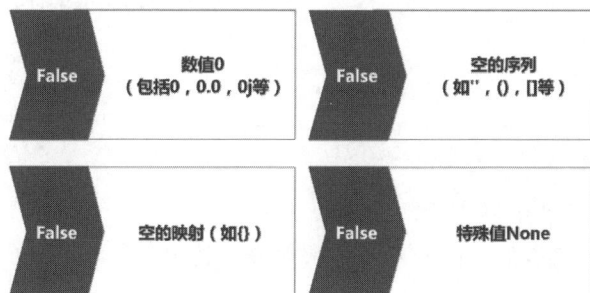

图 6-22　会被转换为 False 的类型

其他值通常会被转换为 True。

```
bool(0)        # 返回 False
bool(1)        # 返回 True
bool('')       # 返回 False
bool('Hello')  # 返回 True
```

布尔类型常常用于条件语句和循环中，例如 if 语句，while 循环等。

三、字符串类型

Python 中的字符串是一种不可变的序列数据类型，它由零个或多个字符组成。一旦创建了字符串，就不能更改其内容，但可以基于原有的字符串创建新的字符串。

（一）创建字符串

创建字符串的方式很简单，只需要将字符或字符序列包裹在单引号或双引号中即可。

```
s = 'Hello, World!'
```

（二）访问字符串中的字符（查询）

可以使用索引和切片来访问字符串中的字符。索引操作[]可以获取字符串中的一个字符，切片操作[:]可以获取字符串中的一个子串。

```
s = 'Hello, World!'
print(s[0])      # 输出 'H'
print(s[7:12])   # 输出 'World'
```

（三）更改字符串（实际上是创建新的字符串）

由于字符串是不可变的，因此不能直接更改字符串中的字符。但可以通过字符串连接和切片来创建新的字符串：

```
s = 'Hello, World!'
s = 'J' + s[1:]   # 创建新的字符串 'Jello, World!'
print(s)          # 输出 'Jello, World!'
```

（四）增加字符串内容

增加字符串内容实际上也是创建了一个新的字符串。可以使用 + 操作符来连接 2 个字符串：

```
s = 'Hello'
s = s + ', World!'   # 创建新的字符串 'Hello, World!'
print(s).            # 输出 'Hello, World!'
```

（五）删除字符串中的内容

由于字符串是不可变的，因此不能直接删除字符串中的字符。但可以通过切片操作来创建一个新的字符串，这个新的字符串不包含原字符串中的一部分内容：

```
s = 'Hello, World!'
s = s[:5]   # 创建新的字符串 'Hello'
print(s)    # 输出 'Hello'
```

总的来说，虽然 Python 的字符串是不可变的，但可以通过创建新的字符串来模拟对字符串的增、删、改操作。

四、列表类型

Python 的列表（List）是一种有序的集合，可以包含任意类型的对象（如数字、字符串、其他列表等），并且可以进行增删改查等操作。

（一）创建列表

创建列表的方式是将元素放在方括号[]中，并用逗号，隔开。例如：

```
lst = [1, 'a', [2, 3]]
```

这个列表包含了 3 个元素：一个整数 1，一个字符串'a'，和另一个列表[2, 3]。

（二）访问列表中的元素（查询）

可以使用索引和切片来访问列表中的元素。索引操作[]可以获取列表中的一个元素，切片操作[:]可以获取列表中的一部分元素：

```
lst = [1, 'a', [2, 3]]
print(lst[0])    # 输出 1
print(lst[2])    # 输出 [2, 3]
print(lst[1:3])    # 输出 ['a', [2, 3]]
```

（三）更改列表中的元素

由于列表是可变的，因此可以直接更改列表中的元素：

```
lst = [1, 'a', [2, 3]]
lst[1] = 'b'    # 更改元素
print(lst)    # 输出 [1, 'b', [2, 3]]
```

（四）添加元素到列表

可以使用 append()方法或 + 操作符来添加元素到列表：

```
lst = [1, 'a', [2, 3]]
lst.append('new')    # 添加元素到列表末尾
print(lst)    # 输出 [1, 'a', [2, 3], 'new']
lst = lst + [4, 5]    # 添加多个元素到列表
print(lst)    # 输出 [1, 'a', [2, 3], 'new', 4, 5]
```

（五）删除列表中的元素

可以使用 del 语句或 remove()方法来删除列表中的元素：

```
lst = [1, 'a', [2, 3], 'new', 4, 5]
del lst[1]    # 删除元素
print(lst)    # 输出 [1, [2, 3], 'new', 4, 5]
lst.remove('new')    # 删除元素
print(lst)    # 输出 [1, [2, 3], 4, 5]
```

请注意，remove()方法会删除列表中第一个匹配的元素，如果列表中没有该元素，将引发一个 ValueError。

五、元组类型

Python 的元组（Tuple）是一种有序的、不可变的序列数据类型。一旦创建了元组，就不能修改其内容。

（一）创建元组

创建元组的方式是将元素放在圆括号()中，并用逗号隔开。例如：

```
t = (1, 'a', [2, 3])
```

这个元组包含了 3 个元素：一个整数 1，一个字符串'a'，和另一个列表[2, 3]。

（二）访问元组中的元素（查询）

与列表类型相同，可以使用索引和切片来访问元组中的元素。索引操作[]可以获取元组中的一个元素，切片操作[:]可以获取元组中的一部分元素：

```
t = (1, 'a', [2, 3])
print(t[0])    # 输出 1
print(t[2])    # 输出 [2, 3]
print(t[1:3])  # 输出 ('a', [2, 3])
```

（三）不能更改元组中的元素

由于元组是不可变的，因此不能更改元组中的元素。如果试图更改元组中的元素，Python 将会引发一个 TypeError。

（四）为什么需要元组

你可能会问，既然元组和列表很相似，而且列表还可以修改，为什么还需要元组呢？

这是因为在某些情况下，我们希望确保数据不会被修改。例如，如果我们有一个函数，这个函数接收一个序列作为参数，并可能会尝试修改这个序列，那么我们可以传递一个元组来保证数据的安全。此外，元组通常比列表更占用空间小，如果有一个很大的不可变序列，使用元组可能更有效率。

六、字典类型

Python 的主要映射类型是字典（Dictionary）。字典是由键-值对（key-value pair）组成的无序集合，每个键到值的映射是唯一的。可以使用花括号{}并用冒号：分隔键和值来创建一个字典。例如：

```
d = {'name': 'John', 'age': 30, 'city': 'New York'}
```

在字典中，可以使用方括号 [] 和键来访问对应的值。例如，d['name'] 将返回 'John'。也可以使用 keys()、values() 和 items() 方法来获取字典的键、值和键值对。例如：

```
print(d.keys())    # 返回 ['name', 'age', 'city']
print(d.values())  # 返回 ['John', 30, 'New York']
print(d.items())   # 返回 [('name', 'John'), ('age', 30), ('city', 'New York')]
```

字典是可变的，可以添加、删除和更改键值对。Python 字典是可变的，可以添加、删除和更改键值对。以下是一些示例。

（一）添加键值对

可以通过赋值语句添加新的键值对。如果键不存在于字典中，将添加新的键值对。例如：

```
d = {'name': 'John', 'age': 30}
d['city'] = 'New York'  # 添加新的键值对
print(d)  # 输出 {'name': 'John', 'age': 30, 'city': 'New York'}
```

（二）更改键值对

可以通过赋值语句更改键值对。如果键存在于字典中，将更新对应的值。例如：

```
d = {'name': 'John', 'age': 30}
d['age'] = 31  # 更新键值对
print(d)  # 输出 {'name': 'John', 'age': 31}
```

（三）删除键值对

可以使用 del 语句或 pop() 方法删除键值对。

```
d = {'name': 'John', 'age': 30, 'city': 'New York'}
del d['city']  # 删除键值对
print(d)  # 输出 {'name': 'John', 'age': 30}
d.pop('age')  # 删除键值对并返回对应的值
print(d)  # 输出 {'name': 'John'}
```

注意：pop() 方法会返回被删除的值，如果键不存在，它将引发一个 KeyError，除非提供了一个默认值作为第二个参数。

注意：从 Python 3.7 开始，字典保持插入顺序，这意味着当遍历字典的键或值时，它们将按照插入的顺序返回。在 Python 3.6 及更早版本中，字典是无序的。

七、集合类型

Python 的集合（Set）是一种无序的、元素唯一的数据类型。集合在处理大量数据时，特别是在进行成员资格测试和删除重复元素时非常有用。

（一）创建集合

创建集合的方式是将元素放在大括号{}中，并用逗号，隔开。例如：

```
s = {1, 'a', 2}
```

这个集合包含了 3 个元素：一个整数 1，一个字符串'a'，和另一个整数 2。

注意：不能在集合中包含可变的元素，如列表或字典。

需要使用 set()函数创建一个空集合，而不能使用空的大括号{}，因为空的大括号{}会创建一个空字典，而不是集合。

```
s = set()
```

（二）访问集合中的元素

由于集合是无序的，因此不能通过索引或切片来访问集合中的元素。但可以使用循环来遍历集合中的元素，或者使用 in 关键字来检查一个元素是否在集合中：

```
s = {1, 'a', 2}
for elem in s:
print(elem)
# 输出:
#  1
```

```
#  2
#  a,
#  new
# 检查元素是否在集合中
if 'a' in s:
print("'a' is in the set")
# 输出: 'a' is in the set
```

（三）添加元素到集合

可以使用 add()方法来添加元素到集合：

```
s = {1, 'a', 2}
s.add('new')   # 添加元素到集合
print(s)          # 输出 {1, 2, 'a', 'new'}
```

（四）删除集合中的元素

可以使用 remove()或 discard()方法来删除集合中的元素：

```
s = {1, 'a', 2, 'new'}
s.remove('new')           # 删除元素
print(s)                  # 输出 {1, 2, 'a'}

# 如果元素不存在，remove() 方法会引发一个 KeyError
s.remove('nonexistent')   # 引发 KeyError

# discard() 方法在元素不存在时不会引发错误
s.discard('nonexistent')  # 不做任何事情
```

（五）集合的并集、交集、差集

Python 的集合数据类型提供了多种方法来执行基本的集合操作，如并集、交集、差集和补集等。这些操作可以通过方法调用或者运算符进行。

（1）并集：并集操作将 2 个集合中的元素合并在一起，删除重复的元素。可以使用 union()方法或 | 运算符：

```
a = {1, 2, 3}
b = {3, 4, 5}
print(a.union(b))  # 输出 {1, 2, 3, 4, 5}
print(a | b)       # 输出 {1, 2, 3, 4, 5}
```

（2）交集：交集操作返回 2 个集合都包含的元素。可以使用 intersection()方法或 & 运算符：

```
a = {1, 2, 3}
b = {3, 4, 5}
print(a.intersection(b))  # 输出 {3}
print(a & b)              # 输出 {3}
```

（3）差集：差集操作返回第一个集合中存在但第二个集合中不存在的元素。可以使用 difference()方法或-运算符：

```
a = {1, 2, 3}
b = {3, 4, 5}
print(a.difference(b))    # 输出 {1, 2}
print(a - b)              # 输出 {1, 2}
```

（4）对称差集：对称差集操作返回在 2 个集合中只出现一次的元素（也就是说，返回的集合包含的元素在这 2 个集合中只出现一次，不包括在 2 个集合中都出现的元素）。可以使用 symmetric_difference()方法或^运算符：

```
a = {1, 2, 3}
b = {3, 4, 5}
print(a.symmetric_difference(b))   # 输出 {1, 2, 4, 5}
print(a ^ b)                        # 输出 {1, 2, 4, 5}
```

以上就是 Python 集合的常见运算。这些运算也可以用于更复杂的集合操作，比如可以使用并集和差集操作来找出在一个集合中但不在其他集合中的元素。

同时需要注意，这些操作都不会改变原有的集合，而是返回一个新的集合。如果想在原地修改集合，可以使用相应的就地方法，如 update()（并集）、intersection_update()（交集）、difference_update()（差集）和 symmetric_difference_update()（对称差集）。例如：

```
a = {1, 2, 3}
b = {3, 4, 5}
a.update(b)
print(a)  # 输出 {1, 2, 3, 4, 5}，a 已经被修改
```

八、强制类型转换

在 Python 中，你可以使用内置的函数来对数据进行强制类型转换，即将数据从一种类型转换为另一种类型。以下是一些常用的强制类型转换函数。

（1）int()

将一个值转换为整数。如果值是一个浮点数，它将被向下取整。如果值是一个字符串，它必须包含一个整数的文字表示，否则会引发 ValueError。

```
print(int(3.14))   # 输出：3
print(int('10'))   # 输出：10
```

（2）float()

将一个值转换为浮点数。如果值是一个字符串，它必须包含一个整数或浮点数的文字表示，否则会引发 ValueError。

```
print(float(3))        # 输出：3.0
print(float('3.14'))   # 输出：3.14
```

（3）str()

将一个值转换为字符串。

```
print(str(10))      # 输出：'10'
```

```
print(str(3.14))    # 输出: '3.14'
```

（4）bool()

将一个值转换为布尔值。在 Python 中，0、None、空字符串、空列表、空字典等都被视为"假"，其他所有值都被视为"真"。

```
print(bool(0))          # 输出: False
print(bool(1))          # 输出: True
print(bool(''))         # 输出: False
print(bool('Hello'))    # 输出: True
```

（5）list()，tuple()，set() 和 dict()

这些函数可以将其他类型的序列或集合转换为列表、元组、集合和字典。

```
print(list('Hello'))                       # 输出: ['H', 'e', 'l', 'l', 'o']
print(tuple([1, 2, 3]))                     # 输出: (1, 2, 3)
print(set([1, 2, 2, 3, 3, 3])).            # 输出: {1, 2, 3}
print(dict([(1, 'one'), (2, 'two')]))      # 输出: {1: 'one', 2: 'two'}
```

注意，虽然类型转换在许多情况下都是有用的，但并不是所有的类型转换都是合理的。例如，将字符串 'Hello' 转换为整数就没有意义，并且会引发错误。因此，在进行类型转换时要确保操作是有意义的。

九、自定义类型

在 Python 中，自定义类型通常是通过定义类（Class）来实现的。类是创建新对象（实例）的蓝图，它定义了这些对象的属性和方法。

以下是一个简单的创建类的例子：

```
class MyClass:
    def __init__(self, name, age):
        self.name = name
        self.age = age
    def greet(self):
        print(f"Hello, my name is {self.name} and I'm {self.age} years
    old.")
```

在这个例子中，MyClass 是我们自定义的类型。它有 2 个属性：name 和 age，以及一个方法：greet。

__init__ 方法是一个特殊的方法，被称为类的构造方法。当我们创建类的新实例时，这个方法会被自动调用。在这个方法中，我们通常会初始化类的属性。

我们可以这样创建 MyClass 的实例并调用其方法：

```
# 创建 MyClass 的实例
mc = MyClass("Alice", 25)

# 调用 greet 方法
```

```
mc.greet()   # 输出 "Hello, my name is Alice and I'm 25 years old."
```

通过定义类，我们可以创建具有任意行为和复杂性的自定义类型。这是 Python 编程的一个重要部分，特别是面向对象编程。

十、文件类型

在 Python 中，文件是一种存储在磁盘上的数据类型，可以用于读取、写入和管理数据。Python 中的 open()函数用于打开文件，并返回一个文件对象。通过这个文件对象，你可以读取文件的内容，或者向文件中写入数据。

以下是一些基本的文件操作。

（一）打开文件

可以使用 open()函数来打开文件。例如：

```
f = open('myfile.txt', 'r')
# 'r'：只读模式（默认）。
# 'w'：写入模式。如果文件不存在，创建新文件。如果文件存在，清空文件内容。
# 'a'：追加模式。如果文件不存在，创建新文件。如果文件存在，在文件末尾追加内容。
# 'x'：创建模式。如果文件不存在，创建新文件。如果文件存在，引发错误。
# 'b'：二进制模式。
# 't'：文本模式（默认）。
```

这个函数接受 2 个参数：文件名和模式。

第一个参数是文件的名称（如果文件不在当前目录下需要包括路径）。

第二个参数是文件打开模式。当这个参数是 'r'时意味着文件以只读模式打开。只读模式（'r'）是默认模式。当以只读模式打开文件时，我们只能读取文件内容，不能进行写入操作。如果试图写入，Python 会抛出异常。

如果文件不存在，使用 'r' 或 'r+' 模式打开文件会引发一个 FileNotFoundError 的错误。如果希望在文件不存在时创建新文件，可以使用 'w'（写入模式）或 'a'（追加模式）来打开文件。如果文件已经存在， 'w' 模式会清空原有内容，而 'a' 模式则会保留原有内容，在文件末尾追加新内容。

（二）读取文件

read()和 readline()都是文件对象的方法，用于从文件中读取数据。

（1）read 方法：read()方法是用来读取文件内容的。如果不带参数调用，它会读取整个文件的内容，将内容作为一个字符串返回。

```
f = open('myfile.txt', 'r')
data = f.read()
f.close()
print(data)
```

也可以给 read()方法提供一个参数，用来指定要读取的字符数量。例如，f.read(10)会读取前 10 个字符。

如果文件很大，一次读取整个文件可能会消耗大量内存。在这种情况下，可以一次读取一小部分文件，例如：

```
f = open('bigfile.txt', 'r')
while True:
    data = f.read(1024)
    if not data:  # 如果没有更多的数据，跳出循环
        break
    # 处理数据...
f.close()
```

（2）readline 方法：readline()方法用来一次读取一行。这个方法会返回一行的内容，包括行尾的换行符。

```
f = open('myfile.txt', 'r')
line = f.readline()
f.close()
print(line)
```

可以在循环中使用 readline()方法来读取文件的所有行，例如：

```
f = open('myfile.txt', 'r')
while True:
    line = f.readline()
    if not line:            # 如果没有更多的行，跳出循环
        break
    print(line, end='')   # 打印行，不添加额外的换行符
f.close()
```

注意，如果文件很大，read()方法可能会消耗大量内存，而 readline()方法则可以一次只读取一行，这对于处理大文件非常有用。

（三）写入文件

write() 是 Python 文件对象的一个方法，用于向文件中写入数据。

当我们打开一个文件用于写入（即以 'w'、'a' 或 'x' 模式打开）时，就可以使用 write() 方法。这个方法接收一个字符串作为参数，并将这个字符串写入文件。

```
f = open('myfile.txt', 'w')
f.write('Hello, world!')
f.close()
```

在这个例子中，字符串 'Hello, world!' 被写入到了文件 'myfile.txt' 中。需要注意的是，write() 方法不会在字符串后面添加换行符。因此，如果想要写入多行文本，需要在每行的末尾添加 '\n'。例如：

```
f = open('myfile.txt', 'w')
f.write('Hello, world!\n')
f.write('How are you today?\n')
f.close()
```

在这个例子中，2 行文本被写入到了文件中，每行后面都有一个换行符。

write() 方法返回写入的字符数。这可能对于检查是否所有的数据都被成功写入很有用。例如：

```
f = open('myfile.txt', 'w')
num_chars = f.write('Hello, world!')
f.close()
print(f'I wrote {num_chars} characters to the file.')
```

最后，记住在完成写入后，要使用 close() 方法关闭文件。如果你忘记关闭文件，可能会导致数据丢失。

（四）关闭文件

当完成文件操作后，应该使用 close()方法来关闭文件。这是因为打开的文件会占用操作系统的资源，并且根据操作系统的不同，同时可以打开的文件数量可能有限。

```
f = open('myfile.txt', 'r')
print(f.read())
f.close()   # 关闭文件
```

还有一种更安全的方式来打开和关闭文件，那就是使用 with 语句。这样可以确保文件在操作完成后被正确关闭，即使在处理文件时发生错误也是如此。

```
with open('myfile.txt', 'r') as f:
print(f.read())   # 文件在这行代码后会被自动关闭
```

以上就是 Python 中的基本文件操作。然而，Python 提供了更多读取文件的方法，这些方法将为我们处理不同类型的数据文件提供更大的灵活性和便利性——无论是读取大型数据库还是处理结构化数据，我们都能轻松地处理各种文件格式。在后续的学习中，我们将深入研究如何使用 pandas 库来优雅地处理数据文件。无论是 CSV 文件、Excel 文件还是 SQL 数据库，pandas 都能够提供简洁高效的解决方案，让我们能够更好地理解和分析数据。让我们继续学习，并探索 Python 中更多强大的文件读取和数据处理技巧吧！

第三节 运 算 符

一、算术运算符

在 Python 中，算术运算符用来执行常见的数学运算。以下是 Python 中的常用算术运算符。

（一）加法运算符（+）

加法运算符（+）用于将 2 个值相加。

```
print(5 + 3)   # 输出: 8
```

（二）减法运算符（-）

减法运算符（-）用于从一个值中减去另一个值。

```
print(5 - 3)  # 输出：2
```

（三）乘法运算符（*）

乘法运算符（*）用于将 2 个值相乘。

```
print(5 * 3)  # 输出：15
```

（四）除法运算符（/）

除法运算符（/）用于将一个值除以另一个值，得到的结果是浮点数。

```
print(5 / 2)  # 输出：2.5
```

（五）取模运算符（%）

取模运算符（%）用于返回除法的余数。

```
print(5 % 2)  # 输出：1
```

（六）整除运算符（//）

整除运算符（//）用于返回除法的商的整数部分。

```
print(5 // 2)  # 输出：2
```

（七）幂运算符（**）

幂运算符（**）用于计算一个值的乘方。

```
print(5 ** 2)  # 输出：25
```

这些运算符可以用于整数和浮点数。需要注意的是，除法运算符 / 总是返回一个浮点数，即使 2 个操作数都是整数，结果也是一个浮点数。如果想要得到整数除法的结果，可以使用整除运算符 //。

二、比较运算符

在 Python 中，比较运算符用于比较 2 个值。以下是 Python 中的常用比较运算符。

（一）等于（==）

检查 2 个操作数的值是否相等，如果相等返回 True，否则返回 False。

```
print(5 == 3)  # 输出：False
```

（二）不等于（!=）

检查 2 个操作数的值是否不相等，如果不相等返回 True，否则返回 False。也可以写为<>，但这种写法在 Python 3 中已被废弃。

```
print(5 != 3)  # 输出：True
```

（三）大于（＞）

检查左操作数的值是否大于右操作数的值，如果是返回 True，否则返回 False。

```
print(5 > 3)  # 输出：True
```

（四）小于（＜）

检查左操作数的值是否小于右操作数的值，如果是返回 True，否则返回 False。

```
print(5 < 3)  # 输出：False
```

（五）大于等于（＞=）

检查左操作数的值是否大于或等于右操作数的值，如果是返回 True，否则返回 False。

```
print(5 >= 3)  # 输出：True
```

（六）小于等于（＜=）

检查左操作数的值是否小于或等于右操作数的值，如果是返回 True，否则返回 False。

```
print(5 <= 3)  # 输出：False
```

比较运算符返回的结果是布尔值，即 True 或 False。可以使用这些结果来控制程序的流程，例如在 if 语句中。

需要注意的是：比较运算符可以用于所有类型的值，只要这 2 个值可以比较。比如，你可以比较 2 个整数、2 个字符串、2 个列表等等。不过，你不能比较没有意义的值，例如不能比较一个整数和一个字符串，如果试图这样做，Python 会引发错误。

三、逻辑运算符

在 Python 中，逻辑运算符主要用于布尔值（True 和 False）的运算，也可用于非布尔值的运算，这时会先将非布尔值转换为布尔值。以下是 Python 中的 3 种逻辑运算符：

（一）逻辑与（and）

如果 2 个操作数都为 True，结果为 True，否则为 False。

```
print(True and False)  # 输出：False
print(True and True)   # 输出：True
```

（二）逻辑或（or）

如果 2 个操作数之中至少有一个为 True，结果为 True，否则为 False。

```
print(True or False)  # 输出：True
print(False or False) # 输出：False
```

（三）逻辑非（not）

对操作数的真值进行取反。如果操作数为 True，结果为 False；如果操作数为 False，结果为 True。

```
print(not True)   # 输出：False
print(not False)  # 输出：True
```

当逻辑运算符用于非布尔值的运算时，Python 会先将非布尔值转换为布尔值。

四、复合赋值运算符

在 Python 中，复合赋值运算符是一种结合了数学运算和赋值运算的便捷方式。以下是 Python 中的常用复合赋值运算符：

（一）加法赋值（+=）

将右操作数加到左操作数，并将结果赋值给左操作数。例如：a += b 等价于 a = a + b

```
a = 5
a += 3    # 等价于 a = a + 3
print(a)  # 输出：8
```

（二）减法赋值（-=）

从左操作数减去右操作数，并将结果赋值给左操作数。例如：a -= b 等价于 a = a - b

```
a = 5
a -= 3    # 等价于 a = a - 3
print(a)  # 输出：2
```

（三）乘法赋值（*=）

将右操作数乘以左操作数，并将结果赋值给左操作数。例如：a *= b 等价于 a = a * b

```
a = 5
a *= 3    # 等价于 a = a * 3
print(a)  # 输出：15
```

（四）除法赋值（/=）

将左操作数除以右操作数，并将结果赋值给左操作数。例如：a /= b 等价于 a = a / b

```
a = 5
a /= 2    # 等价于 a = a / 2
print(a)  # 输出：2.5
```

（五）取模赋值（%=）

计算左操作数除以右操作数的余数，并将结果赋值给左操作数。例如：a %= b 等价于 a = a % b

```
a = 5
a %= 2    # 等价于 a = a % 2
print(a)  # 输出：1
```

（六）整除赋值（//=）

计算左操作数除以右操作数的商的整数部分，并将结果赋值给左操作数。例如：a //= b 等价于 a = a // b

```
a = 5
a //= 2    # 等价于 a = a // 2
print(a)  # 输出：2
```

（七）幂赋值（**=）

计算左操作数的右操作数次方，并将结果赋值给左操作数。例如：a **= b 等价于 a = a ** b

```
a = 5
a **= 2   # 等价于 a = a ** 2
print(a)  # 输出: 25
```

还有一些用于位运算的复合赋值运算符，如 &=（按位与赋值）、|=（按位或赋值）、^=（按位异或赋值）、<<=（左移赋值）和 >>=（右移赋值）。这些运算符在处理整数的位操作时会用到。例如：

```
a = 5   # 二进制表示为 101
b = 3   # 二进制表示为 011

a &= b    # 等价于 a = a & b
print(a)  # 输出: 1, 因为 101 & 011 = 001

a = 5     # 重新赋值，二进制表示为 101
a |= b    # 等价于 a = a | b
print(a)  # 输出: 7, 因为 101 | 011 = 111

a = 5     # 重新赋值，二进制表示为 101
a ^= b    # 等价于 a = a ^ b
print(a)  # 输出: 6, 因为 101 ^ 011 = 110

a = 5     # 重新赋值，二进制表示为 101
a <<= b   # 等价于 a = a << b
print(a)  # 输出: 40, 因为 101 << 3 = 101000

a = 5     # 重新赋值，二进制表示为 101
a >>= b   # 等价于 a = a >> b
print(a)  # 输出: 0, 因为 101 >> 3 = 0
```

总的来说，复合赋值运算符可以使代码更简洁，更易于理解和维护。但在使用时也要注意，复合赋值运算符会修改左操作数的值，如果左操作数在其他地方还有引用，可能会带来意想不到的副作用。

第四节　流　程　控　制

Python 的流程控制指的是根据一定的条件和规则，控制程序的执行流程。主要包括条件语句（if...elif...else），循环语句（for 和 while）以及流程控制语句（break，continue，pass）。

一、条件流程控制

条件语句（if...elif...else）即根据条件判断结果，选择性地执行一段代码。

```
x = 10
if x < 0:
    print("x is negative")
elif x == 0:
    print("x is zero")
else:
    print("x is positive")
```

二、循环流程控制

循环语句（for 和 while）即根据条件重复执行一段代码。

（一）for循环

用于遍历任何序列（如列表或字符串）的每个元素。

```
for i in range(5):
    print(i) # 输出：0, 1, 2, 3, 4
```

（二）while循环

当条件为真时，执行一段代码，并在每次执行后再次检查条件。

```
i = 0
while i < 5:
    print(i)
    i += 1
# 输出：0, 1, 2, 3, 4
```

（三）break

用于中断当前最深层的循环，跳出该循环。

```
for i in range(5):
    if i == 3:
        break
    print(i)
# 输出：0, 1, 2
```

（四）continue

用于跳过当前循环的剩余语句，然后进行下一轮循环。

```
for i in range(5):
    if i == 3:
        continue
    print(i)  # 输出：0, 1, 2, 4
```

（五）pass

用于编写语法上需要有些语句的地方，但实际上什么也不做。

```
if x < 0:
    pass  # 当 x 小于 0 时什么也不做
```

流程控制是任何编程语言的基础，理解和熟练掌握这些概念，对于编写有效的 Python 程序至关重要。

第五节 函 数

一、函数的定义

在 Python 中，函数是组织好的、可重复使用的、用来实现单一，或相关联功能的代码段。它们提供了一种方法把要执行的语句组织为程序的一个独立部分，让代码结构更清晰，更易理解。

函数在编程中有多种作用，主要包括以下几点。

（一）代码重用

如果有一部分代码需要在程序的多个地方使用，那么可以把这些代码封装在一个函数中，然后在需要的地方调用这个函数。这样可以避免重复编写相同的代码。

（二）模块化设计

函数使我们能够将复杂的问题分解为一系列更小的、更易于管理的部分（或者称为模块）。每个函数代表了程序中的一个独立模块，负责完成一个特定的任务。

（三）提高代码的可读性和清晰度

使用函数可以使代码更易于阅读和理解。每个函数都有一个名字，这个名字通常可以反映出函数的功能。通过查看函数名可以大致了解代码的功能，而不必深入到具体的代码实现中。

（四）隐藏实现细节

函数封装了一些细节，用户只需要知道函数的作用，不需要知道函数内部是如何实现的。

（五）方便调试和维护

当程序出现问题时，函数可以帮助我们定位问题的来源。我们可以逐个检查函数，看看哪个函数的结果不符合预期。同样，如果需要修改程序的某个部分，我们通常只需要修改一个或少数几个函数。

以上就是函数在编程中的主要作用。通过合理使用函数，可以极大提高编程的效率和代码的质量。

二、函数的写法

Python 提供了很多内建函数，比如 print()、input()等，也可以自定义函数来执行特定功能。这里是 Python 函数的基本语法。

```
def function_name(parameters):
    """docstring"""
    # function body
    return value
```

- def：是一个关键字，表示这是一个函数定义。

- function_name：是函数的名称，用来标识这个函数。函数名后面的圆括号包含了函数的参数。

- parameters（可选）：是函数的输入，你可以在这里定义任意数量的输入参数。当调用函数时，这些参数是用来传递和接收数据的。

- docstring（可选）：是用来描述函数是做什么的，它是函数体的一部分，写在函数内部的第一行，可以通过 function_name.__doc__ 来获取。

- function body：是函数的主体，包含了实现功能的语句。

- return（可选）：是函数返回的值。一旦函数执行到 return 语句，函数的执行就会立即停止，并返回结果给调用者。如果没有 return 语句，函数将自动返回 None。

以下是一个简单的函数示例：

```
def greet(name):
    """该函数用于向参数中获取到的名字输出欢迎语句"""
    print("你好，" + name + "！")
```

函数的定义只是一部分，要让函数执行特定的任务，需要调用它。函数的调用使用函数名后跟括号，并在括号中传入任何必要的参数。如果函数没有参数，仍然需要使用空括号 () 来调用函数。让我们扩展之前的 greet 函数，使其能返回一个问候语句，而不是直接打印。

```
def greet(name):
    """该函数用于向参数中获取到的名字输出欢迎语句"""
    return "你好，" + name + "！"

# 调用函数，并接收返回的问候语
message = greet('张三')
print(message)  # 输出：你好，张三！
```

三、参数与返回值

除了基础的定义和调用外，Python 的函数还有很多其他的特性，例如：

（一）位置参数

这是最常见的参数类型，参数的值是按照函数定义时的位置来传递的。例如，在函数 func(a, b)中，a 和 b 就是位置参数。如果我们调用 func(1, 2)，那么 a 就会被赋值为 1，b 会被赋值为 2。位置参数必须按照正确的顺序进行传递。

```
def greet(name):
    """该函数用于向参数中获取到的名字输出欢迎语句"""
    return "你好，" + name + "！"

print(greet('张三'))   # 输出：你好，张三！
```

（二）默认参数值

允许在定义函数时设置参数的默认值，如果在调用函数时没有提供参数的值，就会使用默认值。默认参数是在函数定义时赋予默认值的参数。例如，在函数 func(a, b=2)中，b 就是默认参数。如果我们调用 func(1)，那么 a 会被赋值为 1，而 b 将使用默认值 2。我们也可以通过 func(1, 3)的方式显式地给 b 赋值。

```
def greet(name='张三'):
    """该函数用于向参数中获取到的名字输出欢迎语句"""
    return "你好，" + name + "！"

print(greet())   # 输出：你好，张三！
```

（三）关键字参数

允许在调用函数时通过关键字-值的方式指定参数的值，这样就不必考虑参数的顺序。关键字参数允许你在调用函数时指定参数的名称，因此参数的顺序并不重要。继续上面的例子，我们可以通过 func(b=2, a=1) 的方式调用函数。这样即使参数的顺序和函数定义时不同，Python 也能正确地将 2 赋值给 b，1 赋值给 a。

```
def greet(name,job):
    """该函数用于向参数中获取到的名字及职务输出欢迎语句"""
    return "你好，"+ job + name + "！"

print(greet('张三', '总经理'))   # 输出：你好，总经理张三！
```

（四）可变数量的参数

如果预先不知道函数需要接收多少个参数，可以使用*args（用于非关键字参数）和**kwargs（用于关键字参数）。这对于编写接受可变数量输入的函数，例如求和函数，非常有用。

```
def greet(*names):
    """该函数用于向参数中获取到的名字输出欢迎语句"""
        print("你好" )
        for name in names:
    print("，" + name)
        print("！" )
```

```
greet('张三', '李四', '王五')    # 输出：你好，张三，李四，王五！
```

需要注意的是，函数参数的优先级顺序为：位置参数 ＞ 默认参数 ＞ 可变位置参数 ＞ 可变关键字参数。这种优先级顺序同时也是在定义函数时，各种类型参数的规定出现顺序。例如：

```python
def func(a, b=2, *args, **kwargs):
    pass
```

在这个函数定义中，a 是位置参数，b 是默认参数，args 是可变位置参数，kwargs 是可变关键字参数。在调用这个函数时，可以传递任意数量的位置参数和/或关键字参数。尽管这里列出了 4 种参数的优先级和顺序，但在实际编程中，需要根据特定的需求来选择使用哪种参数类型。

（五）返回值

函数可以返回一个值，也可以返回一个元组（用于返回多个值），还可以返回一个字典（用于返回多个有名称的值）。

```python
def build_person(name, job):
    """该函数用于创建一个字典，将人员的姓名和职务封装起来"""
    person = {'姓名': name, ' 职务': job }
    return person

dict = build_person('张三', '总经理')
print(dict)  # 输出：{姓名: 张三, 职务: 总经理 }
```

这只是 Python 函数的一部分特性，函数的使用是非常灵活的，可以根据你的需要进行各种定制。

四、全局变量与局部变量

在 Python 中，变量的可见性或范围（即变量可以在哪里被访问）由它在代码中的位置决定。主要有 2 种类型的变量：全局变量和局部变量。

（一）全局变量（Global Variables）

全局变量在函数外部定义，并且在整个程序中都可以访问。它们的主要用途是在多个函数之间共享数据。

```python
x = 10  # 这是一个全局变量

def func():
    print(x)  # 在函数内部可以访问全局变量

func()  # 输出：10
```

要在函数内部修改全局变量，需要使用 global 关键字。

```
x = 10   # 这是一个全局变量

def func():
    global x   # 告诉 Python 我们要在这个函数内部修改全局变量 x
    x = 20

func()
print(x)   # 输出：20，全局变量 x 的值已经被修改
```

（二）局部变量（Local Variables）

局部变量在函数内部定义，只能在该函数内部访问。当函数执行完成后，局部变量就会被销毁。

```
def func():
    y = 10     # 这是一个局部变量
    print(y)   # 在函数内部可以访问局部变量

func()   # 输出：10
print(y)   # 错误：NameError，因为在函数外部无法访问局部变量
```

注意：如果局部变量和全局变量的名称相同，那么在函数内部，局部变量会覆盖全局变量。

```
x = 10   # 这是一个全局变量

def func():
    x = 20     # 这是一个局部变量，它的名字和全局变量相同
    print(x)   # 在函数内部，局部变量 x 覆盖了全局变量 x

func()   # 输出：20
print(x)   # 输出：10，全局变量 x 的值并没有改变
```

总的来说，为了保持代码的清晰和可维护性，建议尽量减少全局变量的使用，尽可能地使用局部变量。

五、匿名函数

在 Python 中，匿名函数也被称为 lambda 函数。这是因为它们是使用 lambda 关键字定义的，而不是使用 def 关键字。匿名函数可以接受任意数量的参数，但只能有一个表达式。它们在需要一个小函数的地方非常有用，比如在函数的参数中，或者在数据结构中。

下面是一个匿名函数的例子：

```
add = lambda x, y: x + y
print(add(5, 3))   # 输出：8
```

在这个例子中，add 是一个函数，它接受 2 个参数 x 和 y，并返回它们的和。我们可以看到，匿名函数的定义非常简洁，只需要一行代码。

然而，尽管匿名函数在某些情况下很有用，但是它们也有一些限制。最重要的限制是它们只能有一个表达式，这意味着不能在匿名函数中写复杂的逻辑。此外，由于匿名函数没有名称，因此它们可能会使代码更难理解和调试。应谨慎地使用匿名函数，只在需要小函数，并且函数的逻辑非常简单的情况下使用它们。

第六节 模　　块

在 Python 中，模块是一个包含 Python 定义和语句的文件。文件名就是模块名，后缀 .py 是 Python 文件的标准扩展名。

模块可以定义函数、类和变量，也可以包含可执行的代码。Python 的模块机制使得可以在多个文件中组织代码，以便在其他程序中重用代码，或者将代码逻辑分解为更小、更易于管理的部分。

（一）导入模块

可以使用 import 语句来导入模块。例如，下面的代码导入了内置的 math 模块，然后使用了 math 模块中定义的 sqrt 函数：

```
import math

print(math.sqrt(16))  # 输出：4.0
```

（二）从模块中导入特定的部分

也可以使用 from ... import ... 语句来从模块中导入特定的部分，例如一个函数或者一个变量。例如：

```
from math import sqrt

print(sqrt(16))  # 输出：4.0
```

（三）给模块起别名

可以使用 as 关键字来给导入的模块起一个别名。这在模块名太长或者与其他模块名冲突时很有用。例如：

```
import math as m

print(m.sqrt(16))  # 输出：4.0
```

（四）Python 标准库

Python 附带了一个广泛的标准库，包含了许多用于文件 I/O、系统调用、套接字、以及其他任务的模块。

（五）自定义模块

用户可以创建自己的模块。创建一个模块就像写一个 Python 程序一样。一个模块可以被另一个程序导入，以使用该模块中的函数、类、或者变量。你的模块可以包含任何你想要的 Python 对象，或者执行任何你想要的初始化代码。

例如，创建一个叫做 greetings.py 的文件，然后在里面定义一个函数：

```
# greetings.py
def hello(name):
    print("Hello, " + name)
```

然后，你可以在另一个 Python 程序中导入并使用这个模块：

```
import greetings

greetings.hello("Alice")
```

这会打印出 "Hello, Alice"。

第七节　re 正 则 表 达 式

一、re 模块的常见方法

Python 的 re 模块提供了正则表达式相关的操作。正则表达式是一个用于从文本中匹配和解析字符串的强大工具，通常用于字符串匹配、替换和分割。

典型的搜索和替换操作要求提供与预期的搜索结果匹配的确切文本。虽然这种技术对静态文本执行简单搜索和替换任务可能已经足够了，但它缺乏灵活性，若采用这种方法搜索动态文本，即使不是不可能，至少也会变得很困难。

但是通过使用正则表达式，我们可以实现：①测试字符串内的模式。例如，可以测试输入字符串，以查看字符串内是否出现电话号码模式或信用卡号码模式。这称为数据验证。②替换文本。可以使用正则表达式来识别文档中的特定文本，完全删除该文本或者用其他文本替换它。③基于模式匹配从字符串中提取子字符串，查找文档内或输入域内特定的文本。

例如，我们可能需要搜索整个网站，删除过时的材料，以及替换某些 HTML 格式标记。在这种情况下，可以使用正则表达式来确定在每个文件中是否出现该材料或该 HTML 格式标记。此过程将受影响的文件列表缩小到包含需要删除或更改的材料的那些文件。然后可以使用正则表达式来删除过时的材料。最后，可以使用正则表达式来搜索和替换标记。

下面是 re 模块的一些主要函数以及它们的使用方法。

（一）re.match(pattern, string)

这个函数尝试从字符串的开始位置匹配一个模式。如果不是起始位置匹配的话，match()就返回 none。

```
import re

result = re.match(r'Python', 'Python is fun')
print(result)
```

```
# 输出：<re.Match object; span=(0, 6), match='Python'>
```

（二）re.search(pattern, string)

这个函数搜索字符串，并返回第一个成功的匹配。

```
import re

result = re.search(r'fun', 'Python is fun')
print(result)
# 输出：<re.Match object; span=(10, 13), match='fun'>
```

（三）re.findall(pattern, string)

返回一个列表，包含所有符合模式的非重叠匹配字符串。

```
import re

result = re.findall(r'\d+', 'Hello 123456 789')
print(result)
# 输出：['123456', '789']
```

（四）re.split(pattern, string, maxsplit=0)

使用模式分割字符串，如果在模式中指定了 maxsplit，则最多分割 maxsplit 次。

```
import re

result = re.split(r'\s', 'Python is fun', maxsplit=1)
print(result)
# 输出：['Python', 'is fun']
```

（五）re.sub(pattern, repl, string, count=0)

使用 repl 替换所有在字符串中找到的模式，并返回替换后的字符串。

```
import re

result = re.sub(r'Python', 'Java', 'Python is fun')
print(result)
# 输出：'Java is fun'
```

（六）re.compile(pattern)

编译一个正则表达式模式，返回一个模式对象。这个对象有上面的所有方法，使用它可以避免重复编译同一个模式。

```
import re

pattern = re.compile(r'\d+')
result = pattern.findall('Hello 123456 789')
print(result)
# 输出：['123456', '789']
```

以上示例只是涉及了正则表达式的基本使用，实际上正则表达式本身的语法和技巧非常丰富，可以表达出各种复杂的匹配模式。

二、正则表达式元字符

正则表达式元字符如表 6-1 所示。

表 6-1　　　　　　　　　　　　　　　　正则表达式元字符

字符	描述
\	将下一个字符标记为一个特殊字符、或一个原义字符、或一个 向后引用、或一个八进制转义符。例如，'n' 匹配字符 "n"。'\n' 匹配一个换行符。序列 '\\' 匹配 "\" 而 "\(" 则匹配 "("
^	匹配输入字符串的开始位置。如果设置了 RegExp 对象的 Multiline 属性，^ 也匹配 '\n' 或 '\r' 之后的位置
$	匹配输入字符串的结束位置。如果设置了 RegExp 对象的 Multiline 属性，$ 也匹配 '\n' 或 '\r' 之前的位置
*	匹配前面的子表达式零次或多次。例如，zo* 能匹配 "z" 以及 "zoo"。* 等价于{0,}
+	匹配前面的子表达式一次或多次。例如，'zo+' 能匹配 "zo" 以及 "zoo"，但不能匹配 "z"。+ 等价于 {1,}
?	匹配前面的子表达式零次或一次。例如，"do(es)?" 可以匹配 "do" 或 "does" 。? 等价于 {0,1}
{n}	n 是一个非负整数。匹配确定的 n 次。例如，'o{2}' 不能匹配 "Bob" 中的 'o',但是能匹配 "food" 中的两个 o
{n,}	n 是一个非负整数。至少匹配n 次。例如，'o{2,}' 不能匹配 "Bob" 中的 'o',但能匹配 "foooood" 中的所有 o。'o{1,}' 等价于 'o+'。'o{0,}' 则等价于 'o*'
{n,m}	m 和 n 均为非负整数，其中n <=m。最少匹配 n 次且最多匹配 m 次。例如，"o{1,3}" 将匹配 "fooooood" 中的前 3 个 o。'o{0,1}' 等价于 'o?'。请注意在逗号和两个数之间不能有空格
?	当该字符紧跟在任何一个其他限制符 (*, +, ?, {n}, {n,}, {n,m}) 后面时，匹配模式是非贪婪的。非贪婪模式尽可能少的匹配所搜索的字符串，而默认的贪婪模式则尽可能多的匹配所搜索的字符串。例如，对于字符串 "oooo", 'o+?' 将匹配单个 "o"，而 'o+' 将匹配所有 'o'
.	匹配除换行符（\n、\r）之外的任何单个字符。要匹配包括 '\n' 在内的任何字符，请使用像"(.|\n)" 的模式
(pattern)	匹配 pattern 并获取这一匹配。所获取的匹配可以从产生的 Matches 集合得到，在 VBScript 中使用 SubMatches 集合，在 JScript 中则使用 $0…$9 属性。要匹配圆括号字符，请使用 '\(' 或 '\)'
(?:pattern)	匹配 pattern 但不获取匹配结果，也就是说这是一个非获取匹配，不进行存储供以后使用。这在使用 "或" 字符 (|) 来组合一个模式的各个部分是很有用。例如， 'industr(?:y|ies) 就是一个比 'industry|industries' 更简略的表达式
(?=pattern)	正向肯定预查（look ahead positive assert），在任何匹配 pattern 的字符串开始处匹配查找字符串。这是一个非获取匹配，也就是说，该匹配不需要获取供以后使用。例如，"Windows(?=95|98|NT|2000)" 能匹配"Windows2000"中的"Windows"，但不能匹配"Windows3.1"中的"Windows"。预查不消耗字符，也就是说，在一个匹配发生后，在最后一次匹配之后立即开始下一次匹配的搜索，而不是从包含预查的字符之后开始
(?!pattern)	正向否定预查(negative assert)，在任何不匹配 pattern 的字符串开始处匹配查找字符串。这是一个非获取匹配，也就是说，该匹配不需要获取供以后使用。例如"Windows(?!95|98|NT|2000)"能匹配"Windows3.1"中的"Windows"，但不能匹配"Windows2000"中的"Windows"。预查不消耗字符，也就是说，在一个匹配发生后，在最后一次匹配之后立即开始下一次匹配的搜索，而不是从包含预查的字符之后开始
(?<=pattern)	反向(look behind)肯定预查，与正向肯定预查类似，只是方向相反。例如，"(?<=95|98|NT|2000)Windows"能匹配"2000Windows"中的"Windows"，但不能匹配"3.1Windows"中的"Windows"

字符	描述
(?<!pattern)	反向否定预查，与正向否定预查类似，只是方向相反。例如"(?<!95|98|NT|2000)Windows" 能匹配"3.1Windows"中的"Windows"，但不能匹配"2000Windows"中的"Windows"
x|y	匹配 x 或 y。例如，'z|food' 能匹配 "z" 或 "food"。'(z|f)ood' 则匹配 "zood" 或 "food"
[xyz]	字符集合。匹配所包含的任意一个字符。例如， '[abc]' 可以匹配 "plain" 中的 'a'
[^xyz]	负值字符集合。匹配未包含的任意字符。例如， '[^abc]' 可以匹配 "plain" 中的'p'、'l'、'i'、'n'
[a-z]	字符范围。匹配指定范围内的任意字符。例如，'[a-z]' 可以匹配 'a' 到 'z' 范围内的任意小写字母字符
[^a-z]	负值字符范围。匹配任何不在指定范围内的任意字符。例如，'[^a-z]' 可以匹配任何不在 'a' 到 'z' 范围内的任意字符
\b	匹配一个单词边界，也就是指单词和空格间的位置。例如， 'er\b' 可以匹配"never" 中的 'er'，但不能匹配 "verb" 中的 'er'
\B	匹配非单词边界。'er\B' 能匹配 "verb" 中的 'er'，但不能匹配 "never" 中的 'er'
\cx	匹配由 x 指明的控制字符。例如，\cM 匹配一个 Control-M 或回车符。x 的值必须为 A-Z 或 a-z 之一。否则，将 c 视为一个原义的 'c' 字符
\d	匹配一个数字字符。等价于 [0-9]
\D	匹配一个非数字字符。等价于 [^0-9]
\f	匹配一个换页符。等价于 \x0c 和 \cL
\n	匹配一个换行符。等价于 \x0a 和 \cJ
\r	匹配一个回车符。等价于 \x0d 和 \cM
\s	匹配任何空白字符，包括空格、制表符、换页符等等。等价于 [\f\n\r\t\v]
\S	匹配任何非空白字符。等价于 [^ \f\n\r\t\v]
\t	匹配一个制表符。等价于 \x09 和 \cI
\v	匹配一个垂直制表符。等价于 \x0b 和 \cK
\w	匹配字母、数字、下划线。等价于'[A-Za-z0-9_]'
\W	匹配非字母、数字、下划线。等价于 '[^A-Za-z0-9_]'
\xn	匹配 n，其中 n 为十六进制转义值。十六进制转义值必须为确定的两个数字长。例如，'\x41' 匹配 "A"。'\x041' 则等价于 '\x04' & "1"。正则表达式中可以使用 ASCII 编码
\num	匹配 num，其中 num 是一个正整数。对所获取的匹配的引用。例如，'(.)\1' 匹配两个连续的相同字符
\n	标识一个八进制转义值或一个向后引用。如果 \n 之前至少 n 个获取的子表达式，则 n 为向后引用。否则，如果 n 为八进制数字 (0-7)，则 n 为一个八进制转义值
\nm	标识一个八进制转义值或一个向后引用。如果 \nm 之前至少有 nm 个获得子表达式，则 nm 为向后引用。如果 \nm 之前至少有 n 个获取，则 n 为一个后跟文字 m 的向后引用。如果前面的条件都不满足，若 n 和 m 均为八进制数字 (0-7)，则 \nm 将匹配八进制转义值 nm
\nml	如果 n 为八进制数字 (0-3)，且 m 和 l 均为八进制数字 (0-7)，则匹配八进制转义值 nml
\un	匹配 n，其中 n 是一个用四个十六进制数字表示的 Unicode 字符。例如， \u00A9 匹配版权符号 (?)

第八节 datetime 模块

一、datetime 类

Python 的 datetime 模块是处理日期和时间的标准库。它提供了日期和时间的运算和表示，包括处理时间戳、时区、日期计算等功能。

以下是 datetime 模块中的一些主要分类：

（一）datetime.date

datetime.date 表示一个理想的日期，提供 year（年），month（月），day（日） 等属性。

```python
from datetime import date

d = date(2023, 5, 15)          # 创建一个 date 对象
print(d.year, d.month, d.day)  # 输出：2023 5 15
```

（二）datetime.time

datetime.time 表示一个理想的时间，提供 hour（小时）、minute（分钟）、second（秒钟）等属性。

```python
from datetime import time

t = time(13, 20, 13)               # 创建一个 time 对象
print(t.hour, t.minute, t.second)  # 输出：13 20 13
```

（三）datetime.datetime

datetime.datetime 表示日期和时间的组合，提供了 date 对象和 time 对象的所有方法。

```python
from datetime import datetime

dt = datetime(2023, 5, 15, 13, 20, 13)  # 创建一个 datetime 对象
print(dt.date())  # 输出：2023-05-15
print(dt.time())  # 输出：13:20:13
```

（四）datetime.timedelta

datetime.timedelta 表示时间间隔，即 2 个日期或时间之间的差。

```python
from datetime import datetime, timedelta

dt1 = datetime(2023, 5, 15)
dt2 = datetime(2023, 5, 16)

delta = dt2 - dt1  # 创建一个 timedelta 对象
print(delta.days)  # 输出：1
```

（五）datetime.tzinfo

datetime.tzinfo 表示关于时区的抽象基类。

```
from datetime import datetime, timedelta, timezone

# 创建一个表示 UTC+8 的时区
tz = timezone(timedelta(hours=8))

# 创建一个带有时区的 datetime 对象
dt = datetime(2023, 5, 15, 13, 20, 13, tzinfo=tz)

print(dt)  # 输出：2023-05-15 13:20:13+08:00
```

虽然 datetime 中也封装了对于时区的处理方法，但如果需要处理复杂的时区问题，我们更推荐使用第三方库，如 pytz 或 dateutil。这些库提供了对全球时区数据库的完整访问，以及处理夏令时等复杂问题的工具。

二、日期的格式转换

在 Python 中，日期的格式转换通常使用 datetime 模块的 strftime 和 strptime 方法完成。

（一）strftime将日期转换为字符串

这个方法用于将日期对象转换为字符串，可以使用不同的格式代码来格式化日期和时间。例如：

```
from datetime import datetime

dt = datetime(2023, 5, 15, 13, 20, 13)

# 将 datetime 对象转换为字符串
print(dt.strftime('%Y-%m-%d'))   # 输出：2023-05-15
print(dt.strftime('%d/%m/%Y'))   # 输出：15/05/2023
print(dt.strftime('%H:%M:%S'))   # 输出：13:20:13
```

在这里，%Y 表示 4 位数的年份，%m 表示月份，%d 表示日期，%H 表示小时，%M 表示分钟，%S 表示秒。

（二）strptime将字符串解析为日期

这个方法用于将字符串解析为日期对象，需要提供字符串和对应的格式代码。例如：

```
from datetime import datetime

s = '2023-05-15 13:20:13'

# 将字符串解析为 datetime 对象
dt = datetime.strptime(s, '%Y-%m-%d %H:%M:%S')
print(dt)  # 输出：2023-05-15 13:20:13
```

在这里，字符串 '2023-05-15 13:20:13' 和格式代码 '%Y-%m-%d %H:%M:%S' 对应，因此 strptime 能够正确地解析出日期和时间。

注意：在使用 strftime 和 strptime 时，必须确保日期和时间的格式代码与字符串相匹配，否则可能会导致错误或不正确的结果。

三、日期的加减法

Python 的 datetime 模块提供了很多操作日期和时间的方法，这些方法可以帮助我们做一些基本的日期和时间运算。

例如我们可以利用 timedelta 实现日期的加减法：

```
from datetime import date, timedelta

# 创建 date 对象
d = date.today()

print("今天的日期: ", d)

# 增加一天
d_plus_one_day = d + timedelta(days=1)
print("明天的日期: ", d_plus_one_day)

# 减去一天
d_minus_one_day = d - timedelta(days=1)
print("昨天的日期: ", d_minus_one_day)
```

当然也可以利用 timedelta 实现对时间的增减：

```
from datetime import datetime, timedelta

# 创建 datetime 对象
dt = datetime.now()

print("当前的日期和时间: ", dt)

# 增加两小时和三十分钟
dt_plus_time = dt + timedelta(hours=2, minutes=30)
print("两小时三十分钟后的日期和时间: ", dt_plus_time)

# 减去一天和十分钟
dt_minus_time = dt - timedelta(days=1, minutes=10)
print("一天十分钟前的日期和时间: ", dt_minus_time)
```

第九节 pandas 模 块

一、Series 类型、DataFrame 类型

（一）Series

Series 是 pandas 的一个基础数据结构，它是一个一维标签化数组，可以容纳任何数据类型（整数、字符串、浮点数、Python 对象等）。每一个 Series 对象都是由数据和索引组成，可以将 Series 看作是一个带标签的列。

创建一个 Series 对象的基本方法如下：

```
import pandas as pd

s = pd.Series([a, b, c, d, e, f])
```

在这个例子中，我们创建了一个包含 6 个元素的 Series，如图 6-23 所示。由于我们没有指定索引，因此 pandas 使用默认的整数索引。

在这个输出中：

左边的一列（0、1、2、3、4、5）是 Series 对象的索引。默认情况下，pandas 为 Series 提供了一个从 0 开始的整数索引。

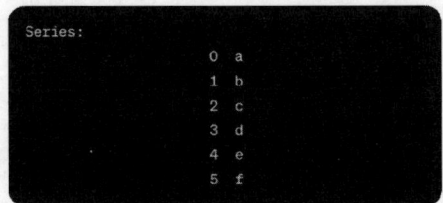

图 6-23 Series 示意图

右边的一列（a、b、c、d、e、f）是 Series 对象的值。这些就是我们在创建 Series 时传入的数据。

（二）DataFrame

DataFrame 是 pandas 中的另一个基础数据结构，它是一个二维的表格型数据结构，可以把它看作是由 Series 对象组成的字典。

创建一个 DataFrame 对象的基本方法如下：

```
import pandas as pd

data = {
    'name': ['John', 'Anna', 'Peter', 'Linda'],
    'age': [23, 78, 22, 19],
    'city': ['New York', 'Paris', 'Berlin', 'London']
}
df = pd.DataFrame(data)
```

在这个例子中，我们创建了一个包含 3 个列的 DataFrame，如图 6-24 所示。每一列都是一个 Series 对象。

```
DataFrame:
             |    Name    |    Age    |    City
-------------------------------------------------------
   Index 0   |    John    |    23     |    New York
   Index 1   |    Anna    |    78     |    Paris
   Index 2   |    Peter   |    22     |    Berlin
   Index 3   |    Linda   |    19     |    London
```

图 6-24　DataFrame 示意图

该 DataFrame 的行索引是 0 到 3，列索引是 'Name'、'Age'、'City'。每一列都可以视为一个 Series，例如 'Name' 列是一个 Series，索引是 0 到 3，数据值是 'John' 到 'Linda'.

（三）Series和DataFrame的关系

在 pandas 中，Series 和 DataFrame 有着密切的关系。

（1）DataFrame 是由多个 Series 构成的。可以将 DataFrame 看作是一个二维的表格，其中每一列都是一个 Series。这些 Series 共享一个通用的行索引，这就是 DataFrame 的行索引。虽然每一列（也就是每一个 Series）可以包含不同的数据类型，但在一个 DataFrame 中，所有的行索引必须是相同的。

（2）在 DataFrame 中选择一列，会返回一个 Series。例如，如果有一个名为 df 的 DataFrame，可以通过 df ['column_name']选择一列，这将返回一个 Series，其中包含了该列的所有值。

（3）可以将一个 Series 添加到 DataFrame 中作为新的一列。如果有一个 Series 和另一个 DataFrame，可以通过 df ['new_column_name'] = s 将这个 Series 添加到 DataFrame 中作为新的一列。这个 Series 的索引应该与 DataFrame 的索引相匹配。

总的来说，可以将 DataFrame 看作是多个 Series 的集合，这些 Series 都共享一个通用的索引。

二、矢量运算

在 Pandas 中，Series 和 DataFrame 支持矢量化运算（vectorized operations），也就是说，我们可以直接对这 2 种对象执行算术运算（如加、减、乘、除），而不需要在代码中使用循环。这不仅使得代码更加简洁，而且由于矢量化运算是由底层的 C 语言实现的，因此运行速度通常也更快。

（一）对 Series 进行矢量化运算

```python
import pandas as pd

# 创建两个 Series
s1 = pd.Series([1, 2, 3, 4, 5])
s2 = pd.Series([6, 7, 8, 9, 10])
```

```
# 对这两个 Series 执行加法运算
s3 = s1 + s2

print(s3)
# 输出结果:
0      7
1      9
2     11
3     13
4     15
dtype: int64
```

在上述代码中，s1 和 s2 的每个对应元素被相加，生成了一个新的 s3。

除了能够实现对应位置的加减法以外，pandas 的广播机制还可以实现对不同形状的数组进行运算。通过广播，可以在不同大小的数据结构之间进行运算，例如使用 Series 与一个自然数进行加法运算：

```
import pandas as pd

# 创建一个 Series
s = pd.Series([1, 2, 3, 4, 5])

# 加一个自然数
result = s + 10

print(result)
# 输出结果:

0     11
1     12
2     13
3     14
4     15
dtype: int64
```

在这个例子中，我们创建了一个包含 5 个元素的 Series，然后将其与一个自然数 10 相加。由于广播机制，Pandas 仍然可以自动完成这个运算。广播机制会将单一的数值 "扩展" 为与 Series 相同的大小，然后再进行加法运算。在这个结果中，Series 的每一个元素都增加了 10，这就是广播机制的效果。

（二）对 DataFrame 进行矢量化运算

```
import pandas as pd

# 创建两个 DataFrame
df1 = pd.DataFrame({'A': [1, 2, 3], 'B': [4, 5, 6]})
df2 = pd.DataFrame({'A': [6, 7, 8], 'B': [9, 10, 11]})
```

```
# 对这两个 DataFrame 执行加法运算
df3 = df1 + df2

print(df3)
# 输出结果:
    A   B
0   7  13
1   9  15
2  11  17
```

在上述代码中，df1 和 df2 的每个对应元素被相加，生成了一个新的 df3。

同样由于广播机制，我们也可以实现 DataFrame 和 Series 之间的运算。

```
import pandas as pd

# 创建一个 DataFrame
df = pd.DataFrame({'A': [1, 2, 3], 'B': [4, 5, 6], 'C': [7, 8, 9]})

# 创建一个 Series
s = pd.Series([1, 1, 1])

# 用 DataFrame 的每一列减去 Series 中的每个元素
result = df - s

print(result)
# 输出结果:

   A  B  C
0  0  3  6
1  1  4  7
2  2  5  8
```

需要注意的是，这些矢量化运算都是按元素进行的，也就是说，它们只会对 2 个对象中相同位置的元素进行计算。如果 2 个对象的形状（即它们的维度和每个维度的长度）不同，或者它们的索引不对应，那么可能会出现问题。在处理这种情况时，Pandas 会进行广播但这可能会使结果不如预期，所以在进行矢量化运算时，最好确保 2 个对象的形状和索引是对应的。

三、DataFrame 操作

在掌握了 pandas 的基本特性，如创建和操作 Series 和 DataFrame，以及理解如何使用矢量运算和广播机制后，我们将进一步深入学习 pandas 提供的更高级和强大的功能。这些功能包括数据清理、数据转换、数据聚合和数据分析等。

（一）DataFrame处理缺失、重复、异常值

在数据分析中，处理缺失数据、重复数据和异常数据是一个常见的任务。Pandas 提

供了一系列函数来处理这些问题。

1. 处理缺失数据

首先我们创建一个带有缺失数据的 DataFrame，并在后续分类讲解缺失值的处理办法。在 pandas 库中一般使用 numpy 库中的 nan 表示缺失值。

```python
import pandas as pd
import numpy as np

# 创建一个包含缺失值的 DataFrame
df = pd.DataFrame({'A': [1, 2, np.nan], 'B': [4, np.nan, 6], 'C': [7, 8, 9]})

print(df)
# 输出结果：
     A    B    C
0  1.0  4.0  7
1  2.0  NaN  8
2  NaN  6.0  9
```

首先，先检查 DataFrame 中是否含有空值。

```python
# 检查数据中的缺失值
print(df.isna())
# 输出结果：
      A      B      C
0  False  False  False
1  False   True  False
2   True  False  False
```

输出结果中为 True 的即为空值，我们通过观察输出结果可以得到 DataFrame 中存在空值的结论。如果 DataFrame 中行列过多，我们可以使用如下办法获得空值个数：

```python
# 使用 info() 方法获取缺失值信息
df.info()

# 输出结果：
<class 'pandas.core.frame.DataFrame'>
RangeIndex: 3 entries, 0 to 2
Data columns (total 3 columns):
 #   Column  Non-Null Count  Dtype
---  ------  --------------  -----
 0   A       2 non-null      float64
 1   B       2 non-null      float64
 2   C       3 non-null      float64
dtypes: float64(3)
memory usage: 200.0 bytes
```

info()方法可以提供一个数据的概览，包括每列的非空值个数、数据类型和内存使用情况。从这个输出中，我们可以看到每一列的非空值个数。用已知的总的行数减去非空值个数，即得到缺失值个数。

但是如果我们只想更直观地得到空值个数，可以使用如下办法：

```
# 使用 isna().sum() 方法获取缺失值个数
print(df.isna().sum())

# 输出结果:
A    1
B    1
C    0
dtype: int64
```

isna().sum() 则可以直接给出每列的缺失值个数。

一般情况下针对空值的处理办法有 2 种：

（1）删除空值。

对于空值的处理最简单的办法是将该数据看作缺失数据直接删除。

```
# 删除包含缺失值的行
print(df.dropna())

# 输出结果:
     A    B    C
0  1.0  4.0  7
```

（2）填充空值。

当数据集中存在大量的缺失值时，直接删除可能会导致我们丢失过多的信息，此时填充缺失值是一种更好的策略。在 Pandas 中，填充缺失值主要使用的方法是 fillna() 函数。fillna() 函数可以接收一个常数，或者一个字典、序列或数据框。例如可以使用 0 填充空值所在位置：

```
# 填充缺失值
print(df.fillna(value=0))

# 输出结果:
     A    B    C
0  1.0  4.0  7
1  2.0  0.0  8
2  0.0  6.0  9
```

当 DataFrame 中每一列的数值类型不同时，我们会希望在不同的列中使用不同的值来填充缺失值，这时可以传入一个字典，其中的键为列名，值为用来填充该列缺失值的值：

```
# 使用字典填充缺失值
df_filled = df.fillna({'A': 0, 'B': 1, 'C': 2})

print(df_filled)
```

```
# 输出结果：
     A    B    C
0  1.0  4.0  7
1  2.0  1.0  8
2  0.0  6.0  9
```

对于缺失值较多的数据，直接使用指定的常数填充可能会使数据本身失去意义。我们可以使用"考虑上下文"的办法，使用前向填充或者后向填充——即使用空值前（或后）一个非空数值填充空值。

```
# 使用前一个非缺失值填充缺失值
df_filled = df.fillna(method='ffill')

print(df_filled)
# 输出结果：
     A    B    C
0  1.0  4.0  7
1  2.0  4.0  8
2  2.0  6.0  9

# 使用后一个非缺失值填充缺失值
df_filled = df.fillna(method='bfill')

print(df_filled)
# 输出结果：
     A    B    C
0  1.0  4.0  7
1  2.0  6.0  8
2  NaN  6.0  9
```

根据结果我们发现前向填充或后向填充并不能完全覆盖空值，可能会出现空值前（后）不存在非缺失值的情况，通常情况下前向填充和后向填充会叠加使用。

除此之外，我们还经常使用插值填充的方式填充缺失值。插值填充是指根据数据的其他部分，使用数学方法（如线性插值或多项式插值）来估计缺失值。Pandas 中可以使用 interpolate()方法实现。

interpolate()是 Pandas 中的一个函数，用于进行线性插值以填充 NaN 值。这个函数实际上是一个非常强大的函数，因为它可以使用多种插值方法，例如线性插值、多项式插值、时间插值等。此外，它还可以在 DataFrame 的不同轴上进行操作。

我们以线性插值为例，介绍一下 interpolate()的使用方法。

```
# 使用线性插值
df_interpolated = df.interpolate(method = 'linear')

print(df_interpolated)
# 输出结果：
     A    B    C
```

```
0  1.0  4.0  7
1  2.0  5.0  8
2  2.0  6.0  9
```

在这个例子中，对于 A 列的 NaN 值，因为它的前一个值为 2，所以插值结果为 2。对于 B 列的 NaN 值，插值是在 4 和 6 之间线性插值的结果，所以插值结果为 5。interpolate()函数提供了多种插值办法，读者可以自行探索 method 的可选值，选取不同的插值办法进行插值。

2. 处理重复值

在数据清洗过程中，我们常常需要检查并删除重复值，以确保数据准确无误。在 Pandas 中，我们可以使用 duplicated()函数来检查 DataFrame 中的重复行。例如我们先创建一个包含重复值的 DataFrame：

```
import pandas as pd

data = {
    'Name': ['Tom', 'Nick', 'John', 'Tom', 'Tom', 'Tom'],
    'Age': [20, 21, 19, 20, 21, 20]
}

df = pd.DataFrame(data)

print(df)
# 输出结果:
    Name  Age
0   Tom   20
1   Nick  21
2   John  19
3   Tom   20
4   Tom   21
5   Tom   20
```

（1）排查重复值。

上例中我们创建了一个名为 df 的 DataFrame 类型，接下来我们使用 duplicated()函数来检查 DataFrame 中的重复行。

```
print(df.duplicated())
 # 输出结果:
0    False
1    False
2    False
3    True
4    False
5    True
dtype: bool
```

这会返回一个布尔型的 Series，每个元素表示对应的行是否是重复行。需要注意的是，在这个例子中第一、四、六行是重复的，但只有第四、六行的返回值为 True，这是由于 duplicated()函数中参数 keep 的默认值为'first'。如果我们想要把所有重复值都标记为 True 时，可以使用如下方法：

```
print(df.duplicated(keep=False))
 # 输出结果：
0    True
1    False
2    False
3    True
4    False
5    True
dtype: bool
```

同样也可以设置 keep 参数为 'last'，此时第一、四行标记为 True，第六行标记为 False。

```
print(df.duplicated(keep='last'))
 # 输出结果：
0    True
1    False
2    False
3    True
4    False
5    False
dtype: bool
```

同时我们注意到第五行对象的 Name 属性也是 Tom，但其标记是 False。这是由于当我们对整个 df 进行重复值排查时，只有每一列元素都相等的对象才标记为重复。然而当我们只想对某些列进行重复值排查时，可以使用如下办法：

```
print(df.duplicated(subset=['Name'],keep=False))
# 输出结果：
0    True
1    False
2    False
3    True
4    True
5    True
dtype: bool
```

通过将 duplicated()函数中参数 subset 参数设置为列名数组，例如我们将 subset 参数设置为仅包含 Name 列在内的['Name']数组（当仅有一列时可以省略中括号），这时第五行也将标记为 True。

（2）删除重复值。

删除重复行也很简单。我们可以使用 drop_duplicates()函数来实现这一目标，drop_duplicates()函数与 duplicated()函数参数完全一致。换句话说，drop_duplicates()函数将删除 duplicated()函数标记为 True 的对象。

```
print(df.drop_duplicates(keep='first'))
# 输出结果:
     Name    Age
0    Tom     20
1    Nick    21
2    John    19
4    Tom     21

print(df.drop_duplicates(keep='last'))
# 输出结果:
     Name    Age
1    Nick    21
2    John    19
4    Tom     21
5    Tom     20
print(df.drop_duplicates(keep=False))
# 输出结果:
     Name    Age
1    Nick    21
2    John    19
4    Tom     21
```

同样如果只想根据某些列删除重复行,可以传入这些列名,此时只有那些'Name'列值相同的重复行会被删除:

```
print(df.drop_duplicates(subset=['Name']))
# 输出结果:
     Name    Age
0    Tom     20
1    Nick    21
2    John    19
```

3. 处理异常值

处理异常值通常需要根据具体的数据和问题来确定策略。有时,我们可能希望删除异常值,有时可能希望替换异常值,还有时可能希望保留异常值,因为它们可能包含重要的信息。

(1)检测异常值。

异常值的检查有许多方法,这里我们介绍一种最常见的办法——使用 IQR(四分位数范围)检测异常值。

四分位数范围(Interquartile Range,IQR)是一种用于检测异常值(离群值)的常见统计方法。它的基本思想是,如果一个值距离数据的中心位置(以中位数表示)过远,那么它可能是一个异常值。

以下是 IQR 方法的具体步骤。

1)计算第一四分位数(Q1)和第三四分位数(Q3)。Q1 是指全部数据中最小值和中位数之间的中位数,Q3 是指全部数据中最大值和中位数之间的中位数。

2）计算 IQR，即 Q3 与 Q1 的差。IQR 描述了数据的中心 50%的变动范围。

3）找出低于 Q1–1.5*IQR 或高于 Q3+1.5*IQR 的值。这些被认为是异常值。这里的 1.5 是一个常用的经验值，它来自于正态分布的一个性质：在正态分布中，约有 99.3%的数据位于均值±2.698σ 范围内，也就是说，超出这个范围的数据大约占 0.7%，非常稀少。而 Q3+1.5*IQR 大约就是这个上界，Q1–1.5*IQR 大约就是下界。当然，这个常数也可以根据实际情况进行调整。

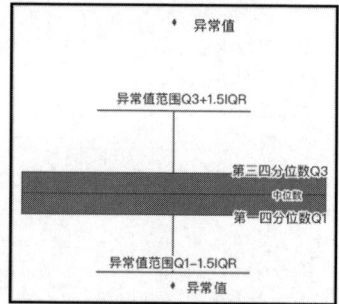

图 6-25　异常值判定

如图 6-25 所示，在箱线图中，箱子的 2 个边缘分别表示第一四分位数（Q1）和第三四分位数（Q3），箱子的中线表示中位数。箱子的长度，即 IQR，代表数据的中间 50%分布范围。2 条触须线分别延伸到最大非异常值和最小非异常值。大于 Q3 + 1.5IQR 或小于 Q1–1.5IQR 的点被认为是异常值，通常在图中以点或者小圈表示。

下面我们将学习如何使用 Python 排查异常值。首先创建一组含有异常值的 DataFrame：

```
import pandas as pd
import numpy as np

df = pd.DataFrame({'Score': [88, 90, 70, 50, 88, 92, 120, 85, 95, 88,
 150, 88, 90]})
```

此时，我们计算该组数据的分位数。

```
Q1 = df['Score'].quantile(0.25)      # Q1 = 88.0
Q3 = df['Score'].quantile(0.75)      # Q3 = 92.0
IQR = Q3 - Q1                        # IQR = 4.0
```

在上述代码中，我们先计算了第一四分位数（Q1）和第三四分位数（Q3），以及四分位间距（IQR）。

然后，我们认为那些小于 Q1–1.5IQR 或大于 Q3+1.5IQR 的值为异常值，并将其过滤掉。

```
filter = (df['Score'] <= Q1 - 1.5 * IQR) | (df['Score'] >= Q3 + 1.5 *IQR)
print(df.loc[filter])
# 输出结果:
     Score
2      70
3      50
6     120
10    150
```

从排查结果中，我们可以看出异常值为 70、50、120、150 四项数据。也可以利用如下语句，画出 df 的箱线图（见图 6-26）以直观地看出异常值。

```
df.plot.box()
```

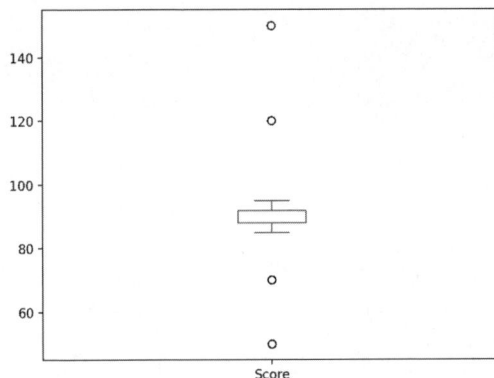

图 6-26　异常值判定示意

（2）处理异常值。

处理异常值的方式有很多种，具体取决于我们对数据的理解和目标。常见的处理方式有 2 种：

1）删除异常值：一种简单直接的方式就是删除异常值。

```
filter = (df['Score'] >= Q1 - 1.5 * IQR) & (df['Score'] <= Q3 + 1.5 *IQR)
print(df.loc[filter])
# 输出结果：
      Score
0       88
1       90
4       88
5       92
7       85
8       95
9       88
11      88
12      90
```

2）填充异常值：也可以将异常值替换为某个特定值，如中位数或者平均值。

```
median = df.loc[filter, 'Score'].median()
df = df.copy() # 创建一个副本，避免对原始数据进行更改
df.loc[~filter, 'Score'] = np.nan
df.fillna(median, inplace=True)
print(df)

# 输出结果：
      Score
0       88.0
1       90.0
2       88.0
3       88.0
```

209

```
4      88.0
5      92.0
6      88.0
7      85.0
8      95.0
9      88.0
10     88.0
11     88.0
12     90.0
```

IQR 方法的优点是它只依赖于数据的四分位数，而不依赖于均值和标准差，因此对于非对称分布或者包含异常值的数据更为稳健。但是，这种方法也有局限性，例如，它可能会将真实的极端值误判为异常值，或者在异常值很多的情况下失效。因此，在应用IQR 方法时，需要结合数据的实际情况和我们的知识进行判断。

还需注意的是，处理异常值时应十分谨慎，因为异常值并不总是错误的，有时它们可能表示的是重要的信息。所以在决定如何处理异常值之前，我们需要理解数据，以及这些异常值的来源和含义。

（二）DataFrame行列操作

DataFrame 是 Pandas 库中的一种数据结构，它是一个二维表格型数据结构，可以进行一系列的行列操作。

1. 选择列

选择 DataFrame 中的列非常简单。你可以像访问字典的值一样访问 DataFrame 的列。

```python
import pandas as pd

data = {
    'Name': ['Tom', 'Nick', 'John'],
    'Age': [20, 21, 19]
}

df = pd.DataFrame(data)

print(df['Name'])

# 输出结果:
0    Tom
1    Nick
2    John
Name: Name, dtype: object
```

2. 选择行

选择行的方式稍微复杂一些。我们使用.loc 或.iloc 方法来选择行。

```python
print(df.loc[0])    # 选择标签为 0 的行
# 输出结果:
```

```
Name    Tom
Age      20
Name: 0, dtype: object
```

```
print(df.iloc[0])   # 选择索引为 0 的行
# 输出结果:
Name    Tom
Age      20
Name: 0, dtype: object
```

需要注意：.loc 方法是基于标签的数据选择方法，其中的参数是标签值，而.iloc 方法是基于位置的数据选择方法，其中的参数是索引值。有关这 2 种索引的具体使用办法我们将在下一节中详细讲解。

3. 添加列

添加列也很简单。你可以像为字典添加键值对一样为 DataFrame 添加列：

```
df['Height'] = [180, 175, 178]
print(df)
# 输出结果:
    Name  Age  Height
0   Tom    20     180
1   Nick   21     175
2   John   19     178
```

4. 删除列

删除列可以使用 drop 方法，并设置参数 axis=1：

```
df = df.drop('Height', axis=1)
print(df)

# 输出结果:
    Name  Age
0   Tom    20
1   Nick   21
2   John   19
```

这里我们接触到了一个新的参数 axis。axis 参数经常被用来指定沿着哪个轴进行操作。

当 axis=0 或者 axis='index'时：这表示沿着行的方向进行操作，即操作是跨列进行的。比如在 drop 函数中，如果 axis=0，那么就表示删除行。

当 axis=1 或者 axis='columns'时：这表示沿着列的方向进行操作，即操作是跨行进行的。比如在 drop 函数中，如果 axis=1，那么就表示删除列。

对于二维的 DataFrame 来说，axis=0 表示的是纵向，axis=1 表示的是横向。这种设定来自于 NumPy，Pandas 的很多设计都借鉴了 NumPy。

5. 增加行

可以使用 append()方法来增加行。append()方法将接受一个和原 DataFrame 相同结构的 DataFrame，并将其添加到原 DataFrame 的尾部。例如：

```
import pandas as pd

data = {
    'Name': ['Tom', 'Nick'],
    'Age': [20, 21]
}
df = pd.DataFrame(data)

new_data = {
    'Name': ['John'],
    'Age': [22]
}
new_df = pd.DataFrame(new_data)

df = df.append(new_df, ignore_index=True)
print(df)
# 输出结果：
    Name  Age
0   Tom    20
1   Nick   21
2   John   22
```

这里 ignore_index = True 意味着我们不保留原来的索引，而是按照现有的数据重新生成索引。

6. 删除行

删除行可以使用 drop()方法，传入想要删除的行的标签作为参数：

```
df = df.drop(0)
print(df)

# 输出结果：
    Name  Age
1   Nick   21
2   John   22
```

注意：drop()方法并不会改变原来的 DataFrame，而是返回一个新的 DataFrame。如果你想要在原地删除行，可以添加参数 inplace=True：

```
df.drop(1, inplace=True)
print(df)

# 输出结果：
    Name  Age
2   John   22
```

总的来说，Pandas 提供了许多强大的工具，可以帮助我们方便地操作 DataFrame 的行和列。以上只是最常见的操作，还有许多其他的高级操作等待你去探索。

（三）DataFrame 索引切片

在 Pandas 中，有很多方法可以对 DataFrame 进行索引和切片。本小节中我们将详细讲解如何对行列进行索引切片，同时我们建议初阶读者练习索引时尽量使用可视化方法确认索引内容。

1. 对列索引

如果只是索引单列，可以将 DataFrame 的列获取为一个 Series。返回的 Series 拥有原 DataFrame 的（行）索引，且可以设置 name 属性，得到相应的列名。在 Pandas 中，DataFrame 可以像字典一样进行索引来选择列。

```python
import pandas as pd

data = {
    'Name': ['Tom', 'Nick', 'John'],
    'Age': [20, 21, 19],
    'Height': [180, 175, 178]
}
df = pd.DataFrame(data)
# 使用类似字典的方式索引列
print(df['Name'])

# 输出结果：
0    Tom
1    Nick
2    John
Name: Name, dtype: object
```

如果想要选择多列，可以传入一个包含多个列标签的列表：

```python
print(df[['Name', 'Age']])
# 输出结果：
   Name  Age
0  Tom    20
1  Nick   21
2  John   19
```

注意，通过列名的索引方式只能用来选择列，不能用来选择行。

2. 对行索引

在 Pandas 的 DataFrame 中，我们有几种不同的方法可以进行行索引。

（1）使用.loc。

df.loc[label]方法可以用于通过标签索引行。例如：

```python
import pandas as pd

df = pd.DataFrame({
    'Name': ['Tom', 'Nick', 'John'],
    'Age': [20, 21, 19]
```

```
})

# 使用行标签索引行
print(df.loc[1])

# 输出结果:
Name      Nick
Age        21
Name: 1, dtype: object
```

（2）使用.iloc。

df.iloc[index]方法可以用于通过整数索引行。例如：

```
# 使用整数索引行
print(df.iloc[1])

 # 输出结果:
Name      Nick
Age        21
Name: 1, dtype: object
```

注意：无论你的行标签是什么，整数索引始终基于行的位置。

需要注意的是：

iloc 使用顺序数字来索引数据，而不能使用字符型的标签来索引数据。注意，这里的顺序数字是指从 0 开始计数！

loc 使用实际设置的索引来索引数据。但行列名为数字时，loc 也可以索引数字，但这里的数字不一定从 0 开始编号，是对应具体行列名的数字！

（3）切片。

可以使用索引多行来实现切片。例如：

```
# 使用切片索引多行
print(df[1:3])

# 输出结果:
    Name   Age
1   Nick   21
2   John   19
```

3. 对元素索引

对于 DataFrame 中的单个元素，Pandas 提供了几种不同的索引方法：

（1）使用列标签和行标签（.loc 方法）。

```
import pandas as pd

data = {
    'Name': ['Tom', 'Nick', 'John'],
    'Age': [20, 21, 19]
```

```
}

df = pd.DataFrame(data)

# 使用.loc方法
print(df.loc[1, 'Name'])
# 输出 Nick
```

（2）使用整数索引（.iloc方法）。

.iloc方法可以使用整数索引来索引元素：

```
# 使用.iloc方法
print(df.iloc[1, 0])
# 输出 Nick
```

（3）使用列标签索引后再索引行。

首先使用列标签索引列，然后再使用行标签或整数索引行：

```
# 使用列标签索引后再索引行
print(df['Name'][1])
# 输出 Nick
```

以上方法可以用来索引 DataFrame 中的单个元素。注意，尽管最后一个方法看起来更简洁，但是在某些情况下，它可能会比其他方法慢。

（四）DataFrame条件查询

在 Pandas 中，我们可以使用布尔索引对 DataFrame 进行条件查询，即使用比较操作符（如<，>，==，!=）对 DataFrame 的列进行操作，然后使用结果的布尔数组对 DataFrame 进行索引。这将返回满足条件的行。

以下是一些例子：

```
import pandas as pd

df = pd.DataFrame({
    'Name': ['Tom', 'Nick', 'John', 'Peter'],
    'Age': [20, 21, 19, 22]
})

# 查找年龄大于 20 的所有行
print(df[df['Age'] > 20])

# 输出结果:
   Name  Age
1  Nick   21
3  Peter  22
```

同时，我们也可以使用逻辑操作符（如&，|，~）来组合多个条件：

```
# 查找年龄大于 20 且名字为 Nick 的所有行
print(df[(df['Age'] > 20) & (df['Name'] == 'Nick')])
```

```
# 输出结果：
    Name  Age
1   Nick   21
```

需要注意的是，Pandas 使用位运算符来进行逻辑运算，而不是 and 和 or。

（五）DataFrame拆分与合并

在 Pandas 中，我们可以使用多种方法来拆分和合并 DataFrame。

1. 拆分DataFrame

拆分 DataFrame 主要是通过行索引或列索引来实现。例如：

```
import pandas as pd

df = pd.DataFrame({
    'Name': ['Tom', 'Nick', 'John', 'Peter'],
    'Age': [20, 21, 19, 22],
    'Height': [180, 175, 178, 182]
})

# 拆分 DataFrame 为两个小的 DataFrame
df1 = df[['Name', 'Age']]
df2 = df[['Height']]

print(df1)

# 输出结果：
    Name  Age
0    Tom   20
1   Nick   21
2   John   19
3  Peter   22

print(df2)

# 输出结果：
   Height
0     180
1     175
2     178
3     182
```

2. 合并DataFrame

我们可以使用 concat 或 merge 方法来合并 DataFrame。

（1）concat 方法。

Pandas 的 concat 函数用于沿着一条轴将多个对象（如 Series，DataFrame）连接在一起。我们可以添加一个参数 axis 来指定连接的轴向。axis=0 表示沿着行的方向（纵向）连接，axis=1 表示沿着列的方向（横向）连接。

```
import pandas as pd

df1 = pd.DataFrame({
    'A': ['A0', 'A1', 'A2', 'A3'],
    'B': ['B0', 'B1', 'B2', 'B3'],
})

df2 = pd.DataFrame({
    'A': ['A4', 'A5', 'A6', 'A7'],
    'B': ['B4', 'B5', 'B6', 'B7'],
})

# 纵向连接
result = pd.concat([df1, df2], axis=0)
print(result)

# 输出结果:
    A    B
0  A0   B0
1  A1   B1
2  A2   B2
3  A3   B3
0  A4   B4
1  A5   B5
2  A6   B6
3  A7   B7

# 横向连接
result = pd.concat([df1, df2],axis=1)
print(result)
 # 输出结果:
    A    B    A    B
0  A0   B0   A4   B4
1  A1   B1   A5   B5
2  A2   B2   A6   B6
3  A3   B3   A7   B7
```

（2）merge 方法。

Pandas 的 merge 方法用于将 2 个或多个 DataFrame 进行合并。这个操作基于一个或多个键（可以是列或索引）来进行。这类似于 SQL 或其他关系型数据库中的 join 操作，merge 函数同样使用 on 参数来标注需要按某一列（或某些列）合并。

```
import pandas as pd

df1 = pd.DataFrame({
    'key': ['A', 'B', 'C', 'D'],
    'value': range(4)
})
```

```
df2 = pd.DataFrame({
    'key': ['B', 'D', 'E', 'F'],
    'value': range(4, 8)
})

print(df1)
print(df2)

merged = pd.merge(df1, df2, on='key')

print(merged)

# 输出结果:
df1:
   key  value
0   A      0
1   B      1
2   C      2
3   D      3
df2:
   key  value
0   B      4
1   D      5
2   E      6
3   F      7
merged:
   key  value_x  value_y
0   B      1        4
1   D      3        5
```

在这个例子中，merge 函数会找出 2 个 DataFrame 中键相同的行，然后将这些行连接起来。注意，默认情况下，merge 函数执行的是内连接，即只保留 2 个 DataFrame 中都有的键。

与 SQL 语句类似，我们可以通过 how 参数来改变这一行为。

当 how = 'inner'时: 结果将只保留 2 个 DataFrame 中都有的键;

当 how = 'outer'时: 结果将保留 2 个 DataFrame 中任意一个有的键;

当 how = 'left'时: 结果将保留左侧 DataFrame 中有的键;

当 how = 'right'时: 结果将保留右侧 DataFrame 中有的键。

例如，下面的代码展示了如何执行外连接:

```
merged = pd.merge(df1, df2, on='key', how='outer')

print(merged)

# 输出结果:
```

```
    key    value_x    value_y
0   A        0.0        NaN
1   B        1.0        4.0
2   C        2.0        NaN
3   D        3.0        5.0
4   E        NaN        6.0
5   F        NaN        7.0
```

在这个例子中，merge 函数保留了 2 个 DataFrame 中任意一个有的键。如果某个键在某个 DataFrame 中不存在，对应的值将会是 NaN。

以上方法都可以用来合并 DataFrame，但是它们在特定的使用场景下更有效。例如，concat 方法适合于简单地堆叠 DataFrame，而 merge 方法适合于需要复杂逻辑来合并 DataFrame 的情况。

（六）DataFrame分组汇总

Pandas 提供了强大的分组和汇总功能，主要通过 groupby 函数实现。groupby 函数可以根据一个或多个键（可以是函数、数组或 DataFrame 列名）将复杂的数据集分割成一组数据块。

1. 基本的分组汇总

例如，下面的代码展示了如何根据 key 列的值来分组数据，并计算每组的均值：

```python
import pandas as pd

df = pd.DataFrame(
    'key': ['A', 'B', 'A', 'B', 'A', 'B'],
    'data1': range(6),
    'data2': range(6, 12)
})

print(df)

# 对 key 列进行分组，并计算 data1 和 data2 的平均值
print(df.groupby('key').mean())

# 输出结果：
df:
    key    data1    data2
0   A        0        6
1   B        1        7
2   A        2        8
3   B        3        9
4   A        4        10
5   B        5        11
# df.groupby('key').mean():
        data1    data2
key
A       2.0      8.0
B       3.0      9.0
```

2. 高级的分组汇总

Pandas 提供了一系列的方法来进行更高级的分组汇总，我们可以链式调用这些方法来对分组后的数据进行多种汇总：

```
print(df.groupby('key').agg(['mean', 'std']))
```

```
# 输出结果：
     data1            data2
     mean      std    mean      std
key
A    2.0  2.000000    8.0  2.000000
B    3.0  2.645751    9.0  2.645751
```

以上就是 Pandas 中 DataFrame 分组汇总的基本用法和一些例子。

四、科学计算

Pandas 是一个非常强大的数据处理库，提供了许多科学计算的功能。在这里，我们将主要介绍如何使用 Pandas 进行描述性统计分析、时间序列处理和数据透视表的操作。

1. 描述性统计分析

Pandas 提供了一系列方法来进行描述性统计分析，见表 6-2：

表 6-2   Pandas 描述性统计代码示意

方法	描述	方法	描述
count	计算非 NA/null 值的数量	min	计算最小值
sum	计算总和	max	计算最大值
mean	计算均值	abs	计算绝对值
median	计算中位数	prod	计算乘积
mode	计算众数	cumsum	计算累积和
std	计算标准差	cumprod	计算累积乘积
var	计算方差	first,last	计算每组的第一个和最后一个元素

例如，下面的代码展示了如何使用这些方法：

```
import pandas as pd

df = pd.DataFrame({
    'A': [1, 2, 3, 4, 5],
    'B': [6, 7, 8, 9, 10],
    'C': [11, 12, 13, 14, 15]
})

print(df.sum())    # 输出：A    15
                   #       B    40
```

```
#          C     65
#          dtype: int64
print(df.mean())   # 输出：A     3.0
#          B     8.0
#          C    13.0
#          dtype: float64
```

2. 时间序列处理

Pandas 提供了丰富的时间序列处理功能，从而实现时间索引切片、时间周期切换、时区转换等操作。

例如，下面的代码展示了如何创建一个带时间索引的 Series，并进行切片操作：

```python
import pandas as pd
import numpy as np

rng = pd.date_range('2023-06-01', periods=100, freq='D')
ts = pd.Series(np.random.randn(len(rng)), index=rng)

# 选择 2023 年 6 月的数据
print(ts['2023-06'])

# 输出结果：
# 2023-06-01     1.461556
# 2023-06-02    -0.395037
# 2023-06-03     2.110464
# 2023-06-04    -1.834729
# ......
# 2023-06-27    -0.300823
# 2023-06-28     0.091887
# 2023-06-29     1.936327
# 2023-06-30     0.897968
# Freq: D, dtype: float64
```

需要注意的是：本案例中使用了随机数，如果读者运行的答案中的第二列数字与本案例中不符是正常现象。

3. 数据透视表

Pandas 提供了创建数据透视表的功能，帮助用户更好地理解数据。通常我们使用 pivot_table 函数来创建数据透视表：

```python
import pandas as pd

df = pd.DataFrame({
    'A': ['foo', 'bar', 'foo', 'bar', 'foo', 'bar', 'foo', 'foo'],
    'B': ['one', 'one', 'two', 'three', 'two', 'two', 'one', 'three'],
    'C': [0,1,0,1,0,1,0,1],
    'D': [0,1,2,3,4,5,6,7]
})
```

```
pivot_table = pd.pivot_table(df, values='D', index=['A', 'B'], columns=['C'])
print(pivot_table)

# 输出结果:
#  C              0    1
#  A     B
#  bar   one     NaN   1.0
#        three   NaN   3.0
#        two     NaN   5.0
#  foo   one     3.0   NaN
#        three   NaN   7.0
#        two     3.0   NaN
```

以上就是如何使用 Pandas 进行科学计算的一些基本示例。

五、Pandas 自带对于 datetime、str 类型的处理函数

我们在前面的章节中已经讲解了有关 Python 中 str 类型和 datetime 模块的相关用法，pandas 模块中封装了非常丰富的函数以方便读者对 datetime 和 str 类型的数据进行处理。

1. 处理 datetime

我们可以使用 to_datetime 函数将字符串转换为 datetime：

```
import pandas as pd

dates = pd.to_datetime(['2023-07-01', '2023-07-02', '2023-07-03'])

print(dates)

# 输出结果:
DatetimeIndex(['2023-07-01', '2023-07-02', '2023-07-03'], dtype='datet
ime64[ns]', freq=None)
```

Pandas 的 DatetimeIndex 对象提供了一些便捷的属性和方法来处理时间数据，见表 6-3：

表 6-3　　　　　　　　　　DatetimeIndex 时间数据处理示意

方法	描述
year、month、day	返回年、月、日
weekday	返回星期几（星期一为 0，星期日为 6）
weekofyear	返回年份中的第几周
quarter	返回季度

上述方法可以帮助用户对时间类型进行快速处理，例如我们可以实现快速提取时间的年月日以及星期几：

```
dates = pd.to_datetime(['2023-07-01', '2023-07-02', '2023-07-03'])
# 提取日期年份
print(dates.year)      # 输出: Int64Index([2023, 2023, 2023], dtype=' int64')
```

```
# 提取日期月份
print(dates.month)     # 输出：Int64Index([7, 7, 7], dtype='int64')
# 提取日期是本月哪一天
print(dates.day)       # 输出：Int64Index([1, 2, 3], dtype='int64')
# 提取日期是本周哪一天
print(dates.weekday)   # 输出：Int64Index([5, 6, 0], dtype='int64')
# 提取日期是本年哪一天
print(dates. weekofyear) # 输出：Int64Index([26, 26, 27], dtype='int64')
```

需要注意的一点是：与 datetime 类型相同，在默认情况下 dayofweek 是从 0 开始的，星期一是 0，星期日是 6。

2. 处理str

Pandas 的 Series 和 Index 对象都提供了一个 str 属性，可以方便地对字符串数据进行操作，见表 6-4：

表 6-4 Pandas 字符串操作示意

方法	描述
lower()，upper()	转换为小写或大写
len()	计算长度
strip()	去除两侧的空白字符
split()	根据指定的分隔符进行分割
contains()	检查是否包含指定的子串
replace()	替换子串

针对 str 类型的处理办法与 datetime 不同，需要在引用的对象后加上.dt 以表示是针对 str 文本进行操作。

```
import numpy as np
import pandas as pd

s = pd.Series(['A', 'B', 'C', np.nan, 'CABA', 'dog'])

print(s.str.lower())   # 输出结果:0       a
                       #         1       b
                       #         2       c
                       #         3       NaN
                       #         4       caba
                       #         5       dog
                       #         dtype: object

print(s.str.upper())   # 输出结果:0       A
                       #         1       B
                       #         2       C
                       #         3       NaN
                       #         4       CABA
                       #         5       DOG
```

```
#                dtype: object

print(s.str.len())      # 输出结果:0        1.0
                        #          1        1.0
                        #          2        1.0
                        #          3        NaN
                        #          4        4.0
                        #          5        3.0
                        #                dtype: float64

print(s.str.contains('A'))  # 输出结果:0        True
                            #          1        False
                            #          2        False
                            #          3        NaN
                            #          4        True
                            #          5        False
                            #                dtype: object
```

与 re 模块相同,replace()方法支持使用正则表达式。这使得替换操作可以更加灵活。replace()函数的使用语法如下:

```
Series.str.replace(pat, repl, n=-1, case=None, flags=0, regex=True)
```

其中各参数及其相关意义见表 6-5:

表 6-5   replace 函数参数

参数	描述
pat	要替换的模式,可以是字符串或正则表达式
repl	替换成的字符串或一个可调用对象
n	最大替换次数,-1 表示全部替换
case	是否区分大小写,默认为 None,表示自动判断
flags	传递给 re 模块的标志,例如 re.IGNORECASE
regex	是否将 pat 和 repl 视为正则表达式,默认为 True

例如,下面的代码展示了如何使用正则表达式来替换字符串:

```
import pandas as pd

s = pd.Series(['foo', 'fuz', 'fuuu'])
print(s.str.replace('fu*', 'bar'))
# 输出结果:   0    baro
#            1    barz
#            2    bar
#                dtype: object
```

注意:从 Pandas 1.0.0 开始,当 pat 是一个字符串时,它将默认被视为一个正则表达式。如果你要按字面意义替换一个字符串(不作为正则表达式),需要传入 regex=False。

六、Pandas 高级函数 map、apply 等

Pandas 提供了一些高级函数，例如 map、apply、applymap 和 agg，它们提供了很大的灵活性，允许你对 DataFrame 进行复杂的数据转换和分析。

1. map

map 是 Series 对象的一个方法，它接收一个函数或包含映射关系的字典对象，用于将每个元素转换为某种形式。

例如：

```
import pandas as pd

s = pd.Series(['cat', 'dog', 'mouse'])
s = s.map({'cat': 'kitten', 'dog': 'puppy'})
print(s)  # 输出结果: 0      kitten
          #          1      puppy
          #          2      NaN
          #             dtype: object
```

2. apply

apply 是 DataFrame 对象的一个方法，它接收一个函数，并将这个函数应用到 DataFrame 的每一行或每一列上（取决于指定的轴）。这个函数应该接收一个 Series，并返回一个值。

例如：

```
import pandas as pd

df = pd.DataFrame({
    'A': [1, 2, 3],
    'B': [10, 20, 30]
})

def my_func(x):
    return x.sum()

df = df.apply(my_func, axis=0)  # axis=0 表示对每一列应用函数
print(df)  # 输出结果:A      6
           #          B      60
           #             dtype: int64
```

3. applymap

applymap 是 DataFrame 对象的一个方法，它接收一个函数，并将这个函数应用到 DataFrame 的每一个元素上。这个函数应该接收一个值，并返回一个值。

例如：

```
import pandas as pd
```

```
df = pd.DataFrame({
    'A': [1, 2, 3],
    'B': [10, 20, 30]
})

def my_func(x):
    return x * 2

df = df.applymap(my_func)
print(df)  # 输出结果:      A    B
           #           0  2   20
           #           1  4   40
           #           2  6   60
```

4. agg

agg 是 DataFrame 对象的一个方法,它接收一个函数或一组函数,并将这些函数应用到 DataFrame 的每一列(或行)上,然后将结果合并到一个新的 DataFrame 中。

例如:

```
import pandas as pd

df = pd.DataFrame({
    'A': [1, 2, 3],
    'B': [10, 20, 30]
})

df = df.agg(['sum', 'mean'])
print(df)  # 输出结果:        A     B
           #          sum   6.0   60.0
           #          mean  2.0   20.0
```

以上就是 Pandas 的高级函数 map、apply、applymap 和 agg 的基本用法。它们都非常灵活,可以帮助你完成各种复杂的数据转换和分析任务。

第十节 机 器 学 习 算 法

一、机器学习算法概述

机器学习是指机器通过统计学算法,对大量历史数据进行学习,进而利用生成的经验模型指导业务。它是一门多领域交叉学科,专门研究计算机怎样模拟或实现人类的学习行为,以获取新的知识或技能,重新组织已有的知识结构使之不断改善自身的性能。

(一) 机器学习算法的分类

机器学习算法是用于解决各种机器学习任务的算法。这些算法通常根据他们的学习方式或他们的目标函数被分为几个主要类型。以下是一些主要的机器学习算法类别。

1. 监督学习

在监督学习中，模型从包含特征和目标输出的标签数据中进行学习。在这种类型的学习中，我们给算法一个数据集，这个数据集包含了"正确答案"。比如，我们可以用一个包含房屋的面积和售价的数据集来训练一个算法，使它可以预测未知房屋的售价。

主要的监督学习算法包括线性回归、逻辑回归、支持向量机（SVM）、决策树和随机森林、K 近邻法（KNN）、神经网络等。

2. 无监督学习

在无监督学习中，模型从不包含目标输出的数据中学习。在这种类型的学习中，我们给算法的数据没有任何标签或分类信息。算法需要自行找出数据中的模式和结构。比如，我们可以使用无监督学习算法来将客户划分为不同的市场细分群体。

主要的无监督学习算法包括聚类算法（如 K-means，层次聚类）、降维算法（如主成分分析 PCA）、关联规则学习（如 Apriori，FP-Growth）等。

3. 强化学习

强化学习是智能体通过与环境的交互来学习行为。在强化学习中，算法（通常被称为"智能体"）通过与环境的交互来学习。智能体会获得奖励或惩罚，并根据这些反馈来调整其行为。强化学习已经成功应用于电子游戏和自动驾驶车辆的训练中。

Q-learning 和 SARSA 是强化学习中的 2 种常见算法。

4. 深度学习

深度学习是一类特殊的机器学习算法，使用了多层神经网络来进行学习。常见的深度学习框架包括 TensorFlow、Keras 和 PyTorch，常见的深度学习模型包括卷积神经网络（CNN）、循环神经网络（RNN）、长短期记忆（LSTM）和自注意力机制（Attention）。

机器学习的核心是"使用算法解析数据，从中学习，然后对新数据做出决定或预测"。也就是说计算机利用已获取的数据得出某一模型，然后利用此模型进行预测的一种方法，这个过程跟人的学习过程有些类似，比如人获取一定的经验，可以对新问题进行预测。

我们举个例子，我们都知道支付宝春节的"集五福"活动，我们用手机扫"福"字照片识别福字，这个就是用了机器学习的方法。我们可以为计算机提供"福"字的照片数据，通过算法模型机型训练，系统不断更新学习，然后输入一张新的福字照片，机器自动识别这张照片上是否有福字。

（二）机器学习算法包sklearn

Scikit-learn（通常简写为 sklearn）是一个开源的 Python 机器学习库，提供了一系列的监督学习和无监督学习算法。Scikit-learn 的设计基于 Python 的 NumPy（用于数组）、SciPy（用于科学计算）和 matplotlib（用于绘图）库，这些都是 Python 数据科学工具箱的重要部分。

以下是 scikit-learn 提供的主要功能和算法类别。

（1）分类算法：支持向量机、近邻算法、随机森林、梯度提升等。

（2）回归算法：线性回归、岭回归、套索回归、随机森林、梯度提升等。

（3）聚类算法：K-均值、谱聚类、均值漂移等。

（4）降维算法：主成分分析（PCA）、特征选择、矩阵分解等。

（5）模型选择：网格搜索、交叉验证、模型评估指标等。

（6）预处理：特征提取、特征选择、标准化、归一化等。

Scikit-learn 的接口设计的非常一致，一旦你学会了如何使用其中一种模型，你就可以非常方便地使用其他模型。大部分模型都有 fit、predict 和 score 等方法，这使得模型的训练和预测变得非常直观。此外，scikit-learn 还提供了很多示例数据集，比如鸢尾花数据集和波士顿房价数据集，便于用户学习和实践。

注意：虽然 scikit-learn 包含了大量的机器学习算法和功能，但它并不支持深度学习。如果你需要进行深度学习相关的工作，可以考虑使用 TensorFlow、Keras 或 PyTorch 这些库。

二、分类算法

分类算法是一种监督学习算法，它的任务是基于输入数据预测类别或标签。换句话说，它是用来预测离散结果的，比如"是"或"否"，"狗""猫"或"兔子"。

（一）分类的目的和意义

分类是一种常见的数据分析方法，其主要目的是预测某些未知实例的类别标签。分类算法通过对已知类别的实例进行学习，构建一个分类模型，然后用这个模型对新的实例进行分类。

分类的意义和目的可以在多个方面进行阐述。

（1）预测和决策支持：分类可以帮助我们预测新实例的类别，为决策提供支持。例如，银行可以使用分类模型预测哪些客户可能会违约，从而作出贷款决策。医生可以通过分类模型预测患者是否患有某种疾病，以便及时治疗。

（2）理解数据：通过分类，我们可以理解不同类别之间的差异和相似性，更深入地理解数据。例如，通过对客户进行分类，我们可以了解不同类型客户的行为模式和购买习惯。

（3）个性化服务：分类可以帮助我们进行个性化服务。例如，推荐系统可以通过对用户进行分类，向他们推荐他们可能感兴趣的商品或服务。

（4）异常检测：分类也可以用于异常检测。通过建立正常行为的分类模型，我们可以识别出偏离正常行为模式的异常行为。

总的来说，分类的目的在于从历史数据中学习，然后对新的、未知的数据进行预测，从而辅助我们进行决策、理解数据、提供个性化服务和进行异常检测等。

（二）常用的分类算法

以下是一些常用的分类算法。

1. 逻辑回归（Logistic Regression）

逻辑回归虽然名字中有"回归"，但它实际上是一种用于分类的线性模型。它使用逻辑函数将线性回归的输出转换为概率，然后使用这些概率进行分类。逻辑回归主要用于二元分类，但也可以用于多类分类（通过"一对多"策略）。

2. 决策树（Decision Tree）

决策树是一种图形模型，它通过一系列的问题来进行决策。每个节点代表一个问题或一个决策，每个分支代表一个可能的答案。决策树易于理解和解释，它可以用于二元分类和多类分类。

3. 随机森林（Random Forest）

随机森林是由多个决策树组成的，每棵树独立地对数据进行预测，然后随机森林通过投票或平均来汇总各个树的预测结果。随机森林既可以用于分类，也可以用于回归。

4. 支持向量机（Support Vector Machine, SVM）

支持向量机是一种二元线性分类器，它的目标是找到一个超平面来最大化 2 个类别的间隔。支持向量机可以处理线性可分和线性不可分的情况（通过使用核函数）。

5. K-最近邻（K-Nearest Neighbors, KNN）

K-最近邻算法是一种基于实例的学习，它的预测是基于输入样本在特征空间中的最近邻的类别。K-最近邻简单易懂，既可以用于分类，也可以用于回归。

每种算法都有其优点和适用场景，正确地选择并应用它们是机器学习工作的关键部分。

（三）典型分类算法：KNN

K-最近邻算法是一种基于实例的学习方法，常用于分类和回归问题。其基本思想是根据输入实例的 K 个最近邻的训练实例的类别，通过投票机制来决定输入实例的类别。

1. 工作原理

（1）距离测量：对于一个给定的测试数据，首先计算它与训练集中每个数据的距离。这个距离可以是欧氏距离，也可以是其他的距离度量方法。

（2）找出最近的 K 个点：找出训练集中与测试数据最近的 K 个点。

（3）投票：这 K 个最近的点所对应的类别进行投票，得票最多的类别就是测试数据的预测类别。

2. 特点

具有如下优缺点。

（1）优点：①简单，易于理解，无需参数估计，无需训练。②适合对稀有事件进行分类。③可以用于非线性分类。

（2）缺点：①计算量大，特别是当样本容量大时。②KNN 只考虑了最近的 K 个邻居，而没有考虑远离分类点的数据，因此对于样本不均衡的数据，预测结果会产生偏差。③K 值的选择会对结果产生显著影响。④对于不同的特征尺度，需要进行特征缩放，以防止某一特征主导距离计算。

3. 适用情况

KNN 是一种"懒惰学习"算法，因为它在训练阶段并不学习任何模型，而是直接在预测阶段进行计算。因此，KNN 适用于小至中等规模的数据集，对于大规模数据集，由于计算量太大可能不适合。此外，对于有噪声，样本不均衡的数据，KNN 的表现可能不佳。

（四）分类结果评估：准确率、查全率、查准率和F1-Score

分类算法的结果通常通过混淆矩阵（Confusion Matrix）来展示。混淆矩阵是一种特定的表格布局，允许可视化算法性能。

对于二分类问题，一个 2×2 的混淆矩阵类似图 6-27 所示。

混淆矩阵		
	预测为正	预测为负
实际为正	真正例（TP）	假负例（FN）
实际为负	假正例（FP）	真负例（TN）

图 6-27　混淆矩阵

二分类问题的混淆矩阵是一个 2×2 的表格，用于显示模型预测的结果和实际结果之间的关系。在分类任务中，我们通常将样本分为正类和负类。对于预测结果，我们有以下 4 种可能的情况。

（1）真正例（True Positives, TP）：被正确分类为正类的样本。也就是说，它们在真实情况下是正类，并且被模型正确地预测为正类。

（2）假负例（False Negatives, FN）：被错误分类为负类的样本。它们在真实情况下是正类，但被模型错误地预测为负类。也就是说，这些是我们"漏掉"的正类样本。

（3）假正例（False Positives, FP）：被错误分类为正类的样本。它们在真实情况下是负类，但被模型错误地预测为正类。也就是说，这些是我们"误报"的正类样本。

（4）真负例（True Negatives, TN）：被正确分类为负类的样本。也就是说，它们在真实情况下是负类，并且被模型正确地预测为负类。

有了这个矩阵，我们就可以计算一些关键的评价指标。

（1）精度（Accuracy）：预测正确的样本数占总样本数的比例。

$$精度 = \frac{TP + TN}{TP + TN + FP + FN}$$

（2）查准率（Precision）：在被预测为正的样本中，实际为正的比例，也称为正预测值（PPV）。

$$查准率 = \frac{TP}{TP + FP}$$

（3）查全率（Recall）：在所有实际为正的样本中，被预测为正的比例，也称为敏感度（Sensitivity）或真正例率（TPR）。

$$查全率 = \frac{TP}{TP + FN}$$

（4）F1 分数（F1-Score）：查全率和查准率的调和平均数。F1 分数的值介于 0（最差）和 1（最好），是一种平衡查全率和查准率的方式。

$$F1 - Score = \frac{查全率 \times 查准率}{查全率 + 查准率}$$

这些指标有各自的用途。精度是最常见的指标，但在正负样本不平衡的情况下，可能会出现问题。此时，查准率，查全率和 F1 分数就变得非常重要。在实践中，需要根据问题的性质和业务需求来选择最适合的评价指标。

（五）常用分类算法的调用办法

分类算法有很多种，包括但不限于决策树、朴素贝叶斯、支持向量机、神经网络、逻辑回归、梯度提升、K 最近邻、线性判别分析等等。以下是一个使用 Python 的 scikit-learn 库实现分类算法的例子。

首先，我们需要导入所需的库和模块：

```
from sklearn import datasets
from sklearn.model_selection import train_test_split
from sklearn.preprocessing import StandardScaler
from sklearn.metrics import accuracy_score
```

本例中我们使用 Iris 数据集进行测试。Iris 数据集，也称鸢尾花数据集，是一份著名的统计学数据集。它由 3 种不同类型的鸢尾花各 50 个样本组成，每个样本包括 4 个特征，即花萼长度、花萼宽度、花瓣长度、花瓣宽度，单位都是厘米。目标是根据这 4 个特征预测鸢尾花的种类。

总的来说，这个数据集有 150 个样本，4 个特征，3 个类别（类别为鸢尾花的种类）。每个类别有 50 个样本。这个数据集的特点是样本量小，特征数少，而且 3 个类别中有 2 个在花瓣长度和花瓣宽度上有一些重叠，因此经常被用来测试各种分类算法的性能。

我们加载 Iris 数据集，并进行训练集和测试集的划分：

```
# 加载数据集
iris = load_iris()
X = iris.data
y = iris.target

# 划分训练集和测试集
X_train, X_test, y_train, y_test = train_test_split(X, y, test_size=0.3,
 random_state=42)
```

进行数据标准化操作，以提升分类算法的准确率。模型的性能很大程度上取决于特征的选择和预处理，所以在实际使用时可能需要进行更多的数据分析和特征工程。

```
 # 数据标准化
sc = StandardScaler()
X_train_std = sc.fit_transform(X_train)
X_test_std = sc.transform(X_test)
```

调用各种分类算法并输出其准确率。

```
# 逻辑回归
from sklearn.linear_model import LogisticRegression
lr = LogisticRegression(random_state=42)
lr.fit(X_train_std, y_train)
y_pred = lr.predict(X_test_std)
print('逻辑回归准确率: %.2f' % accuracy_score(y_test, y_pred))
# 输出结果: 逻辑回归准确率: 1.00

# 支持向量机
from sklearn.svm import SVC
svm = SVC(kernel='linear', random_state=42)
svm.fit(X_train_std, y_train)
y_pred = svm.predict(X_test_std)
print('支持向量机准确率: %.2f' % accuracy_score(y_test, y_pred))
# 输出结果: 支持向量机准确率: 0.97

# 决策树
from sklearn.tree import DecisionTreeClassifier
tree = DecisionTreeClassifier(criterion='gini', random_state=42)
tree.fit(X_train_std, y_train)
y_pred = tree.predict(X_test_std)
print('决策树准确率: %.2f' % accuracy_score(y_test, y_pred))
# 输出结果: 决策树准确率: 1.00

# 随机森林
```

```
from sklearn.ensemble import RandomForestClassifier
forest = RandomForestClassifier(n_estimators=100, random_state=42)
forest.fit(X_train_std, y_train)
y_pred = forest.predict(X_test_std)
print('随机森林准确率：%.2f' % accuracy_score(y_test, y_pred))
 # 输出结果：随机森林准确率：1.00

# K 近邻
from sklearn.neighbors import KNeighborsClassifier
knn = KNeighborsClassifier(n_neighbors=5)
knn.fit(X_train_std, y_train)
y_pred = knn.predict(X_test_std)
print('K 近邻准确率：%.2f' % accuracy_score(y_test, y_pred))
# 输出结果：K 近邻准确率：1.00
```

这些分类算法在调用时有很多可调的参数，我们可以根据自己的数据集和任务需要进行调整。

因此，如果读者对以上算法感兴趣，我们强烈建议深入研究和实践。例如，支持向量机在处理高维度和稀疏数据上可能表现出色，逻辑回归则为特征之间的关系提供了解释性强的模型，神经网络则在图像和语音识别等领域显示出巨大的潜力。

三、聚类算法

聚类算法是一类无监督学习算法，主要用于将数据集中的样本划分为几个组或"簇"。聚类的目标是使得同一簇内的样本尽可能相似，不同簇的样本尽可能不同。聚类算法主要用于探索性数据分析、异常检测、推荐系统等任务。

（一）聚类的目的及定义

聚类是一种无监督学习方法，其主要目的是将数据集中的样本按照相似性划分为几个组或"簇"。在聚类中，我们不需要预先知道目标变量的值，也就是说，我们并不需要知道样本应该被划分到哪个簇。相反，聚类试图从数据的内在结构和分布中发现这些簇。

对于聚类的定义，一种常见的说法是：聚类是对数据集中的样本进行分组，使得同一个簇中的样本之间的相似性尽可能大，而不同簇中的样本之间的相似性尽可能小。这种"相似性"通常是根据样本的特征来定义的，例如欧氏距离、余弦相似度等。

聚类有许多重要的应用，包括但不限于以下几种。

（1）数据探索和理解：通过对数据进行聚类，我们可以了解数据的内在结构和模式，发现新的数据特征和趋势。

（2）异常检测：异常值通常会与其他样本形成一个独立的簇，因此聚类可以用于检测异常值和离群点。

（3）推荐系统：聚类可以用于对用户和项目进行分组，从而实现个性化的推荐。

（4）图像分割：聚类可以用于将图像中的像素划分为几个簇，每个簇代表一种颜色或纹理。

（5）市场细分：聚类可以用于对客户进行分组，每个簇代表一种客户群体。

（二）常见聚类算法

以下是一些常见的聚类算法。

1. K-Means 聚类

这是最常用的聚类算法之一。算法首先随机选择 K 个点作为初始聚类中心，然后将每个样本划分到离它最近的聚类中心所在的簇，接着重新计算每个簇的中心，并重复这个过程直到聚类中心不再变化或者达到预设的最大迭代次数。K-Means 要求事先设定聚类的个数 K，且对初始聚类中心的选择较为敏感。

2. 层次聚类

层次聚类试图在不同的尺度上对数据进行聚类，形成一个树状的聚类结构。层次聚类可以是自底向上的（凝聚式，每个样本开始时各自为一类，然后合并最接近的类别）或者自顶向下的（分裂式，开始所有样本为一类，然后逐渐分裂）。层次聚类的结果可以用树状图（Dendrogram）进行可视化。

3. DBSCAN (Density-Based Spatial Clustering of Applications with Noise)

DBSCAN 是一种基于密度的聚类方法，它将密度连续且较高的区域划分为同一簇。DBSCAN 的优点是不需要事先指定聚类个数，可以发现任意形状的簇，还可以找出异常点。但对参数的选择比较敏感。

4. 谱聚类

谱聚类是一种基于图论的聚类方法，它将数据看作图中的节点，然后通过图划分的方法进行聚类。谱聚类可以发现任意形状的簇，并且对噪声和异常点较为鲁棒。

这只是聚类算法中的一小部分，还有很多其他类型的聚类方法，如模型基聚类、密度峰值聚类等等。每种聚类算法都有其优点和局限，选择哪种算法取决于具体的数据和问题。

（三）典型聚类算法K-Means和DBSCAN的调用

1. K-Means 聚类

K-Means 算法是一种迭代的聚类算法，用于将数据点划分为 K 个群组或簇，其中 K 是用户提前确定的。这个算法的工作原理很简单：首先，从数据点中随机选择 K 个点作为初始聚类中心；然后，将每个数据点划分到最近的聚类中心所在的簇；最后，更新聚类中心为每个簇内数据点的平均值。重复这个过程直到聚类中心不再显著变化或达到一定的迭代次数。

在 K-Means 算法中，每个簇的形状都假定为凸形，这就意味着每个簇的所有数据点都比其他簇的任何点更接近它们自己簇的中心。这是一个强大的假设，但在很多实际应用中效果很好。

下面我们看一下如何使用 Python 的 scikit-learn 库来实现 K-Means 算法：

```
from sklearn.cluster import KMeans
import numpy as np

# 创建一些随机数据
X = np.random.rand(100, 2)

# 初始化 KMeans
kmeans = KMeans(n_clusters=3, random_state=0)

# 拟合模型
kmeans.fit(X)

# 查看聚类结果
labels = kmeans.labels_

# 查看聚类中心
centers = kmeans.cluster_centers_

print("Cluster labels:", labels)
# 输出结果:
# Cluster labels: [2 2 1 2 2 1 1 1 2 2 1 1 1 2 2 1 1 2 0 0 1 1 2 2 0 0
 2 0 2 0 0 0 1 0 2 1 0
#                  0 0 1 1 2 1 1 1 1 1 1 1 0 0 1 2 2 0 2 1 1 0 1 0 0 1
1 2 0 1 2 2 1 0 1 0 0
#                  0 0 0 0 2 2 2 1 1 0 0 2 0 1 2 0 1 1 2 0 2 1 2 2 2 0]
print("Cluster centers:", centers)
# 输出结果:
#Cluster centers: [[0.20331141 0.33416055]
#                  [0.77620946 0.42257696]
#                  [0.38532661 0.84806507]]
```

在上述代码中，我们首先导入需要的模块，然后创建一些随机数据。接着，我们初始化一个 K-Means 对象，并设置要找到的簇的数量为 3。然后，我们对数据执行拟合操作，这会执行实际的 K-Means 算法。最后，我们查看了每个数据点的簇标签和簇中心的坐标。

我们将随机点及其聚类结果用图片的方式进行展示，如图 6-28 所示。

星星图案表示 3 类聚类结果的中心，黄色、紫色、蓝色各表示不同标签结果的点，我们可以看出每个点都归属于离自己最近的一类标签中。

这只是 K-Means 的基本应用。在实际使用中，可能还需要进行一些预处理（例如特征缩放），并选择一个合适的 *K* 值。这通常需要一些实验和调整。

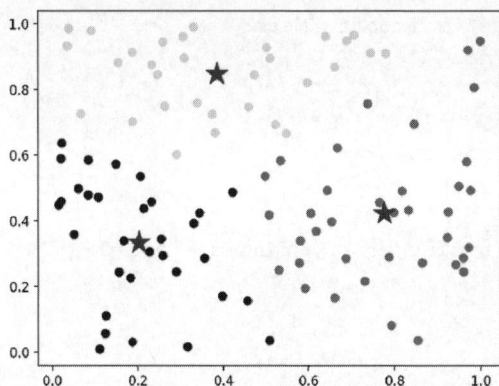

图 6-28　K-Means 聚类结果

2. DBSCAN

带噪声的基于密度的空间应用聚类（Density-Based Spatial Clustering of Applications with Noise，DBSCAN）是一种非常流行的聚类算法，它基于密度的概念来定义聚类。

该算法的基本思想是：给定一个数据集，对于每一个数据点，若在其一定范围内的相邻样本点的数量大于等于某个阈值，则认为所有这些样本点属于同一个簇（聚类）。

DBSCAN 有 2 个重要的参数。

（1）eps：定义了邻域的大小，也就是我们之前提到的"一定范围"。

（2）min_samples：定义了形成簇所需要的最小样本数，也就是我们之前提到的"某个阈值"。

下面是一个使用 scikit-learn 的 DBSCAN 实现的例子：

```
from sklearn.datasets import make_moons
from sklearn.preprocessing import StandardScaler
from sklearn.cluster import DBSCAN
import matplotlib.pyplot as plt

# 创建半月形数据
X, y = make_moons(n_samples=200, noise=0.05, random_state=0)

# 标准化特征
scaler = StandardScaler()
X_scaled = scaler.fit_transform(X)

# 应用 DBSCAN 算法
db = DBSCAN(eps=0.3, min_samples=5)
clusters = db.fit_predict(X_scaled)

# 可视化结果
plt.scatter(X_scaled[:, 0], X_scaled[:, 1], c=clusters, cmap='viridis')
plt.show()
```

在这个例子中，我们首先生成了一个半月形数据集，然后使用标准化进行预处理。然后我们创建了一个 DBSCAN 对象，并设置了 eps 和 min_samples 参数。最后，我们使用 fit_predict 方法来进行聚类，并将聚类结果进行了可视化，如图 6-29 所示。

DBSCAN 的一个重要优点是它能够发现任意形状的聚类，而且不需要预先指定聚类的数量。同时，它也能够处理噪声和异常值。但是，选择合适的 eps 和 min_samples 参数可能会比较困难，特别是对于高维数据。

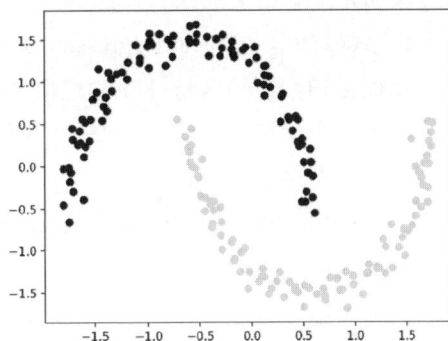

图 6-29　DBSCAN 聚类结果

四、回归算法

回归算法是一种用于预测连续数值的机器学习算法，它的目标是找到一个函数，使得该函数预测的输出值与实际值之间的误差最小。回归问题的经典例子包括房价预测、股票价格预测等。

（一）回归的目的及定义

回归分析是一种统计过程，用于估计变量之间的关系。在机器学习领域，回归通常被用于预测和建模。更具体地说，回归算法可以使我们预测出一个连续的输出值，如价格或概率。

在回归问题中，我们的目标是预测出一个连续的响应变量（或者叫目标变量，依赖变量）。这与分类问题不同，分类问题的目标是预测出一个类别标签。

1．回归的一些基本定义

（1）回归模型：回归模型是一个输入-输出模型，它将一个或多个特征映射到一个连续的目标变量。

（2）线性回归：线性回归是一种特殊的回归模型，它假设目标变量是输入特征的线性组合。线性回归的参数可以通过最小化预测值和真实值之间的均方误差来估计。

（3）非线性回归：非线性回归是一种更一般的回归模型，它允许目标变量是输入特征的非线性函数。非线性回归的参数通常需要通过迭代优化算法来估计。

2．回归的主要目的

（1）预测：回归模型可以根据历史数据来预测未来的趋势。例如，我们可以使用回归模型来预测明天的股票价格，或者预测未来的销售额。

（2）理解变量之间的关系：回归模型可以帮助我们理解输入变量如何影响输出变量。例如，我们可以使用回归模型来分析广告花费如何影响销售额。

（3）控制和优化：通过理解变量之间的关系，我们可以找到优化目标变量的方法。例如，我们可以通过调整广告花费来最大化销售额。

（二）常见的回归算法

下面是一些常见的回归算法：

1. 线性回归（Linear Regression）

线性回归假设输入特征和输出值之间存在线性关系，即输出值是输入特征的加权求和，加上一个偏置项。线性回归的目标是找到最佳的权重和偏置项，使得预测值与实际值之间的平方误差最小。

2. 多项式回归（Polynomial Regression）

多项式回归是线性回归的扩展，它假设输出值是输入特征的多项式函数。虽然多项式回归可以拟合更复杂的数据模式，但也更容易出现过拟合。

3. 决策树回归（Decision Tree Regression）

决策树回归使用一个决策树模型来预测输出值。决策树在每个节点上根据一个特征的值将数据分为 2 个子集，这个过程一直持续到每个子集中的数据都具有相同（或相似）的输出值。

4. 随机森林回归（Random Forest Regression）

随机森林回归使用多个决策树模型（即一个"森林"）来预测输出值，然后将这些预测值进行平均。通过这种方式，随机森林回归可以减小过拟合，提高预测精度。

5. 支持向量回归（Support Vector Regression，SVR）

SVR 是支持向量机（SVM）的扩展，它使用一个线性模型来预测连续的输出值，同时试图保持预测值与实际值之间的误差在一定的容忍度内。

以上只是一些常见的回归算法，还有很多其他的回归算法，如梯度提升回归（Gradient Boosting Regression）、岭回归（Ridge Regression）、套索回归（Lasso Regression）等等。不同的回归算法有各自的优点和限制，选择哪种算法取决于具体的数据和任务。

（三）典型回归算法——线性回归

线性回归是一个预测性的建模技术，用于预测连续或定量输出变量，这种变量通常被称为目标或依赖变量。输入变量，又称为预测变量或特征，通常是离散的、连续的或分类的。

线性回归算法的基本思想是假设输出和输入之间存在线性关系，即可以通过加权组合输入特征得到输出。这种线性关系可以由以下等式描述：

$$y = \beta_0 + \beta_1 x_1 + \beta_2 x_2 + \cdots + \beta_n x_n + \varepsilon$$

其中：y 为预测输出；$x_1, x_2, \cdots, x_n$ 为输入特征；$\beta_0, \beta_1, \cdots, \beta_n$ 为模型参数，β_0 为偏置项（也称为截距），β_1 到 β_n 为各个特征的权重；ε 为误差项，这是一个未观察到的随机变量，表示模型不能解释的变化。

线性回归的目标是找到一组权重 β，使得对于给定的输入 x，模型预测的输出 y 尽可能接近真实的输出。通常，我们通过最小化误差，我们就可以得到最佳的权重 β，使得模型在训练数据上的预测误差最小。然后，我们就可以使用这个模型来对新的、未见过的数据进行预测。

（四）回归预测结果评估——损失函数

回归问题的评估标准通常用来度量模型预测值与实际值之间的误差。以下是几种常用的回归评估指标。

1. 均方误差（Mean Squared Error，MSE）

均方误差计算公式为

$$MSE = \frac{1}{n}\Sigma(y_i - \hat{y}_i)^2$$

式中：n 为观测值的数量；y_i 为第 i 个观测的真实值（例如，如果我们正在预测房价，y_i 就是第 i 个房子的实际价格）；$\hat{y}_i$ 为第 i 个观测的预测值。这是模型预测的值，我们希望它尽可能接近 y_i。

这是最常用的回归评估指标，它计算的是预测值与实际值差的平方的平均值。MSE 对大误差的惩罚更大（因为误差被平方了），因此如果模型对某些观测的预测误差特别大，MSE 会显著增加。因此，优化 MSE 等于尝试找到一个在所有观测上都有不错表现的模型，而不只是大多数观测。

均方误差在 sklearn 中的调用方法如下：

```
from sklearn.metrics import mean_squared_error
mse = mean_squared_error(y_true, y_pred)
```

在调用方法中，y_true 对应于 y_i，y_pred 对应于 $\hat{y}_i$。这些是函数的输入参数，使用者需要提供真实的目标值和模型预测的值来计算这些评估指标。

2. 均方根误差（Root Mean Squared Error，RMSE）

均方根误差计算公式如下：

$$RMSE = sqrt(MSE) = \sqrt{\frac{1}{n}\Sigma(y_i - \hat{y}_i)^2}$$

RMSE 是 MSE 的平方根，它的量纲（单位）与目标变量的量纲相同，因此通常更容易理解和解释。RMSE 同样对大误差的惩罚更大。

均方根误差在 sklearn 中的调用方法如下：

```
from sklearn.metrics import mean_squared_error
mse = mean_squared_error(y_true, y_pred)
rmse = np.sqrt(mse)
```

3. 平均绝对误差（Mean Absolute Error，MAE）

平均绝对误差的计算公式如下：

$$MAE = \frac{1}{n}\Sigma|y_i - \hat{y}_i|$$

MAE 计算的是预测值与实际值差的绝对值的平均值。与 MSE 和 RMSE 相比，MAE 对大误差的惩罚较小（因为误差没有被平方），因此如果数据存在许多异常值，或者你希望模型对大误差和小误差同样重视，使用 MAE 可能会更合适。

平均绝对误差在 sklearn 中的调用方法如下：

```
from sklearn.metrics import mean_absolute_error
mae = mean_absolute_error(y_true, y_pred)
```

4. R^2 得分（R-squared，也称为确定系数）

确定系数 R^2 的计算公式如下：

$$R^2 = 1 - \frac{\Sigma(y_i - \hat{y}_i)^2}{\Sigma(y_i - y_{mean})^2}$$

式中：y_{meam} 为所有观测的真实值的平均值。

在 R^2 得分的计算中，我们要计算模型预测值与真实值的差的平方和，然后将它除以真实值与其平均值的差的平方和。这样做的目的是把模型的预测性能相对于一个简单的基准模型（即总是预测 y_mean 的模型）进行标准化。

R^2 得分的范围通常在 0 到 1 之间（尽管在某些情况下，它可能为负）。接近 1 的 R^2 得分表示模型可以解释大部分目标变量的变异性，而接近 0 的 R^2 得分表示模型只能解释很小部分目标变量的变异性。换句话说，R^2 得分越高，模型的预测效果越好。

确定系数 R^2 在 sklearn 中的调用方法如下：

```
from sklearn.metrics import r2_score
r2 = r2_score(y_true, y_pred)
```

以上 4 种评估指标都是损失函数，也就是说，我们希望它们的值越小越好（除了 R^2 得分，我们希望它越大越好）。不过，它们也各有各的特点，应根据具体问题选择合适的评估指标。

（五）常用回归算法的调用办法

假设我们有一个预测房价的任务，我们可以使用波士顿房价数据集（Boston House Prices dataset）。波士顿房价数据集是一个经典的用于回归分析的数据集。这个数据集来自于 1978 年美国波士顿的房价信息，包含 506 个样本，每个样本包含 13 个特征和 1 个目标变量（房价中位数）。每个样本代表波士顿不同地区的房屋信息。

在 Python 的 scikit-learn 库中，可以方便地加载这个数据集。以下是使用各种回归算法并计算它们的均方根误差（RMSE）的案例：

```
import numpy as np
from sklearn.datasets import load_boston
from sklearn.model_selection import train_test_split
from sklearn.linear_model import LinearRegression
from sklearn.tree import DecisionTreeRegressor
from sklearn.ensemble import RandomForestRegressor
from sklearn.metrics import mean_squared_error

# 加载波士顿房价数据
```

```
boston = load_boston()
X = boston.data
y = boston.target

# 划分训练集和测试集
X_train, X_test, y_train, y_test = train_test_split(X, y, test_size=0.2,
 random_state=42)

# 线性回归
lr = LinearRegression()
lr.fit(X_train, y_train)
y_pred_lr = lr.predict(X_test)
rmse_lr = np.sqrt(mean_squared_error(y_test, y_pred_lr))
print('线性回归 RMSE: %.2f' % rmse_lr)
# 输出结果：线性回归 RMSE: 4.93

# 决策树回归
tree_reg = DecisionTreeRegressor()
tree_reg.fit(X_train, y_train)
y_pred_tree = tree_reg.predict(X_test)
rmse_tree = np.sqrt(mean_squared_error(y_test, y_pred_tree))
print('决策树 RMSE: %.2f' % rmse_tree)
# 输出结果：决策树 RMSE: 3.28

# 随机森林回归
forest_reg = RandomForestRegressor()
forest_reg.fit(X_train, y_train)
y_pred_forest = forest_reg.predict(X_test)
rmse_forest = np.sqrt(mean_squared_error(y_test, y_pred_forest))
print('随机森林 RMSE: %.2f' % rmse_forest)
# 输出结果：随机森林 RMSE: 2.94
```

请注意，这个示例使用了 random_state = 42 来确保每次运行都能得到相同的结果。在实际应用中，你可能希望去掉这个参数以得到更真实的结果。此外，这个示例并未对数据进行任何预处理，例如标准化或归一化，这在实际使用中是非常重要的步骤。

在这段代码中，我们首先加载了波士顿房价数据集，然后将数据集分成训练集和测试集。接着，我们创建了一个随机森林回归模型，并使用训练数据对其进行训练。最后，我们使用测试数据进行预测，并计算了预测结果的 RMSE 值。从中可以看出随机森林回归的 RMSE 较低，即随机森林算法对于本案例的拟合程度较高。

第七章 专 项 练 习

第一节 数据中台练习（Hive SQL）

一、简单题

（1）请为以下场景选择合适的 Hive 数据类型：

1）存储一个学生的年龄。

2）存储一本书的标题。

3）存储一个视频的上传日期。

4）存储一个用户的兴趣标签列表。

5）存储一个人的姓名和出生日期。

答案：1）INT　　　2）STRING　　　3）DATE　　　4）ARRAY<STRING>

　　　5）STRUCT<name: STRING , birth_date: DATE>

（2）考虑以下 Hive 表结构：

```
CREATE TABLE people (
    id INT,
    name STRING,
    age INT,
    address STRUCT<street: STRING, city: STRING, state: STRING, zip_code:
STRING>,
    hobbies ARRAY<STRING>,
    scores MAP<STRING, INT>
);
```

对于以下查询，请解释其目的：

1）SELECT name, age FROM people WHERE age ＞= 30;

2）SELECT name, address.city FROM people WHERE address.state = 'CA';

3）SELECT name, hobbies FROM people WHERE array_contains(hobbies, 'reading');

4）SELECT name, scores['math'] FROM people;

答案：1）查询所有年龄大于等于 30 岁的人的姓名和年龄。

　　　2）查询居住在 CA（加州）的人的姓名和城市。

3）查询兴趣包含阅读（reading）的人的姓名和兴趣列表。

4）查询每个人的姓名和数学成绩。

（3）请编写一个 Hive 表定义语句，用于存储以下信息：

1）用户 ID（整数）。

2）用户名（字符串）。

3）邮箱地址（字符串）。

4）注册日期（日期）。

5）最后登录时间（时间戳）。

6）账户余额（定点数，2 位小数）。

7）购物车中的商品（商品 ID 为整数，商品数量为整数）。

答案：

```
CREATE TABLE users (
    user_id INT,
    username STRING,
    email STRING,
    registration_date DATE,
    last_login TIMESTAMP,
    account_balance DECIMAL(10,2),
    shopping_cart MAP<INT, INT>
);
```

（4）给定以下 CSV 数据：

1）John,apple,5;banana,10;grape,20。

2）Alice,banana,15;grape,25;orange,30。

3）Bob,apple,10;orange,20;kiwi,30。

请为该数据创建一个 Hive 托管表，并将数据插入到表中。表中的每一行表示一个用户（包括用户 ID、用户名）及其购买的水果及数量。请注意处理各种分隔符。

答案：

```
CREATE TABLE user_fruits (
    user_id INT,
    user_name STRING,
    fruit_purchases MAP<STRING, INT>
)
ROW FORMAT DELIMITED
FIELDS TERMINATED BY ','
COLLECTION ITEMS TERMINATED BY ';'
MAP KEYS TERMINATED BY ':'
STORED AS TEXTFILE;
```

（5）给定一个包含以下结构的 Hive 表：

```
CREATE TABLE employees (
```

```
    id INT,
    name STRING,
    department STRUCT<id: INT, name: STRING>,
    salary FLOAT
);
```

请编写一个查询，计算每个部门的平均工资，并按部门 ID 升序排列。

答案：

```
SELECT department.id AS department_id, AVG(salary) AS average_salary
  FROM employees
  GROUP BY department.id
  ORDER BY department.id;
```

二、中等题

请根据图 7-1 中的表格数据进行分析。

student_scores		
name	class	score
Alice	A	85
Bob	A	90
Charlie	A	88
David	B	88
Ethan	B	95
Frank	B	89

图 7-1　student_scores 表格

（1）计算所有学生的平均分数。

（2）计算每个班级的平均分数。

（3）找出所有分数大于 90 的学生。

（4）找出分数最高的学生。

（5）找出每个班级分数最高的学生。

（6）找出每个班级分数排名第 2 的学生。

（7）计算每个班级的学生人数。

（8）找出所有分数为 88 的学生。

（9）计算所有学生的总分数。

（10）找出分数排名前三的学生。

答案：

（1）计算所有学生的平均分数。

```
SELECT AVG(score) AS avg_score FROM my_table;
```

输出结果：
```
avg_score
--------------
88.33
```

（2）计算每个班级的平均分数。

```
SELECT class, AVG(score) AS avg_score FROM my_table GROUP BY class;
```
输出结果：
```
class | avg_score
------------------
A     | 87.67
B     | 90.67
```

（3）找出所有分数大于90的学生。

```
SELECT * FROM my_table WHERE score > 90;
```
输出结果：
```
name    class   score
--------------------
Ethan   B       95
```

（4）找出分数最高的学生。

```
SELECT * FROM my_table ORDER BY score DESC LIMIT 1;
```
输出结果：
```
name    class   score
--------------------
Ethan   B       95
```

（5）找出每个班级分数最高的学生。

```
SELECT t1.class, t1.name, t1.score FROM my_table t1
WHERE t1.score = (
  SELECT MAX(score) FROM my_table t2 WHERE t1.class = t2.class
);
```
输出结果：
```
class   name    score
--------------------
A       Bob     90
B       Ethan   95
```

（6）找出每个班级分数排名第2的学生。

```
SELECT t1.class, t1.name, t1.score FROM (
  SELECT class, name, score, DENSE_RANK() OVER (PARTITION BY class ORDER
BY score DESC) AS rank FROM my_table
) t1 WHERE t1.rank = 2;
```
输出结果：
```
class   name    score
--------------------
A       Charlie 88
```

```
B       Frank    89
```

（7）计算每个班级的学生人数。

```
SELECT class, COUNT(*) AS num_students FROM my_table GROUP BY class;
```
输出结果：
```
class | num_students
---------------------
A     | 3
B     | 3
```

（8）找出所有分数为 88 的学生。

```
SELECT * FROM my_table WHERE score = 88;
```
输出结果：
```
name     class   score
---------------------
Charlie  A       88
David    B       88
```

（9）计算所有学生的总分数。

```
SELECT SUM(score) AS total_score FROM my_table;
```
输出结果：
```
total_score
--------------
530
```

（10）找出分数排名前三的学生。

```
SELECT name, class, score, DENSE_RANK() OVER (ORDER BY score DESC) AS rank
FROM my_table
WHERE rank <= 3;
```
输出结果：
```
name     class   score   rank
---------------------------
Ethan    B       95      1
Bob      A       90      2
Frank    B       89      3
```

第二节　Python　练　习

一、简单题

（1）编写 Python 代码实现输出 "Hello, World!"。

答案：

```
print("Hello, World!")
# 输出：Hello, World!
```

（2）编写 Python 代码实现计算 2 个整数的和并输出结果。

答案：

```
num1 = 5
num2 = 3
sum_result = num1 + num2
print("和是: ", sum_result)
# 输出: 和是:  8
```

（3）编写 Python 代码实现接受用户输入的名字并打印出"Hello，名字！"。

答案：

```
name = input("请输入你的名字: ")
print("Hello, " + name + "!")
# 输入: 张三
# 输出: Hello, 张三!
```

（4）编写 Python 代码实现计算一个数的平方。

答案：

```
num = float(input("请输入一个数: "))
square = num * num
print("该数的平方是: ", square)
# 输入: 23
# 输出: 529.0
```

（5）创建一个列表[1, 2, 3, 4, 5]，然后编写 Python 代码实现计算列表的平均值。

答案：

```
numbers = [1, 2, 3, 4, 5]
average = sum(numbers) / len(numbers)
print("平均值是: ", average)
# 输出: 平均值是:  3.0
```

（6）编写 Python 代码实现判断一个数是否是奇数或偶数。

答案：

```
num = int(input("请输入一个整数: "))
if num % 2 == 0:
    print(num, "是偶数。")
else:
    print(num, "是奇数。")
# 输入: 512
# 输出: 512 是偶数。
```

（7）编写 Python 代码实现接受用户输入的 2 个数，并交换它们的值。

答案：

```
num1 = float(input("请输入第一个数: "))
num2 = float(input("请输入第二个数: "))
```

```
num1,num2 = num2,num1
print("交换后的第一个数: ", num1)
print("交换后的第二个数: ", num2)
# 输入: 10
# 输入: 20
# 输出: 交换后的第一个数:  20.0
        交换后的第二个数:  10.0
```

（8）编写 Python 代码实现找出列表[12, 54, 6, 87, 45]中的最大值。

答案:

```
numbers = [12, 54, 6, 87, 45]
max_number = max(numbers)
print("最大值是: ", max_number)
# 输出: 最大值是:  87
```

（9）编写 Python 代码实现将摄氏温度转换为华氏温度，转换公式为: $F = C * \dfrac{9}{5} + 32$。

答案:

```
celsius = float(input("请输入摄氏温度: "))
fahrenheit = celsius * 9/5 + 32
print("华氏温度是: ", fahrenheit)
# 输入: 32
# 输出: 华氏温度是:  89.6
```

（10）编写 Python 代码实现生成一个包含 1 到 10 的整数的列表，并将其平方存储在另一个列表中。

答案:

```
original_numbers = list(range(1, 11))
squared_numbers = [x ** 2 for x in original_numbers]
print("原始列表: ", original_numbers)
print("平方列表: ", squared_numbers)
# 输出: 原始列表:  [1, 2, 3, 4, 5, 6, 7, 8, 9, 10]
        平方列表:  [1, 4, 9, 16, 25, 36, 49, 64, 81, 100]
```

（11）编写 Python 代码实现创建一个空列表，然后添加 3 个不同的整数（5、10、15）到列表中。

答案:

```
my_list = []
my_list.append(5)
my_list.append(10)
my_list.append(15)
print(my_list)
# 输出: [5, 10, 15]
```

（12）编写 Python 代码实现创建一个包含 5 个不同名字的字典，每个名字作为键，与之关联的年龄作为值。

答案：

```
name_age = {
    "Alice": 25,
    "Bob": 30,
    "Charlie": 22,
    "David": 28,
    "Eva": 35
}
print(name_age)
# 输出：{'Alice': 25, 'Bob': 30, 'Charlie': 22, 'David': 28, 'Eva': 35}
```

（13）编写 Python 代码实现创建一个集合，包含 2 个不同的颜色，然后添加一个新的颜色到集合中。

答案：

```
colors = {"red", "blue"}
colors.add("green")
print(colors)
# 输出：{'red', 'blue', 'green'}
```

（14）编写 Python 代码实现创建一个字符串"Hello, World!"，然后使用切片操作输出字符串的第 3 到第 6 个字符。

答案：

```
my_string = "Hello, World!"
substring = my_string[2:6]
print(substring)
# 输出：llo,
```

（15）编写 Python 代码实现创建一个列表[1, 2, 3, 4, 5]，包含 5 个数字，然后使用循环遍历列表并计算这些数字的总和。

答案：

```
numbers = [1, 2, 3, 4, 5]
total = 0
for num in numbers:
    total += num
print("总和是：", total)
# 输出：总和是： 15
```

（16）编写 Python 代码实现创建一个字典，用于表示一个学生的成绩，3 门课程中数学 85 分、英语 90 分和科学 78 分。然后计算这个学生的平均分数。

答案：

```
grades = {
    "math": 85,
    "english": 90,
```

```
        "science": 78
}
average_grade = sum(grades.values()) / len(grades)
print("平均分数是: ", average_grade)
# 输出: 平均分数是:  84.33333333333333
```

（17）编写 Python 代码实现创建一个包含 10 个整数的列表[1, 2, 3, 4, 5, 6, 7, 8, 9, 10]，然后使用列表解析找出其中的偶数。

答案：

```
numbers = [1, 2, 3, 4, 5, 6, 7, 8, 9, 10]
even_numbers = [num for num in numbers if num % 2 == 0]
print("偶数列表: ", even_numbers)
# 输出: 偶数列表:  [2, 4, 6, 8, 10]
```

（18）编写 Python 代码实现创建一个嵌套的列表，表示一个 1 到 9 的二维矩阵（数组），然后输出矩阵的第二行。

答案：

```
matrix = [
    [1, 2, 3],
    [4, 5, 6],
    [7, 8, 9]
]
second_row = matrix[1]
print("第二行: ", second_row)
# 输出: 第二行:  [4, 5, 6]
```

（19）编写 Python 代码实现创建 2 个集合 set1 和 set2，set1 包含{1,2,3,4,5}这 5 个元素，set2 包含{3, 4, 5, 6, 7}，然后找出它们的交集并输出。

答案：

```
set1 = {1, 2, 3, 4, 5}
set2 = {3, 4, 5, 6, 7}
intersection = set1 & set2
print("交集是: ", intersection)
# 输出: 交集是:  {3, 4, 5}
```

（20）编写 Python 代码实现创建 2 个集合 set1 和 set2，set1 包含{1, 2, 3, 4, 5}这 5 个元素，set2 包含{3, 4, 5, 6, 7}，然后找出它们的并集并输出。

答案：

```
set1 = {1, 2, 3, 4, 5}
set2 = {3, 4, 5, 6, 7}
union_set = set1 | set2
print("并集是: ", union_set)
# 输出: 并集是:  {1, 2, 3, 4, 5, 6, 7}
```

二、中等题

（1）编写 Python 代码（推荐使用 datetime 库）实现输出当前日期和时间。
答案：

```
import datetime

current_datetime = datetime.datetime.now()
print("当前日期和时间: ", current_datetime)
# 输出: 当前日期和时间:  2023-08-06 14:54:23.599824（请以实际时间为准）
```

（2）编写 Python 代码（推荐使用 datetime 库）实现计算 2 个日期之间的天数差距。
答案：

```
import datetime

date1 = datetime.date(2023, 8, 1)
date2 = datetime.date(2023, 8, 15)
delta = date2 - date1
print("日期差距（天数）: ", delta.days)
# 输出: 日期差距（天数）: 14
```

（3）编写 Python 代码（推荐使用 datetime 库）实现接受用户输入的日期（年、月、日），然后计算并输出该日期的后一天。
答案：

```
import datetime

year = int(input("请输入年份: "))
month = int(input("请输入月份: "))
day = int(input("请输入日期: "))

date = datetime.date(year, month, day)
next_day = date + datetime.timedelta(days=1)
print("后一天的日期是: ", next_day)
# 输入: 2023
# 输入: 8
# 输入: 1
# 输出: 2023-08-02
```

（4）编写 Python 代码（推荐使用 datetime 库）实现计算当前月份的第一天和最后一天，并输出它们。
答案：

```
import datetime

current_date = datetime.date.today()
first_day = current_date.replace(day=1)
```

```
last_day = current_date.replace(day=1, month=current_date.month % 12 + 1)
- datetime.timedelta(days=1)

print("当前月份的第一天: ", first_day)
print("当前月份的最后一天: ", last_day)
# 输出: 当前月份的第一天:  2023-08-01（请以实际时间为准）
         当前月份的最后一天:  2023-08-31（请以实际时间为准）
```

（5）编写 Python 代码（推荐使用 datetime 库）实现接受用户输入的日期（年、月、日），然后计算并输出该日期是星期几。

答案：

```
import datetime

year = int(input("请输入年份: "))
month = int(input("请输入月份: "))
day = int(input("请输入日期: "))

date = datetime.date(year, month, day)
weekday = date.strftime("%A")
print("该日期是星期: ", weekday)
# 输入: 2023
# 输入: 8
# 输入: 1
# 输出: 该日期是星期:  Tuesday
```

（6）编写 Python 代码（推荐使用 datetime 库）实现计算距离下一个新年倒计时还有多少天、小时、分钟和秒。

答案：

```
import datetime

current_datetime = datetime.datetime.now()
next_year = current_datetime.year + 1
new_year_date = datetime.datetime(next_year, 1, 1)
time_remaining = new_year_date - current_datetime

days = time_remaining.days
seconds = time_remaining.seconds
hours, remainder = divmod(seconds, 3600)
minutes, seconds = divmod(remainder, 60)

print(f"距离下一个新年还有: {days} 天, {hours} 小时, {minutes} 分钟, {seconds}
秒")
# 输出: 距离下一个新年还有: 116 天, 4 小时, 51 分钟, 28 秒（请以实际时间为准）
```

（7）编写 Python 代码（推荐使用 datetime 库）实现接受用户输入的日期（年、月、日），然后计算并输出该日期所在月的第一个星期一的日期。

答案：

```
import datetime

year = int(input("请输入年份："))
month = int(input("请输入月份："))

# 找到该月的第一天
first_day = datetime.date(year, month, 1)

# 找到第一个星期一
while first_day.weekday() != 0:  # 0表示星期一
    first_day += datetime.timedelta(days=1)

print("该月的第一个星期一是：", first_day)
# 输入：2023
# 输入：8
# 输出：该月的第一个星期一是： 2023-08-07
```

（8）编写 Python 代码（推荐使用 datetime 库）实现计算一个日期（年、月、日）距离当前日期多少年、月和天。

答案：

```
import datetime

year = int(input("请输入年份："))
month = int(input("请输入月份："))
day = int(input("请输入日期："))

date = datetime.date(year, month, day)
current_date = datetime.date.today()

delta = current_date - date
years = delta.days // 365
months = (delta.days % 365) // 30
days = (delta.days % 365) % 30

print(f"距离当前日期：{years} 年，{months} 月，{days} 天")
# 输入：2023
# 输入：1
# 输入：1
# 输出：距离当前日期：0 年，8 月，8 天（请以实际时间为准）
```

（9）编写 Python 代码（推荐使用 datetime 库）实现接受用户输入的 2 个日期（年、月、日），然后计算并输出 2 个日期之间的月份差。

答案：

```
import datetime
```

```
year1 = int(input("请输入第一个日期的年份："))
month1 = int(input("请输入第一个日期的月份："))
day1 = int(input("请输入第一个日期的日期："))

year2 = int(input("请输入第二个日期的年份："))
month2 = int(input("请输入第二个日期的月份："))
day2 = int(input("请输入第二个日期的日期："))

date1 = datetime.date(year1, month1, day1)
date2 = datetime.date(year2, month2, day2)

if date1 > date2:
    date1, date2 = date2, date1  # 确保 date1 <= date2

months_diff = (date2.year - date1.year) * 12 + date2.month - date1.month

print(f"两个日期之间的月份差：{months_diff} 月")
# 输入：2021
# 输入：1
# 输入：1
# 输入：2023
# 输入：8
# 输入：1
# 输出：两个日期之间的月份差：31 月
```

（10）编写 Python 代码（推荐使用 datetime 库）实现生成一个包含当前日期到下一个月底每一天的日期列表。

答案：

```
import datetime

current_date = datetime.date.today()
next_month = current_date.replace(day=1, month=current_date.month % 12 + 1)
last_day_of_month = next_month - datetime.timedelta(days=1)

date_list = [current_date + datetime.timedelta(days=x) for x in range((last_
day_of_month - current_date).days + 1)]

print("日期列表：", date_list)
# 输出：日期列表：[datetime.date(2023,9,6), datetime.date(2023,9,7),
datetime.date(2023, 9, 8), datetime.date(2023, 9, 9), datetime.date(2023, 9, 10),
datetime.date(2023, 9, 11), datetime.date(2023, 9, 12), datetime.date(2023, 9,
13), datetime.date(2023,9,14),datetime.date(2023,9, 15), datetime.date(2023,
9,16),datetime.date(2023,9,17), datetime.date(2023, 9, 18), datetime.date(2023,
9,19),datetime.date(2023,9,20), datetime.date(2023, 9, 21), datetime.date(2023,
9,22), datetime.date(2023,9,23),datetime.date(2023, 9, 24), datetime.date(2023,
9, 25), datetime.date(2023,9,26),datetime.date(2023, 9, 27), datetime.date(2023,
9, 28), datetime.date(2023, 9, 29), datetime.date(2023, 9, 30)]
（请以实际时间为准）
```

（11）编写 Python 代码（推荐使用 pandas 库）实现创建一个包含图 7-2 中学生姓名和分数的数据表，并计算平均分数。

学生姓名分数	
name	score
Alice	85
Bob	90
Charlie	88
David	88
Ethan	95
Frank	89

图 7-2 学生姓名分数数据表

答案：

```
import pandas as pd

data = {
    '姓名': ['Alice', 'Bob', 'Charlie', 'David'],
    '分数': [85, 92, 78, 89]
}

df = pd.DataFrame(data)
average_score = df['分数'].mean()
print("平均分数: ", average_score)
# 输出: 平均分数: 86.0
```

（12）编写 Python 代码（推荐使用 pandas 库）实现创建一个数据框包含学生姓名、数学成绩和英语成绩（见图 7-3），然后计算每个学生的平均成绩。

学生姓名分数		
name	math_score	english_score
Alice	85	90
Bob	92	88
Charlie	78	75
David	89	92

图 7-3 学生姓名分数数据表

答案：

```
import pandas as pd
```

```
data = {
    '姓名': ['Alice', 'Bob', 'Charlie', 'David'],
    '数学成绩': [85, 92, 78, 89],
    '英语成绩': [90, 88, 75, 92]
}

df = pd.DataFrame(data)
df['平均成绩'] = df[['数学成绩', '英语成绩']].mean(axis=1)
print(df)
 # 输出：姓名   数学成绩   英语成绩   平均成绩
0    Alice   85     90     87.5
1     Bob    92     88     90.0
2   Charlie  78     75     76.5
3   David    89     92     90.5
```

（13）编写 Python 代码（推荐使用 pandas 库）实现从一个 Excel 文件中读取数据，并显示特定列的前 10 行。

答案：

```
import pandas as pd

df = pd.read_excel('data.xlsx', usecols=['列1', '列2'])  # 替换为你的文件路径和列名
print(df.head(10))
```

（14）编写 Python 代码（推荐使用 pandas 库）实现创建一个数据框包含商品名称和价格（见图 7-4），然后按价格降序排序并显示前 5 个商品。

商品名称价格	
商品名称	价格
苹果	3.0
香蕉	2.0
橙子	2.5
草莓	4.0
葡萄	3.5

图 7-4 商品名称价格数据表

答案：

```
import pandas as pd

data = {
    '商品名称': ['苹果', '香蕉', '橙子', '草莓', '葡萄'],
    '价格': [3.0, 2.0, 2.5, 4.0, 3.5]
```

```
}
df = pd.DataFrame(data)
df = df.sort_values(by='价格', ascending=False)
print(df.head(5))
# 输出：   商品名称   价格
 3       草莓     4.0
 4       葡萄     3.5
 0       苹果     3.0
 2       橙子     2.5
 1       香蕉     2.0
```

（15）编写 Python 代码（推荐使用 pandas 库）实现创建一个数据框包含学生姓名、出生日期和入学日期，然后计算每个学生的年龄，如图 7-5 所示。

学生出生及入学日期		
姓名	出生日期	入学日期
Alice	1995-03-15	2015-09-01
Bob	1997-06-20	2016-08-30
Charlie	1996-12-10	2017-01-15
David	1998-02-05	2015-09-01

图 7-5　学生出生及入学日期数据表

答案：

```
import pandas as pd
from datetime import datetime

data = {
    '姓名': ['Alice', 'Bob', 'Charlie', 'David'],
    '出生日期': ['1995-03-15', '1997-06-20', '1996-12-10', '1998-02-05'],
    '入学日期': ['2015-09-01', '2016-08-30', '2017-01-15', '2015-09-01']
}

df = pd.DataFrame(data)
df['出生日期'] = pd.to_datetime(df['出生日期'])
df['入学日期'] = pd.to_datetime(df['入学日期'])
df['年龄'] = (datetime.now() - df['出生日期']).astype('<m8[Y]')
print(df)
# 输出：姓名 出生日期 入学日期     年龄
0   Alice  1995-03-15  2015-09-01  28.0
1   Bob    1997-06-20  2016-08-30  26.0
2   Charlie 1996-12-10 2017-01-15  26.0
3   David  1998-02-05  2015-09-01  25.0
```

（16）编写 Python 代码（推荐使用 pandas 库）实现创建一个数据框包含学生姓名和所属班级，然后统计每个班级有多少学生（如图 7-6 所示）。

学生姓名班级	
姓名	班级
Alice	A
Bob	B
Charlie	A
David	C
Ethan	B
Frank	C

图 7-6　学生出生及入学日期数据表

答案：

```
import pandas as pd

data = {
    '姓名': ['Alice', 'Bob', 'Charlie', 'David', 'Eva', 'Frank'],
    '班级': ['A', 'B', 'A', 'C', 'B', 'C']
}

df = pd.DataFrame(data)
class_counts = df['班级'].value_counts()
print(class_counts)
# 输出:
A    2
B    2
C    2
Name: 班级, dtype: int64
```

（17）编写 Python 代码（推荐使用 pandas 库）实现创建一个数据框包含订单号、产品名称和销售数量（见图 7-7），然后计算每个产品的总销售数量。

订单数据		
订单号	产品名称	销量数量
101	苹果	20
102	香蕉	30
103	苹果	15
104	草莓	25
105	香蕉	10
106	草莓	35

图 7-7　商品订单销售数据表

答案：

```
import pandas as pd

data = {
    '订单号': [101, 102, 103, 104, 105, 106],
    '产品名称': ['苹果', '香蕉', '苹果', '草莓', '香蕉', '草莓'],
    '销售数量': [20, 30, 15, 25, 10, 35]
}

df = pd.DataFrame(data)
product_sales = df.groupby('产品名称')['销售数量'].sum()
print(product_sales)
# 输出：产品名称
苹果      35
草莓      60
香蕉      40
Name: 销售数量, dtype: int64
```

三、困难题

（1）编写 Python 代码实现使用 scikit-learn 构建一个简单的线性回归模型来预测汽车价格。给定一个包含汽车型号、里程数和价格的数据集（CSV 格式），训练模型并使用其预测一辆新汽车的价格。输出新汽车的预测价格。

答案：

```
import pandas as pd
from sklearn.model_selection import train_test_split
from sklearn.linear_model import LinearRegression

# 读取数据集（假设文件名为 cars.csv）
data = pd.read_csv('cars.csv')  # 替换为你的文件路径

# 准备特征和目标变量
X = data[['里程数']]
y = data['价格']

# 划分训练集和测试集
X_train, X_test, y_train, y_test = train_test_split(X, y, test_size=0.2,
random_state=42)

# 构建线性回归模型并训练
model = LinearRegression()
model.fit(X_train, y_train)

# 预测新汽车的价格
new_mileage = 50000  # 假设新车的里程数
predicted_price = model.predict([[new_mileage]])
```

```
print("预测的新汽车价格: ", predicted_price[0])
```

（2）编写 Python 代码实现使用 scikit-learn 构建一个 SVM 分类器来对手写数字的图像进行识别。给定一个包含手写数字图像和对应标签的数据集，训练 SVM 模型并使用其对一个手写数字图像进行分类。输出图像的分类结果。

答案:

```
import pandas as pd
from sklearn import datasets
from sklearn.model_selection import train_test_split
from sklearn.svm import SVC
import matplotlib.pyplot as plt

# 加载手写数字数据集
digits = datasets.load_digits()

# 准备特征和目标变量
X = digits.data
y = digits.target

# 划分训练集和测试集
X_train, X_test, y_train, y_test = train_test_split(X, y, test_size=0.2,
random_state=42)

# 构建 SVM 分类器并训练
clf = SVC()
clf.fit(X_train, y_train)

# 选择一个测试图像进行分类（假设选择第一个测试图像）
test_image = X_test[0].reshape(8, 8)   # 将图像数据变换成 8x8 的形状
predicted_label = clf.predict([X_test[0]])[0]

# 显示测试图像和分类结果
plt.imshow(test_image, cmap='gray')
plt.title(f"分类结果: {predicted_label}")
plt.show()
```

（3）编写 Python 代码实现使用 scikit-learn 构建一个 K 均值聚类模型来对 Iris 数据集进行聚类分析。输出每个样本的簇分配结果和对应的簇中心坐标。

答案:

```
import pandas as pd
from sklearn.cluster import KMeans
import matplotlib.pyplot as plt
from sklearn import datasets

# 加载 Iris 数据集
iris = datasets.load_iris()
```

```
X = iris.data

# 构建 K 均值聚类模型并训练（假设聚为 3 类）
kmeans = KMeans(n_clusters=3)
kmeans.fit(X)

# 获取簇分配结果
cluster_labels = kmeans.labels_

# 获取簇中心坐标
cluster_centers = kmeans.cluster_centers_

# 输出每个样本的簇分配结果
print("簇分配结果：")
for i in range(len(cluster_labels)):
    print(f"样本 {i}：属于簇 {cluster_labels[i]}")

# 输出簇中心坐标
print("簇中心坐标：")
for i, center in enumerate(cluster_centers):
    print(f"簇 {i} 的中心坐标：{center}")

# 绘制聚类结果（假设只选择前两个特征进行可视化）
plt.scatter(X[:, 0], X[:, 1], c=cluster_labels, cmap='rainbow')
plt.scatter(cluster_centers[:, 0], cluster_centers[:, 1], marker='X',
s=200, c='black')
plt.title('K 均值聚类结果')
plt.show()
```

第八章 案 例 分 析

在本章中，我们将以电力生产工作为背景，深入探讨如何将数据分析方法应用于实际工作场景。通过结合典型的电力行业问题，我们将展示如何在庞大的数据集中精准地定位并提取有价值的信息。数据不仅仅是数字的堆积，更是潜藏着深刻见解的宝库，数据分析则是不断挖掘宝藏的过程。每个问题都有着更多、更优的解决思路，我们鼓励每一位读者积极主动地寻找并探索更多创新性的解决方案。

第一节 用户电费欺诈识别分析

电费作为公司收益的直观数据，体现了公司经营管理的成果，使用大数据分析技术手段，精准识别用户电费欺诈行为，减低公司收益损失率。

已知客户基本信息训练数据表（dsjcs01_1）、客户基本信息测试集数据表（dsjcs01_2）、客户缴费信息数据表（dsjcs01_3），其字段含义如表 8-1、表 8-2 及表 8-3 所示。

表 8-1　　　　　　　　客户基本信息训练数据表（dsjcs01_1）

dsjcs01_1	客户基本信息训练集数据表
district	所属地市
client_id	用户编号
client_catg	用户类型
region	所属县公司
creation_date	建户日期
target	目标值

表 8-2　　　　　　　客户基本信息测试集数据表（dsjcs01_2）

dsjcs01_1	客户基本信息训练集数据表
District	所属地市
client_id	用户编号
client_catg	用户类型
Region	所属县公司
creation_date	建户日期

表 8-3　　　　　　　　　　　客户缴费信息数据表（dsjcs01_3）

Dsjcs01_3	客户缴费信息数据表
client_id	用户编号
invoice_date	抄表日期
tarif_type	税种
counter_number	电能表编号
counter_status	电能表状态
counter_code	电能表编码
Reading_remarque	客户违规纪律
counter_coefficient	超额用电系数
consommation_level_1	电费消耗等级 1
consommation_level_2	电费消费等级 2
consommation_level_3	电费消费等级 3
consommation_level_4	电费消费等级 4
old_index	上次电表抄表数字
new_index	本次电表抄表数字
months_number	月份相关数字
counter_type	用户能源类型

（1）剔除 dsjcs01_1 数据集中历史缴费日期小于 5 天的用户信息。将结果表导出保存成 1-1.csv，文件结构如表 8-4 所示。

表 8-4　　　　　　　　　　　　步 骤 1 输 出 样 式 表

district	client_id	client_catg	region	creation_date	target
××	××	××	××	××	××
××	××	××	××	××	××

（2）读取 dsjcs01_3 数据表，统计每个用户历史平均抄表间隔时长（天）。将结果表导出保存成 1-2.csv，文件结构如表 8-5 所示。

表 8-5　　　　　　　　　　　　步 骤 2 输 出 样 式 表

用户编号	平均抄表间隔时长（天）
××	××
××	××
××	××

（3）读取 1_1、dsjcs01_2、dsjcs01_3 数据表，开展相关数据探索性分析，构建相关数据特征，并使用机器学习算法构建精准识别模型，对测试集用户数据进行精准识别。将结果表导出保存成 1-3.csv，文件结构如表 8-6 所示。

表 8-6　　　　　　　　　　　　　　　步 骤 3 输 出 样 式 表

district	client_id	client_catg	region	creation_date	target
××	××	××	××	××	××
××	××	××	××	××	××
××	××	××	××	××	××

代码参考:

```python
import pandas as pd
dsjcs01_1 = pd.read_csv("dsjcs01_1.csv")
dsjcs01_2 = pd.read_csv("dsjcs01_2.csv")
dsjcs01_3 = pd.read_csv("dsjcs01_3.csv")


# (1) 剔除 dsjcs01_1 数据集中历史缴费日期小于 5 天的用户信息。将结果表导出保存成
1-1.csv。
data_1 = dsjcs01_3[["client_id","invoice_date"]].drop_duplicates()
data_1 = data_1['client_id'].value_counts()
data_1 = data_1[data_1>=5]
result_1 = dsjcs01_1[dsjcs01_1['client_id'].isin(data_1.index)]
result_1.to_csv("1-1.csv",index=False)


# (2) 读取 dsjcs01_3 数据表,统计每个用户历史平均抄表间隔时长(天)。将结果表导出保存
成 1-2.csv。
dsjcs01_3['invoice_date'] = dsjcs01_3['invoice_date'].astype('datetime64')
dsjcs01_3.sort_values('invoice_date',inplace=True)
result_2 = []
groups = dsjcs01_3.groupby('client_id')
for group in groups.groups:
    group_item = groups.get_group(group)
    mean = group_item['invoice_date'].diff().dt.days.mean()
    result_2.append([group,mean])

result_2 = pd.DataFrame(result_2,columns=['用户编号','平均抄表间隔时长（天）'])
result_2.to_csv('1-2.csv',index=False)


# (3) 读取 1-1、dsjcs01_2、dsjcs01_3 数据表,开展相关数据探索性分析,构建相关数据特
征,并使用机器学习算法构建精准识别模型,对测试集用户数据进行精准识别。将结果表导出保存
成 1-3.csv。
data_all = pd.concat([result_1,dsjcs01_2],axis=0)
one_hot = pd.get_dummies(data_all[['district', 'client_catg', 'region']])
data_all=pd.concat([data_all.drop(['district','client_catg',
'region','creation_date'],axis=1),one_hot],axis =1)

train_feature = data_all[~data_all['target'].isna()].drop(['client_id',
'target'],axis=1)
train_targte = data_all[~data_all['target'].isna()]['target'].astype('int')
test_feature =  data_all[data_all['target'].isna()].drop(['client_id',
'target'],axis=1)
```

```
# 划分训练集、测试集
from sklearn.model_selection import train_test_split
x_train,x_test,y_train,y_test = train_test_split(train_feature.values,
train_targte.values,test_size=0.3,random_state=0)

# 机器学习算法——随机森林
from sklearn.ensemble import RandomForestClassifier
model_RFR = RandomForestClassifier()
model_RFR.fit(x_train,y_train)
from sklearn.metrics import accuracy_score
model_RFR_train_acc = accuracy_score(y_train,model_RFR.predict(x_train))
model_RFR_test_acc = accuracy_score(y_test,model_RFR.predict(x_test))
print(model_RFR_train_acc,model_RFR_test_acc)
# 0.7601081637908833 0.7626914989486332

dsjcs01_2['target'] = model_RFR.predict(test_feature.values)
dsjcs01_2.to_csv('1-3.csv',index=False)
```

第二节　窃电用户用电识别分析

已知某地区实际查处的异常用电用户运行数据，分别为用户历史用电量表（dsjjs02_1）、用户是否异常用电标签表（dsjjs02_2）、预测用户明细表（dsjjs02_3），其表信息如表 8-7～表 8-9 所示。请根据数据完成以下题目。

表 8-7　　　　　　　　　　　　　用户历史用电量表（dsjjs02_1）

dsjjs02_1	用户历史用电量表
CONS_NO	用户编号
DT	日期
KWH_BEGIN	当天起始用电量
KWH_END	当天终止用电量
KWH	用电量

表 8-8　　　　　　　　　　　用户是否异常用电标签表（dsjjs02_2）

dsjjs02_2	用户是否异常用电标签表
CONS_NO	用户编号
CHK_STATE	异常用电标识（1 为是，0 为否）

表 8-9　　　　　　　　　　　预测用户明细表（dsjjs02_3）

dsjjs02_3	预测用户明细表
CONS_NO	用户编号

（1）读取 dsjjs02_1 数据表，删除用户电量数据缺失率＞＝40%的用户所有电量数据以及数据表中任意字段缺失的整行数据。将结果表导出保存成 2-1.csv，文件结构如表 8-10 所示。

表 8-10　　　　　　　　　　　　　步 骤 1 输 出 样 式 表

CONS_NO	CHK_STATE	DT	KWH_END	KWH_BEGIN	KWH
××	××	××	××	××	××
××	××	××	××	××	××

（2）读取 2-1.csv 和 dsjjs02_2、dsjjs02_3 数据表，统计 dsjjs02_2、dsjjs02_3 表中每个用户的历史电量标准差、偏度、峰度、平均值、变异系数（用户的标准差/平均值，如平均值为 0，则变异系数为 0）特征。将结果表导出保存成 2-2-1.csv（训练集）和 2-2-2.csv（测试集），文件结构如表 8-11 和表 8-12 所示。

表 8-11　　　　　　　　　　　　步 骤 2 训 练 集 输 出 样 式 表

CONS_NO	标准差	偏度	峰度	平均值	变异系数	CHK_STATE
××	××	××	××	××	××	××
××	××	××	××	××	××	××

表 8-12　　　　　　　　　　　　步 骤 2 测 试 集 输 出 样 式 表

CONS_NO	标准差	偏度	峰度	平均值	变异系数
××	××	××	××	××	××
××	××	××	××	××	××

（3）利用步骤 2 中的 2-2-1.csv（训练集）和 2-2-2.csv（测试集）数据表，其中'标准差'，'偏度'，'峰度'，'平均值'，'变异系数'为特征列，CHK_STATE 为目标列；针对每一列特征数据，初始化 StandardScaler，并进行标准化；然后选择 2 种分类模型，采用训练数据进行训练，针对测试集进行预测，将预测分类结果分别输出到本地 CSV 文件。将 2 个模型的预测结果分别保存到 2-3-1.csv，2-3-2.csv，文件结构如表 8-13 所示。

表 8-13　　　　　　　　　　　　　步 骤 3 输 出 样 式 表

CONS_NO	CHK_STATE
××	××
××	××

注　最终采用 F1-Score 分数作为评估指标，计算公式如下：

$$准确率（P）= \frac{TP}{TP + FP}$$

$$召回率（R）= \frac{TP}{TP + FN}$$

$$F1 = \frac{2PR}{P+R}$$

式中：*TP* 为检测正确的目标数量；*FP* 为检测错误的目标数量；*FN* 为漏检的目标数量。

（4）使用 BI 工具连接读取 2-3-1.csv、2-3-2.csv 数据表，利用饼图绘制不同分类标签的占比。将图形保存为文件 1-4.jpg。

代码参考：

```
import pandas as pd
import numpy as np


# （1）读取 dsjjs02_1 数据表,删除用户电量数据缺失率>=40%的用户所有电量数据以及数据
表中任意字段缺失的整行数据。将结果表导出保存成 2-1.csv,文件结构如下表所示。
df = pd.read_csv(r'dsjjs02_1.csv')
def mp(item):
    return item.KWH.isnull().sum() / item.shape[0]
cond = df.groupby('CONS_NO').apply(mp)
cond = cond[cond<0.4]
df = df.loc[df.CONS_NO.isin(cond.index.values)]
df = df.dropna()
df.to_csv(r'答案\2-1.csv',index=False)



# （2）读取 2-1.csv 和 dsjjs02_2、dsjjs02_3 数据表,统计 dsjjs02_2、dsjjs02_3 表
中每个用户的历史电量标准差、偏度、峰度、平均值、变异系数（用户的标准差/平均值,如平均
值为 0,则变异系数为 0）特征。将结果表导出保存成 2-2-1.csv（训练集）和 2-2-2.csv（测
试集）,文件结构如下表所示。
df1 = pd.read_csv(r'答案/2-1.csv')
df2 = pd.read_csv(r'dsjjs02_2.csv')
df3 = pd.read_csv(r'dsjjs02_3.csv')
from scipy.stats import kurtosis
def aa(x):
    if x.mean() == 0:
        return 0
    return x.std() / x.mean()
tp=df1.groupby('CONS_NO').KWH.agg(['std','skew',kurtosis,'mean',aa]).reset_index()
tp.columns = ['CONS_NO','标准差','偏度','峰度','平均值','变异系数']
res1 = pd.merge(tp,df2,on='CONS_NO')
res2 = pd.merge(df3,tp,on='CONS_NO')
res1.to_csv(r'答案\2-2-1.csv',index=False)
res2.to_csv(r'答案\2-2-2.csv',index=False)


# （3）利用步骤 2 中的 2-2-1.csv（训练集）和 2-2-2.csv（测试集）数据表,其中'标准差
', '偏度', '峰度', '平均值', '变异系数'为特征列,CHK_STATE 为目标列；针对每一列特
征数据,初始化 StandardScaler,并进行标准化；然后选择 2 种分类模型,采用训练数据进行训
练,针对测试集进行预测,将预测分类结果分别输出到本地 CSV 文件。将两个模型的预测结果分别
保存到 2-3-1.csv,2-3-2.csv,文件结构如下表所示。
```

```
df1 = pd.read_csv(r'答案\2-2-1.csv')
df2 = pd.read_csv(r'答案\2-2-2.csv')
train_test = pd.concat([df1,df2])
from sklearn.preprocessing import StandardScaler
train_test.iloc[:,1:-1]=StandardScaler().fit_transform(train_test.iloc[:,1:-1])
train_ = train_test[train_test.CHK_STATE.notnull()]
test_ = train_test[train_test.CHK_STATE.isnull()].drop(['CHK_STATE', 'CONS_NO'],
axis = 1)
fea = train_.loc[:,train_.columns != 'CHK_STATE'].drop('CONS_NO',axis = 1)
tar = train_.CHK_STATE
tar.value_counts()
from  sklearn.ensemble import RandomForestClassifier
import xgboost as xgb
rf = RandomForestClassifier()
xgb_model = xgb.XGBClassifier()
from sklearn.utils import resample
from sklearn.model_selection import train_test_split
from sklearn.metrics import f1_score
x_train,x_test,y_train,y_test=train_test_split(fea,tar,test_size=0.2,
random_state=0)
y_train.value_counts()
tt = pd.concat([x_train,y_train],axis = 1)
tp1 = resample(tt[tt.CHK_STATE == 1],n_samples=700)
tp2 = pd.concat([tp1,tt[tt.CHK_STATE == 0]])
x_train_1 = tp2.loc[:,tp2.columns != 'CHK_STATE']
y_train_1 = tp2.CHK_STATE
from sklearn.model_selection import cross_val_score
sc = []
model = [rf,xgb_model]
for m in model:
    ss = cross_val_score(m,fea,tar,cv=5,scoring='f1').mean()
    sc.append(ss)
rf.fit(x_train,y_train)
xgb_model.fit(x_train,y_train)
f1_score(y_test,rf.predict(x_test)),f1_score(y_test,xgb_model.predict
(x_test))
rf.fit(fea,tar)
xgb_model.fit(fea,tar)
res1 = df2.copy()
res2 = df2.copy()
res1['CHK_STATE'] = rf.predict(test_)
res2['CHK_STATE'] = xgb_model.predict(test_)
res1 = res1[['CONS_NO','CHK_STATE']]
res2 = res2[['CONS_NO','CHK_STATE']]
res1.to_csv(r'答案\2-3-1.csv',index=False)
res2.to_csv(r'答案\2-3-2.csv',index=False)
```

结果图参考图 8-1。

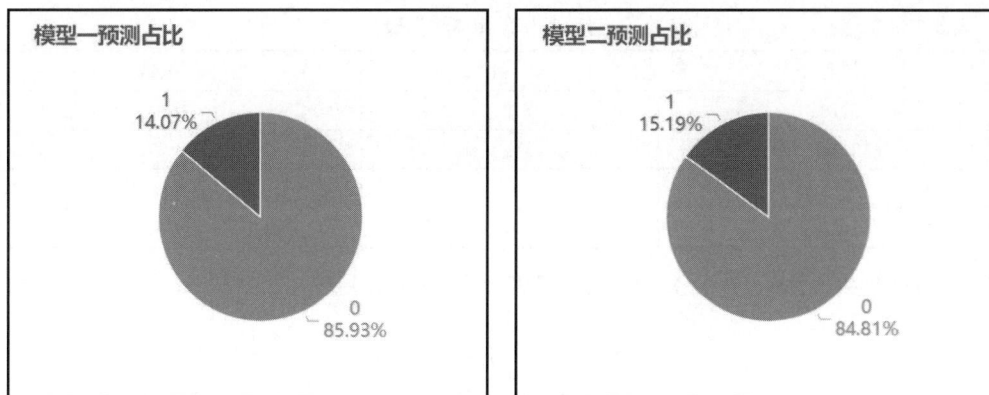

图 8-1　步骤 4 结果示意图

第三节　"碳中和、碳达峰"预测分析

能源领域碳排放总量大，是实现碳减排目标的关键，电力系统碳减排是能源行业碳减排的重要组成部分，以电为媒介，探索碳排放、碳减排与电力数据的映射关系，合理评估各行业的碳排指数，可为实现"碳达峰、碳中和"目标提供精准量化的数据支撑。

请根据钢铁行业 2016 年 1 月至 2021 年 12 月用电量数据表（dsjjs03_1）和不同燃料的碳排放系数表（dsjjs03_2）（见表 8-14 和表 8-15）完成以下题目，表信息如下。

表 8-14　　　　2016 年 1 月至 2021 年 12 月用电量数据表（dsjjs03_1）

dsjjs03_1	钢铁行业月度用电量数据
year	年度
month	月度
dl	用电量（亿千瓦时）

表 8-15　　　　　　　不同燃料的碳排放系数表（dsjjs03_2）

dsjjs03_2	不同燃料碳排放系数
name	燃料名称
year	年度
xs	碳排放量系数

（1）读取 dsjjs03_1 数据表，采用 MinMax 方法对用电量数据进行归一化处理，并基于处理后的数据，构建 KNN 预测模型，预测 2022 年 1 月至 6 月行业每个月用电量数据，并将结果追加至 dsjjs03_1 数据集中。将结果表导出保存成 3-1.csv，文件结构如表 8-16 所示。

表 8-16 步 骤 1 输 出 样 式 表

年度	月份	用电量
2016	1	21.01
2016	2	21.37
……	……	……
2022	6	××

评判标准为 *MSE*，其中 *Y* 为真实测量值，pred 为预测值

$$MSE = \frac{1}{n}\sum_{i=1}^{n}\left(y - pred\right)^2$$

（2）读取 dsjjs03_2 数据表，采用 MinMax 对表碳排放系数进行归一化处理，并基于处理后的数据，构建 SVM 预测模型，预测 2022 年度不同燃料的碳排放系数，将结果表导出保存成 3-2.csv，文件结构如表 8-17 所示。

表 8-17 步 骤 2 输 出 样 式 表

燃料名称	年度	碳排放系数
天然气	2016	0.11
天然气	2017	0.11
……	……	……

该题评判标准为 *MSE*，其中 *Y* 为真实测量值，*pred* 为预测值

$$MSE = \frac{1}{n}\sum_{i=1}^{n}\left(y - pred\right)^2$$

（3）利用步骤（1）和步骤（2）中的结果数据，计算不同燃料的月度碳排放量数据，计算公式如下。将结果表导出保存成 3-3.csv，文件结构如表 8-18 所示。

计算公式如下：其中 *X* 为碳排放系数

原煤碳排放量=行业电量（亿千瓦时）*X*0.7143*2.66

原油碳排放量=行业电量（亿千瓦时）*X*1.43*1.73

天然气碳排放量=行业电量（亿千瓦时）*X*12*1.56

碳排放总量=原煤碳排放量+原油碳排放量+天然气碳排放量

表 8-18 步 骤 3 输 出 样 式 表

年度	月份	用电量	天然气碳排放系数	原油碳排放系数	原煤碳排放系数	天然气碳排放量	原油碳排放量	原煤碳排放量	碳排放总量
2016	1	21.01	××	××	××	××	××	××	××
2016	2	21.37	××	××	××	××	××	××	××
……	……	……	……	……	……	……	……	……	……

（4）利用步骤（3）中的结果数据，计算不同燃料 2018～2022 年上半年度（1～6 月）

的碳排放总量的平均年度增长率（n 年数据的增长率=［(本期/前 n 年)^{1/(n-1)}-1］×100%）。将结果表导出保存成 3-4.csv，文件结构如表 8-19 所示。

表 8-19　　　　　　　　　　　步骤 4 输 出 样 式 表

燃料名称	年度增长率
天然气	××
原油	××
原煤	××

（5）使用 BI 工具，读取步骤 3 中的统计结果 3-3.csv 数据表，一是绘制天然气碳排放量、原油碳排放量、原煤碳排放量按季度统计绘制折线图；二是绘制 2021 年各月度总碳排放量占比饼状图，数据保留 2 位小数；三是添加数据明细表。将图形保存为文件 3-5.jpg。

代码参考：

```
import numpy as np
import pandas as pd
data1 = pd.read_excel('dsjjs03_1.xls')
data2 = pd.read_excel('dsjjs03_2.xls')
```

（1）读取 dsjjs03_1 数据表，采用 MinMax 方法对用电量数据进行归一化处理，并基于处理后的数据，构建 KNN 预测模型，预测 2022 年 1 月至 6 月行业每个月用电量数据，并将结果追加至 dsjjs03_1 数据集中。将结果表导出保存成 3-1.csv。

```
# 归一化
from sklearn.preprocessing import MinMaxScaler
scaler = MinMaxScaler()
data1['dl'] = scaler.fit_transform(data1['dl'].values.reshape(-1, 1))
# 构建测试集
testdata = data1.iloc[:6].copy()
testdata['year'] = 2022
testdata['dl'] = np.nan
subdata = pd.concat([data1,testdata])
# 构建特征
for month in range(1,3):
    subdata['f' + str(month)] = subdata['dl'].shift(month)
subdata = subdata.bfill()
# 拆分
X,y = subdata.iloc[:data1.shape[0]].drop(columns='dl'),subdata.iloc[:data1.shape[0],2]
from sklearn.model_selection import train_test_split
X_train,X_test,y_train,y_test = train_test_split(X,y,random_state=2020)
# 构建 KNN 预测模型
from sklearn.neighbors import KNeighborsRegressor
from sklearn.metrics import mean_squared_error
knn = KNeighborsRegressor()
```

```
knn.fit(X_train,y_train)
print(mean_squared_error(scaler.inverse_transform(y_test.values.reshap
e(-1,1)),scaler.inverse_transform(knn.predict(X_test).reshape(-1,1))))
# 94.68005988634549
import warnings
warnings.filterwarnings('ignore')
# 预测
for i in range(subdata.shape[0]-6,subdata.shape[0]):
    temp_X = subdata.drop(columns='dl').iloc[i].values.reshape(1,-1)
    subdata.iloc[i,2] = knn.predict(temp_X)
    if i < subdata.shape[0]-1:
        subdata.iloc[i+1,3:] = subdata.iloc[i,2:-1]
subdata['dl'] = scaler.inverse_transform(subdata['dl'].values.reshape(-1,1))
result = subdata.iloc[:,:3]
result.columns = ['年度','月份','用电量']
result.to_csv('答案/3-1.csv',encoding='gbk',index=False)
```

（2）读取 dsjjs03_2 数据表，采用 MinMax 对表碳排放系数进行归一化处理，并基于处理后的数据，构建 SVM 预测模型，预测 2022 年度不同燃料的碳排放系数，将结果表导出保存成 3-2.csv。

```
import numpy as np
import pandas as pd
data2 = pd.read_excel('dsjjs03_2.xls')
data2 = data2.sort_values('year')
testdata = data2.iloc[:3].copy()
testdata['year'] = 2022
testdata['xs'] = np.nan
subdata = pd.concat([data2,testdata])

from sklearn.preprocessing import LabelEncoder
label_encoder = LabelEncoder()
subdata['name'] = label_encoder.fit_transform(subdata['name'].values.reshape(-1,1))
# 拆分
X,y = subdata.iloc[:data2.shape[0]].drop(columns='xs'),subdata.iloc[:data2.shape
[0],2]
submit_X = subdata.iloc[data2.shape[0]:].drop(columns='xs')
# 归一化
from sklearn.preprocessing import MinMaxScaler
scaler = MinMaxScaler()
X_scaled = scaler.fit_transform(X)
submit_X_scaled = scaler.transform(submit_X)
from sklearn.model_selection import train_test_split
X_train,X_test,y_train,y_test = train_test_split(X_scaled,y,random_state=2020)
# 构建 svm_model 预测模型
from sklearn.svm import SVR
from sklearn.metrics import mean_squared_error
svm_model = SVR()
svm_model.fit(X_train,y_train)
```

```
print(mean_squared_error(y_test,svm_model.predict(X_test)))
# 156.76747260261922
# 预测
y_pred = svm_model.predict(submit_X_scaled)
subdata.iloc[-3:,-1] = y_pred
subdata['name'] = label_encoder.inverse_transform(subdata['name'].values.
reshape(-1,1))
subdata.columns = ['燃料名称','年度','碳排放系数']
subdata.to_csv('答案/3-2.csv',encoding='gbk',index=False)
```

```
# （3）利用步骤（1）和步骤（2）中的结果数据,计算不同燃料的月度碳排放量数据。将结果表
导出保存成 3-3.csv。
import numpy as np
import pandas as pd


data1 = pd.read_csv('答案/3-1.csv',encoding='gbk')
data2 = pd.read_csv('答案/3-2.csv',encoding='gbk')


temp = data1.merge(data2,how='outer',on='年度')
temp = temp.set_index(['年度','月份','用电量','燃料名称']).unstack('燃料名称')
temp.columns = [v+x for x,v in  temp.columns]
temp = temp.reset_index()
temp['天然气碳排放量'] = temp['天然气碳排放系数'] * temp['用电量'] * 12 * 1.56
temp['原油碳排放量']=temp['用电量'] *temp['原油碳排放系数']*1.43*1.73
temp['原煤碳排放量'] = temp['用电量'] * temp['原煤碳排放系数'] * 0.7143*2.66
temp['碳排放总量']=temp['原煤碳排放量']+temp['原油碳排放量']+temp['天然气碳排
放量']
temp = temp[['年度','月份','用电量','天然气碳排放系数','原油碳排放系数','原煤碳
排放系数','天然气碳排放量','原油碳排放量','原煤碳排放量','碳排放总量']]
temp.to_csv('答案/3-3.csv',encoding='gbk',index=False)
```

```
# （4）利用步骤（3）中的结果数据,计算不同燃料 2018 年-2022 年上半年度（1 月-6 月）的
碳排放总量的平均年度增长率（n 年数据的增长率=[(本期/前 n 年)^{1/(n-1)}-1]×100%）。
将结果表导出保存成 3-4.csv。
import numpy as np
import pandas as pd


data = pd.read_csv('答案/3-3.csv',encoding='gbk')
use_data = data.query('年度>2017')
temp = use_data.groupby('年度')[['天然气碳排放量','原油碳排放量','原煤碳排
放量']].sum()


li = []
for i in range(1,temp.shape[0]):
    li.append((((temp.iloc[i]/temp.iloc[:i].sum()) ** (1/i) -1)*100)
zzl = np.array(li).mean(axis=0)
pd.DataFrame({'燃料名称':['天然气','原油','原煤'],'年度增长率':zzl}).to_csv('答
案/3-4.csv',encoding='gbk',index=False)
```

结果图参考如图 8-2 所示。

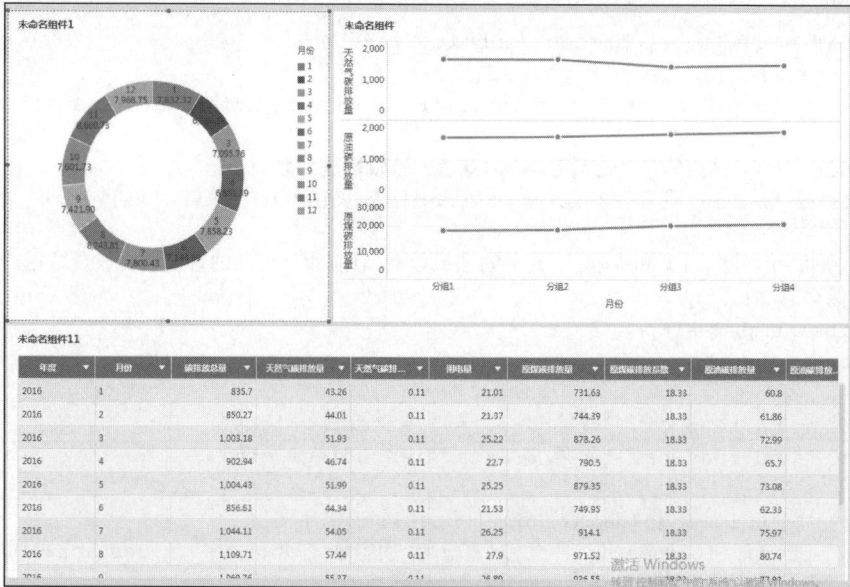

图 8-2　步骤 5 结果示意图

第四节　分布式光伏发电功率预测分析

分布式光伏发电特指采用光伏组件，将太阳能直接转换为电能的分布式发电系统，准确预测用户发电趋势，指导相关业务部门及时做出调度调整，保障设备经济运行。

已知某分布式光伏设备从第 1 天至 289 天的实际运行数据，包含发电功率、温度、风速等，分别为发电功率运行数据表（dsjjs04_1）、温度数据表（dsjjs04_2）、气象数据表（dsjjs04_3）中，其表信息如表 8-20～表 8-22 所示。请根据数据完成以下题目。

表 8-20　　　　　　　　　发电功率运行数据表（dsjjs04_1）

dsjjs04_1	发电功率运行数据表
Day	天
Hour	小时
Radiation	发电功率

表 8-21　　　　　　　　　温 度 数 据 表（dsjjs04_2）

dsjjs04_2	温度数据表
Day	天
Hour	小时
Temp	温度

表 8-22　　　　　　　　　气 象 数 据 表（dsjjs04_3）

dsjjs04_3	风速数据表
Day	天
Hour	小时
Dir	风向
Spd	风速

（1）读取 dsjjs04_1 数据表，统计每天发电功率的最大值，并计算环比增长率［（当日最大发电功率-前 1 日最大发电功率）/前 1 日最大发电功率*100%］。将结果表导出保存成 4-1.csv，文件结构如表 8-23 所示。

表 8-23　　　　　　　　　　步 骤 1 输 出 样 式 表

day	当天最大发电功率	昨天发电功率	环比增长率
1	××	—	—
……	××	××	××
289	××	××	××

（2）利用步骤 1 的结果数据，统计环比增长率连续增长的最大天数和日期范围、环比增长率连续下降的最大天数和日期范围。将结果表导出保存成 4-2.csv，文件结构如表 8-24 所示。

表 8-24　　　　　　　　　　步 骤 2 输 出 样 式 表

标签	连续最大天数	开始日期	结束日期
连续增长	××	××	××
连续下降	××	××	××

（3）读取 dsjjs04_1、dsjjs04_2、dsjjs04_3 数据表，以 dsjjs04_2 为主表，连接 dsjjs04_1 和 dsjjs04_3 数据，基于连接好的数据筛选每天 06:00 至 20：00 的数据进行输出。将结果表导出保存成 4-3.csv，文件结构如表 8-25 所示。

表 8-25　　　　　　　　　　步 骤 3 输 出 样 式 表

Day	Hour	Temp	Dir	Spd	Radiation
1	6	××	××	××	××
1	……	××	××	××	××
1	20	××	××	××	××
2	6	××	××	××	××
……	……	……	……	……	……

（4）使用步骤 3 中的 4-3.csv 数据表，按照 day≤289 划分为训练集，day＞289 划分为测试集，分别使用随机森林和 LSTM 算法模型，采用训练数据进行训练，针对测试集进行预测。其中随机森林算法需利用网格搜索对参数调优（max_depth），设定交叉验证为 5 次，树深度筛选范围[2,11]选取最优模型参数。将预测结果分别输出到本地 csv 文件，将预测结果分别输出到本地 csv 文件。将 2 个模型的预测结果分别保存到 4-4-1.csv，

4-4-2.csv，文件结构如表 8-26 所示。

表 8-26   步骤 4 输出样式表

Day	Hour	Pred
299	6	××
××	××	××

该题评判标准为 *MAE*，其中 *Y* 为真实测量值，*pred* 为预测值。

$$MAE = \frac{1}{n}\sum_{i=1}^{n}|y - pred|$$

（5）使用 BI 工具连接读取 4-4-1.csv、4-4-2.csv 和 dsjjs04_2 数据表，绘制预测日期范围的发电功率、温度的平均值对比图。将图形保存为文件 4-5.jpg。

代码参考：

```
import pandas as pd
import numpy as np


# （1）读取 dsjjs04_1 数据表,统计每天发电功率的最大值,并计算环比增长率（（当日最大发
电功率-前 1 日最大发电功率）/前 1 日最大发电功率*100%)。将结果表导出保存成 4-1.csv。
data_1 = pd.read_csv('dsjjs04_1.csv')
result = data_1.groupby('Day')[['Radiation']].max().reset_index()
result.columns = ['day','当天最大发电功率']
result['昨天发电功率'] = result['当天最大发电功率'].shift(1)
result['环比增长率'] = (result['当天最大发电功率'] - result['昨天发电功率
'])/result['昨天发电功率']*100
result.loc[1:,'环比增长率'] = result['环比增长率'].astype('str') + '%'
result.to_csv(r'答案/4-1.csv',index=False,encoding='utf-8-sig')


# （2）利用步骤 1 的结果数据,统计环比增长率连续增长的最大天数和日期范围、环比增长率连
续下降的最大天数和日期范围。将结果表导出保存成 4-2.csv。
data = pd.read_csv(r'答案/4-1.csv')

data['环比增长率'] = data['环比增长率'].str[:-1].astype('float')

down_data = data[data['环比增长率']<=0]
result_1 = down_data['day'].diff()
result_1 = result_1.agg(['max','idxmax']).reset_index().T
result_1 = result_1.iloc[1:]
result_1.columns = ['连续最大天数','结束日期']
result_1['开始日期'] = result_1['结束日期'] - result_1['连续最大天数'] + 2

up_data = data[data['环比增长率']>=0]
result_2 = up_data['day'].diff()
result_2 = result_2.agg(['max','idxmax']).reset_index().T
```

```
result_2 = result_2.iloc[1:]
result_2.columns = ['连续最大天数','结束日期']
result_2['开始日期'] = result_2['结束日期'] - result_2['连续最大天数'] + 2

result = pd.concat([result_1,result_2])
result['标签'] = ['连续增长','连续下降']
result = result[['标签','连续最大天数','开始日期','结束日期']]
result.to_csv(r'答案/4-2.csv',index=False,encoding='utf-8-sig')
```

```
# （3）读取 dsjjs04_1、dsjjs04_2、dsjjs04_3 数据表,以 dsjjs04_2 为主表,连接
dsjjs04_1 和 dsjjs04_3 数据,基于连接好的数据筛选每天 6:00 至 20:00 的数据进行输出。
将结果表导出保存成 4-3.csv。
import pandas as pd
data_1 = pd.read_csv('dsjjs04_1.csv')
data_2 = pd.read_csv('dsjjs04_2.csv')
data_3 = pd.read_csv('dsjjs04_3.csv')

data_all = pd.merge(data_2,data_3,on=['Day','Hour'],how='left')
data_all = pd.merge(data_all,data_1,on=['Day','Hour'],how='left')

result = data_all[(data_all['Hour']>=6)&(data_all['Hour']<=20)]
result.to_csv(r'答案/4-3.csv',index=False,encoding='utf-8-sig')
```

```
# （4）使用步骤 3 中的 4-3.csv 数据表,按照 day≤289 划分为训练集,day>289 划分为测试
集,分别使用随机森林和 LSTM 算法模型,采用训练数据进行训练,针对测试集进行预测。其中随机
森林算法需利用网格搜索对参数调优（max_depth）,设定交叉验证为 5 次,树深度筛选范围
[2,11]选取最优模型参数。将预测结果分别输出到本地 csv 文件,将预测结果分别输出到本地
csv 文件。将两个模型的预测结果分别保存到 4-4-1.csv,4-4-2.csv。
data = pd.read_csv(r'答案/4-3.csv')
 #随机森林 0.1  lstm 0.09
data['Temp'] = data['Temp'].fillna(data['Temp'].mean())
data['Spd'] = data['Spd'].fillna(data['Spd'].mean())
data['Dir'] = data['Dir'].fillna(data['Dir'].mean())

train_feature = data.loc[data['Day']<=289,['Day', 'Hour', 'Temp', 'Dir',
'Spd']].values
train_target = data.loc[data['Day']<=289,'Radiation'].values
test_feature = data.loc[data['Day']>289,['Day', 'Hour', 'Temp', 'Dir', 'Spd']]
result = test_feature[['Day','Hour']]

from sklearn.model_selection import train_test_split
x_train,x_test,y_train,y_test
train_test_split(train_feature, train_target, test_size=0.3,shuffle=False,
random_state=0)

from sklearn.ensemble import RandomForestRegressor
model_RFR = RandomForestRegressor()
```

```
para = {'max_depth':range(2,12)}
from sklearn.model_selection import GridSearchCV
grid = GridSearchCV(model_RFR,param_grid=para,cv=5)
grid.fit(x_train,y_train)
model_RFR = RandomForestRegressor(**grid.best_params_)
model_RFR.fit(x_train,y_train)
from sklearn.metrics import mean_absolute_error
RFR_train_mae = mean_absolute_error(y_train,model_RFR.predict(x_train))
RFR_test_mae = mean_absolute_error(y_test,model_RFR.predict(x_test))
result['Pred'] = model_RFR.predict(test_feature)
result.to_csv(r'答案/4-4-1.csv',index=False,encoding='utf-8-sig')


### 使用回归方法计算 共计约30s 训练集mae 0.18255 测试集mae 0.164656
from keras.models import Sequential
from keras.layers import Dense,Dropout,BatchNormalization,LSTM

train_feature = data.loc[data['Day']<=289,['Temp','Dir','Spd']].values.
reshape(-1,1,3)
train_target = data.loc[data['Day']<=289,'Radiation'].values
test_feature = data.loc[data['Day']>289,['Temp','Dir','Spd']].values.
reshape(-1,1,3)

from sklearn.model_selection import train_test_split
x_train,x_test,y_train,y_test = train_test_split(train_feature,train_target,
test_size=0.3,shuffle=False,random_state=0)
model_LSTM = Sequential([
    BatchNormalization(input_shape=(1,3)),
    LSTM(128,return_sequences=True),
    Dropout(0.2),
    LSTM(256,return_sequences=True),
    Dropout(0.2),
    LSTM(512),
    Dropout(0.2),
    Dense(256,activation='relu'),
    Dense(1)
])

model_LSTM.compile(loss='mae',metrics=['mae'],optimizer='adam')
model_LSTM.fit(x_train,y_train,batch_size=128,epochs=20,validation_dat
a=(x_test,y_test))

from sklearn.metrics import mean_absolute_error
LSTM_train_mae = mean_absolute_error(y_train,model_LSTM.predict(x_train))
LSTM_test_mae = mean_absolute_error(y_test,model_LSTM.predict(x_test))
result['Pred'] = model_LSTM.predict(test_feature)
result.to_csv(r'答案/4-4-2.csv',index=False,encoding='utf-8-sig')
```

结果图参考如图 8-3 所示。

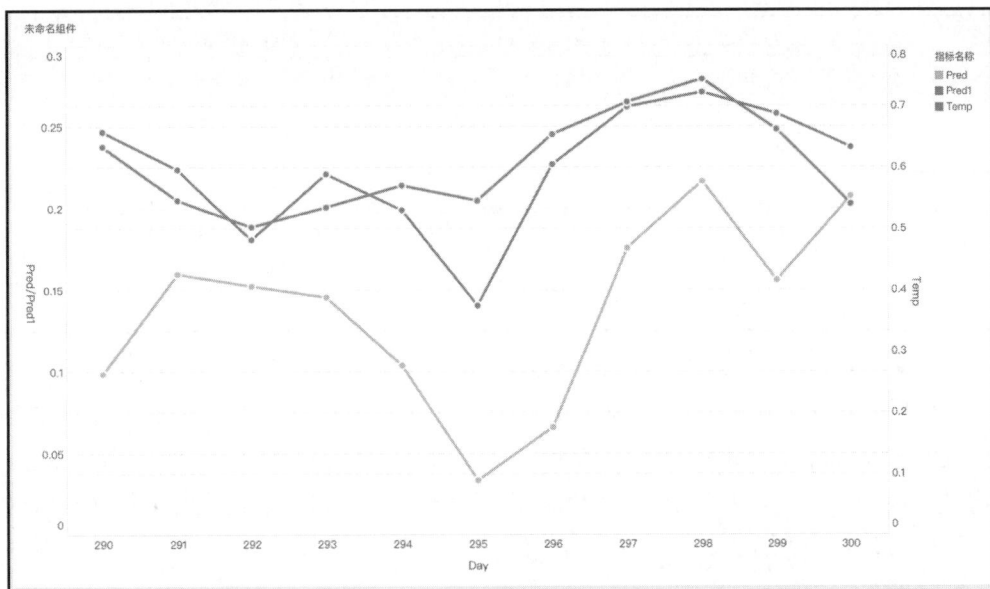

图 8-3 步骤 5 结果示意图

第五节 风力发电出力预测

风能属于随机波动的不稳定能源，大规模的风电并入系统，必将会对系统的稳定性带来新的挑战。以风电场出力预测为基础，辅助建立含风电系统的调度与决策模型，对风电场接入系统的安全、稳定、经济运行具有重大意义，有待更进一步的深入研究。

已知某风力发电厂 2019 年、2020 年 2 年每 15min 的历史出力数据（dsjjs05_1）和环境监测数据（dsjjs05_2），其表信息如表 8-27 和表 8-28。请根据数据完成以下题目。

表 8-27　　　　　　　　某风力发电厂历史出力数据（dsjjs05_1）

dsjjs05_1	历史出力数据表
date	时间
gl	实际功率(MW)

表 8-28　　　　　　　　环境监测数据（dsjjs05_2）

dsjjs05_2	实测气象数据表
date	时间
qw	气温（℃）
qy	气压（hpa）
sd	相对湿度（%）

续表

dsjjs05_2	实测气象数据表
fs_10	10 米高度处风速（m/s）
fx_10	10 米高度处风向（°）
fs_30	30 米高度处风速（m/s）
fx_30	30 米高度处风向（°）
fs_50	50 米高度处风速（m/s）
fx_50	50 米高度处风向（°）
fs_70	70 米高度处风速（m/s）
fx_70	70 米高度处风向（°）

（1）读取 dsjjs05_1（训练集）、dsjjs05_2（测试集）数据表，首先对数据集进行去重，基于处理后的数据以 dsjjs05_2 表为基准，通过"date"字段左关联 dsjjs05_1 表。并判断数据集中的异常值（使用 3σ 准则，判断 $abs(x-\mu)>3\sigma$ 视为异常值，其中 x 为当前值，μ 为均值，σ 为标准差），并利用线性插值法进行处理替换。将结果表导出保存成 5-1.csv，文件结构如表 8-29 所示。

表 8-29 步 骤（1）输 出 样 式 表

date	Qw	……	gl
××	××	……	××
××	××	……	××

（2）利用步骤（1）中的 5-1.csv 数据，计算各列与"gl"列的相关系数，保留相关系数最高的 9 个特征，然后将数据集以小时为单位进行聚合并求平均值，并将"gl"为 NaN 的划分为测试集，非 NaN 的为训练集，将结果表导出保存成 5-2-1.csv（训练集）、5-2-2.csv（测试集），文件结构如表 8-30 和表 8-31 所示。

表 8-30 步 骤（2）训练集输出样式表

date	qw	……	gl
2019-01-01 20:00:00	××	……	××
××	××	……	××

表 8-31 步 骤（2）测试集输出样式表

date	qw	……
2019-01-01 20:00:00	××	……
××	××	……

（3）利用步骤（2）中的 5-2-1.csv 和 5-2-2.csv 数据，基于训练集采用 70% 的数据样本进行模型训练，30% 的数据进行模型验证，选择 3 种机器学习算法（RandomForestRegressor；KNN；XGBoost），分别构建风力发电出力预测模型，选择最优的模型对 5-2-2.csv（测试集）数据集进行预测。将结果表导出保存成 5-3.csv，文件结构如表 8-32 所示。

表 8-32　　　　　　　　　　　　　步 骤（3）输 出 样 式 表

date	qw	......	gl
2020-12-31 00:00:00	××	......	××
××	××	......	××

（4）使用 BI 工具，基于步骤（3）中的 5-3.csv 数据表，以日期为横轴，绘制包含气温、相对湿度和功率的对比折线图，不同指标需使用不同颜色画图，将图形保存为文件 1-4.jpg。

代码参考：

```
import pandas as pd
import numpy as np


gl=pd.read_csv(r'dsjjs05_1.csv',encoding='gbk')
wea=pd.read_csv(r'dsjjs05_2.csv',encoding='gbk')
```

（1）读取 dsjjs05_1（训练集）、dsjjs05_2（测试集）数据表，首先对数据集进行去重，基于处理后的数据以 dsjjs05_2 表为基准，通过"date"字段左关联 dsjjs05_1 表。并判断数据集中的异常值（使用 3σ 准则，判断 abs(x-μ)>3σ 视为异常值，其中 x 为当前值，μ 为均值，σ 为标准差），并利用线性插值法进行处理替换。将结果表导出保存成 5-1.csv。

```
gl = gl.drop_duplicates(keep='last')
wea = wea.drop_duplicates(keep='last')
data = pd.merge(gl,wea,how='left',on='date')

def mapp(se):
    std_ = se.std()
    avg = se.mean()
    se[np.abs(se-avg)>3*std_]=np.nan
    return se

data.iloc[:,2:] = data.iloc[:,2:].apply(mapp)
data.iloc[:,2:] = data.iloc[:,2:].interpolate(method='linear')
data.to_csv(r'答案/5-1.csv',index=False)
```

（2）利用步骤 1 中的 5-1.csv 数据,计算各列与"gl"列的相关系数,保留相关系数最高的 9 个特征,然后将数据集以小时为单位进行聚合并求平均值,并将"gl"为 NaN 的划分为测试集,非 NaN 的为训练集,将结果表导出保存成 5-2-1.csv（训练集）、5-2-2.csv（测试集）。

```
data = pd.read_csv(r'答案/5-1.csv',encoding='gbk')
data['date'] = pd.to_datetime(data['date'])
data.set_index('date',inplace=True)

important_features = data.corr().iloc[:,0].abs().sort_values(ascending=False).index[1:10]
important_features = list(important_features)
important_features.append('gl')
data2 = data[important_features]
data3 = data2.resample(rule='H').mean()
train = data3[data3['gl'].notnull()]
```

```
test = data3[data3['gl'].isnull()]
train.to_csv(r'答案/5-2-1.csv',encoding='gbk')
test.to_csv(r'答案/5-2-2.csv',encoding='gbk')
```

（3）利用步骤 2 中的 5-2-1.csv 和 5-2-2.csv 数据，基于训练集采用 70%的数据样本进行模型训练，30%的数据进行模型验证，选择 3 种机器学习算法（RandomForestRegressor；KNN；XGBoost），分别构建风力发电出力预测模型，选择最优的模型对 5-2-2.csv（测试集）数据集进行预测。将结果表导出保存成 5-3.csv。

```
train = pd.read_csv(r'答案/5-2-1.csv',encoding='gbk')
test = pd.read_csv(r'答案/5-2-2.csv',encoding='gbk')

train['date'] = pd.to_datetime(train['date'])
test['date'] = pd.to_datetime(test['date'])
train['hour'] = train['date'].dt.hour
train['month'] = train['date'].dt.month
test['hour'] = test['date'].dt.hour
test['month'] = test['date'].dt.month
train.drop(columns='date',inplace=True)
test.drop(columns='date',inplace=True)

from sklearn.model_selection import train_test_split
from sklearn.ensemble import RandomForestRegressor
from xgboost import XGBRegressor
from sklearn.neighbors import KNeighborsRegressor
from sklearn.metrics import mean_squared_error

trainlabel = train['gl']
train = train.drop(columns='gl')
test = test.drop(columns='gl')
x_train,x_test,y_train,y_test = train_test_split(train,trainlabel,
test_size= 0.3,random_state=0)


rf = RandomForestRegressor()
xgb = XGBRegressor()
knn = KNeighborsRegressor()
models = [rf,xgb,knn]

for name,model in zip(['RandomForestRegressor','XGBRegressor', 'KNeighborsRegressor'],
models):
    model.fit(x_train,y_train)
    pred = model.predict(x_test)
    print(name,mean_squared_error(y_test,pred))
# RandomForestRegressor 58.60236532488938
# XGBRegressor 61.540037730790694
# KNeighborsRegressor 146.2621173299174
```

```
clf = RandomForestRegressor()
clf.fit(train,trainlabel)
pred = clf.predict(test)
test = pd.read_csv('答案/5-2-2.csv',encoding='gbk')
test['gl'] = pred
test.to_csv('答案/5-3.csv',index=False,encoding='gbk')
```

结果示意图如图 8-4 所示。

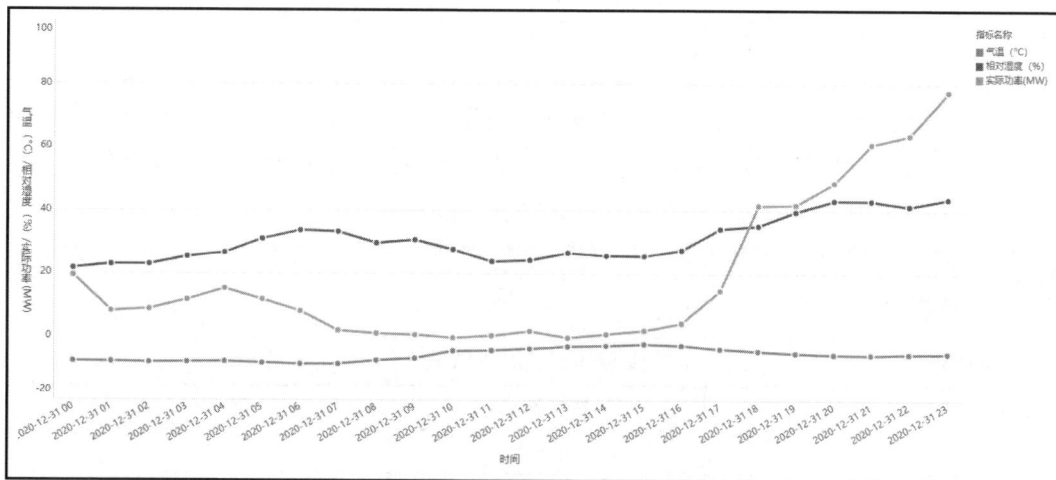

图 8-4 步骤（4）结果示意图

第六节 小微企业电量精准预测分析

受疫情影响，小微企业因疫停工停产等问题凸显，生产经营困难加大，通过跟踪小微企业历史用电信息，可实现精准施策，助推小微企业发展。

已知某地区部分小微企业用户 2020 年 1 月至 2022 年 6 月的月度用电量数据（dsjjs06_1），其表信息如表 8-33。请根据数据完成以下题目。

表 8-33 小微企业用户月度用电量数据（dsjjs06_1）

dsjjs06_1	小微企业月度用电量数据表
cons_no	用户编号
cons_type	用电类型
run_cap	运行容量
hy	行业
202001_dl	
......	月度用电量数据
202206_dl	

283

（1）读取 dsjjs06_1 数据表，判断每个用户的异常值［使用四分位距计算，高于上四分位（75%分位数）或低于下四分位（25%分位数）的数据为异常值］，并以每个用户正常值的中位数替代异常值。同时针对缺失值进行处理，利用前后各一个非空值的算术平均值进行填充。将结果表导出保存成 6-1.csv，文件结构如表 8-34 所示。

表 8-34　　　　　　　　　　　　　　步 骤（1）输 出 样 式 表

cons_no	cons_type	Hy	202001_dl	……	202206_dl
××	××	××	××	……	××
××	××	××	××	……	××

（2）利用步骤（1）中的 6-1.csv 数据表，统计不同行业 2022 年 6 月份的超产率（超产率=月度用电量超过去年同期的小微企业数量/该行业用户数量*100%）、不景气率（不景气率=月度用电量小于去年同期用电量 20%的小微企业数量/行业用户数量*100%），计算结果保留 2 位小数，并按照超产率降序排序。将结果表导出保存成 6-2.csv，文件结构如表 8-35 所示。

表 8-35　　　　　　　　　　　　　　步 骤（2）输 出 样 式 表

hy	超产率（%）	不景气率（%）
××	××	××
××	××	××

（3）利用步骤 1 中的结果数据，统计每个用户的 t 至 $t-2$ 时段的总用电量（如：2022 年 6 月统计的窗口为 2022 年 4 月至 2022 年 6 月，2022 年 5 月统计的窗口为 2022 年 3 月至 2022 年 5 月），将结果表导出保存成 6-3.csv，文件结构如表 8-36 所示。

表 8-36　　　　　　　　　　　　　　步 骤（3）输 出 样 式 表

cons_no	202003_dl	……	202206_dl
××	××	……	××
××	××	……	××

（4）利用步骤 1 中的结果数据，选择 SVM 算法构建小微企业月度电量精准预测模型，预测每个用户未来 3 个月的月度用电量。将结果表分别导出保存成 6-4.csv，文件结构如表 8-37 所示。

表 8-37　　　　　　　　　　　　　　步 骤（4）输 出 样 式 表

cons_no	202207_dl	202208_dl	202209_dl
××	××	××	××
××	××	××	××

该题评判标准为 MSE，其中 Y 为真实测量值，$pred$ 为预测值

$$MSE = \frac{1}{n}\sum_{i=1}^{n}(Y - pred)^2$$

（5）使用 BI 工具连接读取 6-1.csv 数据表，子图①利用折线图绘制各个行业月度用电量均值，并按照日期升序排序。子图②利用柱状图绘制各个行业用户数量。将图形保存为文件 6-5.jpg。

代码参考：

```
import pandas as pd
import numpy as np
```

```
# （1）读取 dsjjs06_1 数据表,判断每个用户的异常值(使用四分位距计算,高于上四分位(75%
分位数)或低于下四分位(25%分位数)的数据为异常值),并以每个用户正常值的中位数替代异
常值。同时针对缺失值进行处理,利用前后各一个非空值的算术平均值进行填充。将结果表导出保
存成 6-1.csv。
data = pd.read_csv('dsjjs06_1.csv',encoding='GBK')
data.cons_no.nunique()
data.set_index('cons_no',inplace=True)

d1 = data.iloc[:,3:].T
data.quantile()
for c in d1.columns:
    p75 = d1[c].quantile(0.75)
    p25 = d1[c].quantile(0.25)
    cond = (d1[c]<p75) & (d1[c]>p25)
    d1.loc[~cond,c] = d1.loc[cond,c].median()
    d1[c] = (d1[c].fillna(method='ffill') + d1[c].fillna(method='bfill'))/2

data.loc[:,'202001_dl':] = d1.T.values
data.to_csv(r'答案/6-1.csv')
```

```
# （2）利用步骤 1 中的 6-1.csv 数据表,统计不同行业 2022 年 6 月份的超产率(超产率=月度
用电量超过去年同期的小微企业数量/该行业用户数量*100%)、不景气率(不景气率=月度用电量
小于去年同期用电量 20%的小微企业数量/行业用户数量*100%),计算结果保留 2 位小数,并按
照超产率降序排序。将结果表导出保存成 6-2.csv。
data = pd.read_csv(r'答案/6-1.csv')
def getx(x):
    return pd.Series([sum(x['202206_dl'] > x['202106_dl'])*100/x.shape[0],
                      sum(x['202206_dl'] < x['202106_dl']*0.2)*100/x.shape[0]],
                     index=['超产率（%）', '不景气率（%）'])
data.groupby('hy').apply(getx).to_csv(r'答案/6-2.csv')
```

```
# （3）利用步骤 1 中的结果数据,统计每个用户的 t 至 t-2 时段的总用电量(如:2022 年 6 月
统计的窗口为 2022 年 4 月至 2022 年 6 月, 2022 年 5 月统计的窗口为 2022 年 3 月至 2022
```

年 5 月），将结果表导出保存成 6-3.csv。

```
data = pd.read_csv(r'答案/6-1.csv')

data.set_index('cons_no',inplace=True)

data.iloc[:,3:].T.rolling(3).sum().dropna().T.to_csv(r'答案/6-3.csv')
```

（4）利用步骤 1 中的结果数据，选择 SVM 算法构建小微企业月度电量精准预测模型，预测每个用户未来 3 个月的月度用电量。将结果表分别导出保存成 6-4.csv。

```
data = pd.read_csv(r'答案/6-1.csv')
data.set_index('cons_no',inplace=True)
train = data.iloc[:, 3:].T
data['hy'].value_counts()
data.iloc[:,2:].stack()
data.iloc[:,2:].groupby('hy').mean().stack()

from sklearn.svm import SVR
import warnings
warnings.filterwarnings('ignore')

dls = ['202207_dl','202208_dl','202209_dl']
datas = []
for c in train.columns:
    win = 6
    d = train[[c]]
    for i in range(win):
        d[str(i)] = d[c].shift(i+1)
    x_train = d.iloc[win:, -win:]
    y_train = d.iloc[win:, -win-1]
    svr = SVR()
    svr.fit(x_train, y_train)
    x_test = d.iloc[-1:, :-1].values
    pre = []
    for i in range(3):
        pre_y = svr.predict(x_test)
        pre.append(pre_y)
        x_test = np.concatenate([[pre_y], x_test[:, :-1]], axis=1).reshape(1,-1)
    datas.append(pd.Series(pre,index=dls))
re = pd.concat(datas,axis=1)
re = re.applymap(lambda x: x[0]).T
re.index = train.columns
re.to_csv(r'答案/6-4.csv')
```

结果示意图如图 8-5 所示。

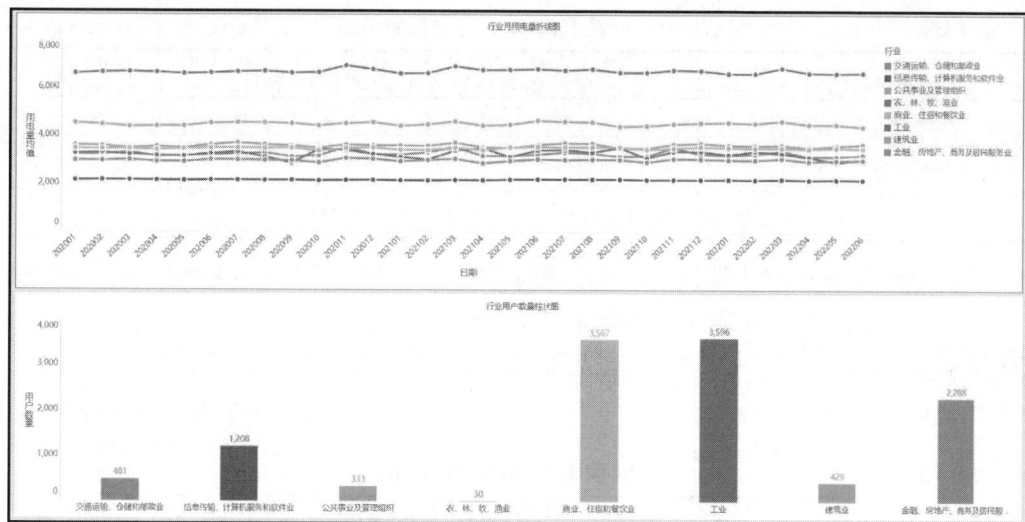

图 8-5　步骤 5 结果示意图

第七节　电动汽车充电桩运行效益分析

为更好服务公司充电网络设施建设运营，利用大数据技术分析充电桩运营特征规律，为公司充电网络设施建设布局，充电桩运营策略制定等提供决策参考。

已知用户充电记录表（dsjcs07_1），其字段含义如表 8-38 所示。

表 8-38　　　　　　　　　　用户充电记录表（dsjcs07_1）

dsjcs07_1	用户充电记录表
user_id	用户 id
city	所属区域
mode	充电方式
addr	充电站
electricity	交易电量
fees	电费
service	服务费
amount	交易金额
start_data	开始时间
end_data	结束时间
end_reason	是否发生故障

（1）请根据 dsjcs07_1 数据集，按照所属区域和充电方式统计充电次数，将结果表导出保存成 7-1.csv，文件结构如表 8-39 所示。

表 8-39 步 骤（1）输 出 样 式 表

所属区域	二维码充电	账号在线充电	有卡充电
国网保定供电公司	×××	×××	×××
国网邯郸供电公司	×××	×××	×××
……	……	……	……

（2）请根据 dsjcs07_1 数据集，统计不同充电站平均每次的交易电量、交易电费、服务费、充电时长（分）（结束时间-开始时间）、充电效率（平均每次的交易电量/平均每次的充电时长）、故障次数（部分充电桩无故障记录，用 0 填充），将结果表导出保存成 7-2.csv，文件结构如表 8-40 所示。

表 8-40 步 骤（2）输 出 样 式 表

充电站	平均交易电量	平均交易电费	平均服务费	平均充电时长（分）	充电效率	故障次数
×××	×××	×××	×××	×××	×××	×××
×××	×××	×××	×××	×××	×××	×××

（3）使用步骤（2）中生成的标签数据表，基于充电站平均交易电量、交易电费、服务费、充电时长（分）、充电效率、故障次数特征，对数据进行归一化处理（MinMaxScaler），基于处理后的数据采用 K-means 聚类算法，初始化聚类模型，将其聚为 3 类，并依据聚类结果结合聚类标签划分依据将其划分为高效充电站、一般充电站和低效充电站。

聚类标签划分依据。

高效充电站：平均交易电量最大，交易电费最多，充电效率最高。

一般充电站：除快充和慢充外为一般充电站。

低效充电站：平均交易电量最小，交易电费最小，故障次数最多。

将结果表导出保存成 7-3.csv，文件结构如表 8-41 所示。

表 8-41 步 骤（3）输 出 样 式 表

充电站	平均交易电量	平均交易电费	平均服务费	平均充电时长（分）	充电效率	故障次数	聚类标签
×××	×××	×××	×××	×××	×××	×××	×××
×××	×××	×××	×××	×××	×××	×××	×××

代码参考：

```python
import pandas as pd
import numpy  as np
from sklearn.cluster import KMeans
from sklearn.preprocessing import MinMaxScaler,StandardScaler
import warnings
warnings.filterwarnings('ignore')
```

```
dsjcs07_1=pd.read_csv(r'dsjcs07_1.csv',encoding='gbk')
```

```
# （1）请根据 dsjcs07_1 数据集，按照所属区域和充电方式统计充电次数，将结果表导出保存成
7-1.csv。
df7_1=dsjcs07_1.groupby(['city','mode'])['user_id'].count().reset_index()
df7_1 = df7_1.pivot_table('user_id',index = 'city',columns = 'mode').reset
index()
df7_1.columns=['所属区域','二维码充电','有卡充电','账号在线充电']
df7_1.to_csv(r'答案/7-1.csv',index=False)
```

```
# （2）请根据 dsjcs07_1 数据集，统计不同充电站平均每次的交易电量、交易电费、服务费、
充电时长（分）（结束时间-开始时间）、充电效率（平均每次的交易电量/平均每次的充电时长）、
故障次数（部分充电桩无故障记录，用 0 填充），将结果表导出保存成 7-2.csv。

dsjcs07_1=pd.read_csv(r'dsjcs07_1.csv',encoding='gbk')
dsjcs07_1['end_data']=pd.to_datetime(dsjcs07_1['end_data'])
dsjcs07_1['start_data']=pd.to_datetime(dsjcs07_1['start_data'])
dsjcs07_1['充电时长']=dsjcs07_1.apply(lambda x:(x['end_data']-x['start
_data']).seconds,axis=1)
dsjcs07_1['充电时长']= dsjcs07_1['充电时长']/60


df_2=
dsjcs07_1.groupby(['addr']).agg({"electricity":"mean","fees":"mean","s
ervice":"mean","充电时长":"mean","end_reason":"count"}).reset_index()
df_2['充电效率']=dsjcs07_1['electricity']/dsjcs07_1['充电时长']
df_2.columns=['充电桩','平均交易电量','平均交易电费','平均服务费','平均服务时长
','故障次数','充电效率']
df_2['故障次数']=df_2['故障次数'].fillna(0)
df_2.to_csv(r'答案/7-2.csv',index=False)
```

```
# （3）使用步骤 2 中生成的标签数据表，基于充电站平均交易电量、交易电费、服务费、充电时
长（分）、充电效率、故障次数特征，对数据进行归一化处理，基于处理后的数据采用 k-means 聚
类算法，初始化聚类模型，将其聚为 3 类，并依据聚类结果结合聚类标签划分依据将其划分为高效
充电站、一般充电站和低效充电站。
df_2.iloc[:,1:] = MinMaxScaler().fit_transform(df_2.iloc[:,1:])

fea=['平均交易电量','平均交易电费','平均服务费','平均服务时长','故障次数','充电效率
']
km = KMeans(n_clusters=3)
km.fit(df_2[fea])
df_2['聚类标签'] = km.labels_
df_2.groupby('聚类标签')[fea].mean().reset_index()
maps= {0:'低效充电站',1:'高效充电站',2:'一般充电站'}
df_2['聚类标签'] = df_2['聚类标签'].map(maps)
df_2.groupby('聚类标签')[fea].mean().reset_index()
df_2.to_csv(r'答案/7-3.csv',index=False)
```

第八节　居民客户缴费行为分析

随着"网上国网"服务渠道规模化推广，公司区域内线上办电率持续提高，线下缴费业务量大幅缩减，客户缴费行为发生根本性变化。

已知用户档案表（dsjcs08_1）、用户缴费记录表（dsjcs08_2），其字段含义如表 8-42和表 8-43 所示。

表 8-42　　　　　　　　　　用户档案表（dsjcs08_1）

dsjcs08_1	用户档案表
AREA_NO	区县
CONS_NO	用户编号
TG_ID	台区 ID
ELEC_ADDR	用电地址
ELEC_TYPE_CODE	用电类型

表 8-43　　　　　　　　　　用户缴费记录表（dsjcs08_2）

dsjcs08_2	用户缴费记录表
CONS_NO	用户编号
PAY_MODE	缴费渠道
CHARGE_DATE	缴费日期
RCV_AMT	缴费金额
Charge	单笔手续费

（1）请根据 dsjcs08_1、dsjcs08_2 数据集，统计使用微信、支付宝缴费渠道用户的缴费笔数、缴费总金额、平均每笔缴费金额和平均每笔手续费，将结果表导出保存成 8-1.csv，文件结构如表 8-44 所示。

表 8-44　　　　　　　　　　步骤（1）输出样式表

PAY_MODE	缴费笔数	缴费总金额	平均每笔缴费金额	平均每笔手续费
××	××	××	××	××
××	××	××	××	××

（2）请根据 dsjcs08_1、dsjcs08_2 数据集，对每个居民客户的用电缴费情况按照下边四种客户类型进行归类，如表 8-45 所示。并统计每类用户数量。将结果表导出保存成8-2.csv，文件结构如表 8-46 所示。

表 8-45　　　　　　　　　　步骤（2）输出样式表

高价值型客户数	大众型客户数	潜力型客户数	低价值型客户数
××	××	××	××

表 8-46	归 类 规 则	
缴费次数 ＼ 次均缴费金额	≥平均金额	＜平均金额
≥平均次数	高价值型客户	大众型客户
＜平均次数	潜力型客户	低价值型客户

（3）使用 dsjcs08_1、dsjcs08_2 数据集，基于用户缴费日期字段构建用户平均缴费间隔时长（天）特征，并基于缴费记录统计用户缴费次数、次均缴费金额、万元缴费手续费（用户总缴费手续费/用户总缴费金额*10000）特征。将结果表导出保存成 8-3.csv，文件结构如表 8-47 所示。

表 8-47　　　　　　　　　　　步骤（3）输出样式表

CONS_NO	平均缴费间隔时长（天）	次均缴费金额	缴费总次数	万元缴费手续费
××	××	××	××	××
××	××	××	××	××

（4）使用步骤（3）中生成的数据表，基于平均缴费间隔时长、次均缴费金额，缴费总次数、万元缴费手续费特征，对数据进行归一化处理（MinMaxScaler），基于处理后的数据采用 K-means 聚类算法，初始化聚类模型，n_clusters 超参数选取 2-9，保留每次聚类模型的误差平方和，文件名为 8-4-1.csv。并利用误差平方和（KMeans.inertia_）选取合适的聚类个数（K）构建聚类模型，选择方法如下。将结果表导出保存成 8-4-2.csv，文件结构如表 8-48 所示。

$$n=\mathrm{argmax}\left[\,\mathrm{abs}\left(\frac{n_i-n_{i-1}}{n_{i-1}}\right)\right]$$

其中：n 为聚类个数；n_i 为 n_clusters 超参数等于 i 次的误差平方和（KMeans.inertia_）；n_{i-1} 为 n_clusters 超参数等于 $i-1$ 次的误差平方和（KMeans.inertia_）。

表 8-48　　　　　　　　　　　步骤（4）输出样式表

CONS_NO	平均缴费间隔时长	次均缴费金额	缴费总次数	万元缴费手续费	聚类标签
××	××	××	××	××	××
××	××	××	××	××	××

代码参考：

```
import pandas as pd
import numpy  as np
from sklearn.cluster import KMeans
from sklearn.preprocessing import MinMaxScaler,StandardScaler
import warnings
warnings.filterwarnings('ignore')

dsjcs08_1=pd.read_csv(r'dsjcs08_1.csv',encoding='gbk')
dsjcs08_2=pd.read_csv(r'dsjcs08_2.csv',encoding='gbk')
```

```
# （1）请根据dsjcs08_1、dsjcs08_2数据集,统计使用微信、支付宝缴费渠道用户的缴费笔
数、缴费总金额、平均每笔缴费金额和平均每笔手续费,将结果表导出保存成8-1.csv。

Dsjcs8_1=dsjcs08_2.groupby('PAY_MODE').agg({'CONS_NO':"count",'RCV_AMT
':["sum","mean"],'Charge':"mean"}).reset_index()
Dsjcs8_1.columns=['PAY_MODE','缴费笔数','缴费总金额','平均每笔缴费金额','平
均每笔手续费']

Dsjcs8_1.to_csv(r'答案/8-1.csv',index=False)


# （2）请根据dsjcs08_1、dsjcs08_2数据集,对每个居民客户的用电缴费情况按照下边四种
客户类型进行归类,并统计每类用户数量。将结果表导出保存成8-2.csv。
Dsjcs8_2=dsjcs08_2.groupby('CONS_NO').agg({'RCV_AMT':"mean",'CHARGE_
DATE':"count"}).reset_index()
mj = dsjcs8_2.RCV_AMT.mean()
mc = dsjcs8_2.CHARGE_DATE.mean()

dsjcs8_2['用户类型'] = ''
dsjcs8_2.loc[ (dsjcs8_2.RCV_AMT>=mj)&(dsjcs8_2.CHARGE_DATE>=mc) ,'用户类
型' ] = '高价值型客户'
dsjcs8_2.loc[ (dsjcs8_2.RCV_AMT<mj)&(dsjcs8_2.CHARGE_DATE>=mc) ,'用户类型' ]
= '大众型客户'
dsjcs8_2.loc[ (dsjcs8_2.RCV_AMT>=mj)&(dsjcs8_2.CHARGE_DATE<mc) ,'用户类型' ]
= '潜力型客户'
dsjcs8_2.loc[ (dsjcs8_2.RCV_AMT<mj)&(dsjcs8_2.CHARGE_DATE<mc) ,'用户类型
' ] = '低价值型客户'

dsjcs8_2.groupby('用户类型').agg({'CONS_NO':"count"}).T.reset_index (drop=True)

dsjcs8_2.groupby(' 用 户 类 型 ').agg({'CONS_NO':"count"}).T.reset_index
(drop =True).to_csv(r'答案/8-2.csv',index=False)


# （3）使用dsjcs08_1、dsjcs08_2数据集,基于用户缴费日期字段构建用户平均缴费间隔时
长（天）特征,并基于缴费记录统计用户缴费次数、次均缴费金额、万元缴费手续费（用户总缴费
手续费/用户总缴费金额*10000)特征。将结果表导出保存成8-3.csv。

dsjcs08_1=pd.read_csv(r'dsjcs08_1.csv',encoding='gbk')
dsjcs08_2=pd.read_csv(r'dsjcs08_2.csv',encoding='gbk')
dsjcs08_2['CHARGE_DATE']=pd.to_datetime(dsjcs08_2['CHARGE_DATE'])

dsjcs08_2_cons_No=dsjcs08_2['CONS_NO'].drop_duplicates()
df=pd.DataFrame()
for i in tqdm(dsjcs08_2_cons_No):
    dd=dsjcs08_2[dsjcs08_2['CONS_NO']==i]
    dd.sort_values('CHARGE_DATE',inplace=True)
    dd['shift1']=dd['CHARGE_DATE'].shift(1)
    dd['缴费间隔']=dd.apply(lambda x:(x['CHARGE_DATE']-x['shift1']).days,
```

```
axis=1)
    df=df.append(dd.groupby(['CONS_NO'])['缴费间隔'].mean().reset_index())

cons_fea=dsjcs08_2.groupby('CONS_NO').agg({'CHARGE_DATE':"count",'RCV_
AMT':["mean","sum"],'Charge':"sum"}).reset_index()
cons_fea.columns=['CONS_NO','缴费次数','次均缴费金额','总缴费金额','总手续费']
cons_fea['万元缴费手续费']=cons_fea['总手续费']/cons_fea['总缴费金额']*10000

data2_3=df.merge(cons_fea[['CONS_NO','缴费次数','次均缴费金额','万元缴费手
续费']],how='left',on='CONS_NO')
data2_3.to_csv(r'答案/8-3.csv',index=False)
```

\# （4）使用步骤 3 中生成的数据表,基于平均缴费间隔时长、次均缴费金额,缴费总次数、万元缴费手续费特征,对数据进行归一化处理,基于处理后的数据采用 K-means 聚类算法,初始化聚类模型,n_clusters 超参数选取 2-9,保留每次聚类模型的误差平方和,文件名为 8-4-1.csv。并利用误差平方和（KMeans.inertia_）选取合适的聚类个数（k）构建聚类模型,选择方法如下。将结果表导出保存成 8-4-2.csv。

```
data2_3.iloc[:,1:]  = MinMaxScaler().fit_transform(data2_3.iloc[:,1:])

SSE = []
for i in range(2,10):
    km = KMeans(n_clusters=i)
    km.fit(data2_3[['缴费间隔','缴费次数','次均缴费金额','万元缴费手续费']])
    SSE.append(km.inertia_)
sse=pd.DataFrame()
sse['K']=range(2,10)
sse['sse']=SSE
sse.to_csv(r'答案/8-4-1.csv',index=False)

sse['shift']=sse['sse'].shift(1)
sse['xjl']=abs(sse['sse']-sse['shift'])/sse['shift']
k=sse.iloc[np.argmax(sse['xjl']),0]

km = KMeans(n_clusters=k)
km.fit(data2_3[['缴费间隔','缴费次数','次均缴费金额','万元缴费手续费']])
data2_3['聚类标签'] = km.labels_

data2_3.groupby('聚类标签')['缴费间隔','缴费次数','次均缴费金额','万元缴费手续
费'].mean().reset_index()
data2_3.to_csv(r'答案/8-4-2.csv',index=False)
```

第九节　煤改电用户画像分析

按照国务院《打赢蓝天保卫战三年行动计划》工作部署，为持续推进煤改电深化改造工程，基于电力大数据对"煤改电"用户进行精准画像，深入分析煤改电用户运行数

据，为电网运行与投资策略提出相关建议。

已知煤改电用户档案表（dsjcs09_1）、用户月度电量记录表（dsjcs09_2），其字段含义如表 8-49 和表 8-50 所示。

表 8-49　　　　　　　　　　煤改电用户档案表（dsjcs09_1）

dsjcs09_1	煤改电用户档案表
city	地市
county	区县
tg_id	台区编号
tg_name	台区名称
cons_no	用户编号
cons_name	用户名称
cons_type	用户分类
gzrq	改造日期
sblx	采暖设备类型

表 8-50　　　　　　　　　　用户月度电量记录表（dsjcs09_2）

dsjcs09_2	用户月度电量记录表
cons_no	用户编号
stat_data	日期
pap_e	电量

（1）请根据 dsjcs09_1、dsjcs09_2 数据集，基于改造日期统计每年改造用户数量及不同采暖设备类型户数，将结果表导出保存成 9-1.csv，文件结构如表 8-51 所示。

表 8-51　　　　　　　　　　步 骤（1）输 出 样 式 表

年份	改造户数	分散式—电锅炉户数	分散式—空气源热泵户数	分散式—蓄热电暖器户数	分散式—直热电暖器户数
××	××	××	××	××	××
××	××	××	××	××	××

（2）请根据 dsjcs09_1、dsjcs09_2 数据集，统计每个用户采暖季月均用电量（采暖季范围：2021 年 11 月至 2022 年 3 月）、正常月均用电量（2021 年 4 月、9 月、10 月）、月均采暖电量（采暖季月均用电量—正常月均用电量）。将结果表导出保存成 9-2.csv，文件结构如表 8-52 所示。

表 8-52　　　　　　　　　　步 骤（2）输 出 样 式 表

cons_no	sblx	采暖季月均用电量	正常月均用电量	月均采暖电量
××	××	××	××	××
××	××	××	××	××

（3）使用步骤（2）中生成的数据表，基于正常月均用电量、月均采暖电量特征，对

数据进行归一化处理，基于处理后的数据采用 K-means 聚类算法，初始化聚类模型，将其聚为 3 类，并依据聚类结果结合聚类标签划分依据，将其划分为高效用户、一般用户和低效用户。

聚类标签划分依据。

高效用户：正常月均用电量和月均采暖电量均最高；

一般用户：除高效和低效外为一般用户；

低效用户：正常月均用电量和月均采暖电量均最低；

将结果表导出保存成 9-3.csv，文件结构如表 8-53 所示。

表 8-53 步 骤（3）输 出 样 式 表

cons_no	sblx	采暖季月均用电量	正常月均用电量	月均采暖电量	聚类标签
××	××	××	××	××	××
××	××	××	××	××	××

代码参考：

```python
import pandas as pd
import numpy  as np
from sklearn.cluster import KMeans
from sklearn.preprocessing import MinMaxScaler,StandardScaler
import warnings
warnings.filterwarnings('ignore')

dsjcs09_1=pd.read_csv(r'dsjjs09_1.csv')
dsjjs09_2=pd.read_csv(r'dsjjs09_2.csv')


# （1）请根据 dsjcs09_1、dsjcs09_2 数据集,基于改造日期统计每年改造用户数量及不同采
暖设备类型户数,将结果表导出保存成 9-1.csv。
dsjcs09_1['year']= dsjcs09_1['gzrq'].apply(lambda x :str(x)[0:4])
data9_1= dsjcs09_1.groupby(['year','sblx'])['cons_no'].count().reset_index()
mean_ratings = data9_1.pivot_table('cons_no',index= 'year',columns = 'sblx')
.reset_index()
mean_ratings['改造户数']=mean_ratings.iloc[:,1:].sum(axis=1)
mean_ratings.to_csv(r'答案/9-1.csv',index=False)


# （2）请根据 dsjcs09_1、dsjcs09_2 数据集,统计每个用户采暖季月均用电量（采暖季范围：
2021 年 11 月至 2022 年 3 月）、正常月均用电量（2021 年 4 月、9 月、10 月）、月均采暖电量
（采暖季月均用电量-正常月均用电量）。将结果表导出保存成 9-2.csv。

data=dsjjs09_2[(dsjjs09_2['stat_data']=='2021年4月')|(dsjjs09_2['stat_data']
=='2021年9月')|(dsjjs09_2['stat_data']=='2021年9月')].groupby(['cons_no'])['pap_e']
.mean().reset_index()
data2= dsjjs09_2[(dsjjs09_2['stat_data']=='2021 年 11 月
')|( dsjjs09_2['stat_data']=='2021 年 12 月
```

```
')|( dsjjs09_2['stat_data']=='2022年1月
')|( dsjjs09_2['stat_data']=='2022年2月
')|( dsjjs09_2['stat_data']=='2022年3月
')].groupby(['cons_no'])['pap_e'].mean().reset_index()
data2.columns=['cons_no','采暖季月均电量']
data.columns=['cons_no','正常月均用电量']
data2=data2.merge(data,how='left',on='cons_no')
data2['月均采暖电量']=data2['采暖季月均电量']-data2['正常月均用电量']
dsjcs9_2=dsjjs09_1[['cons_no','sblx']].merge(data2,how='left',on='cons_no')
dsjcs9_2.to_csv(r'答案/9-2.csv',index=False)
```

```
# （3）使用步骤（2）中生成的数据表,基于正常月均用电量、月均采暖电量特征,对数据进行归
一化处理,基于处理后的数据采用K-means聚类算法,初始化聚类模型,将其聚为3类,并依据聚
类结果结合聚类标签划分依据将其划分为高效用户、一般用户和低效用户。
dsjcs9_2.iloc[:,2:] = MinMaxScaler().fit_transform(dsjcs9_2.iloc[:,2:])

km = KMeans(n_clusters=3)
km.fit(dsjcs9_2[['正常月均用电量','月均采暖电量']])
dsjcs9_2['聚类标签'] = km.labels_

dsjcs9_2.groupby(['聚类标签'])[['正常月均用电量','月均采暖电量']].mean().
reset_index()

maps= {0:'一般用户',1:'低效用户',2:'高效用户'}
dsjcs9_2['聚类标签'] = dsjcs9_2['聚类标签'].map(maps)

dsjcs9_2.groupby(['聚类标签'])[['正常月均用电量','月均采暖电量']].mean().
reset_index()

dsjcs9_2.to_csv(r'答案/9-3.csv',index=False)
```

参 考 文 献

[1] Eric Matthes.《Python 编程从入门到实践》[M]. 北京：人民邮电出版社，2016.

[2] 陈彩华，佘程熙，王庆阳. 可信机器学习综述[J]. 工业工程，2024, 27(02): 14-26.

[3] 田世杰，张一名. 机器学习算法及其应用综述[J]. 软件，2023, 44(07): 70-75.

[4] 梁宏涛，刘红菊，李静，等. 基于机器学习的短期负荷预测算法综述[J]. 计算机系统应用，2022, 31(10): 25-35.

[5] 程一芳. 数据挖掘中的数据分类算法综述[J]. 数字通信世界，2021，(02): 136-137+140.

[6] 周志华.《机器学习》[M]. 北京：清华大学出版社，2016.

[7] 苏萌，贾喜顺，杜晓梦，等. 数据中台技术相关进展及发展趋势[J]. 数据与计算发展前沿，2019, 1(1): 116-126.

[8] 王毅，王智微，何新. 智能电站数据中台建设与应用[J]. 中国电力，2021, 54(3): 61- 67, 176.

[9] 杨光. 电网可视化技术[J]. 国际电力，2004, 8(2): 45-47.

[10] 赵林，王丽丽，刘艳，等. 电网实时监控可视化技术研究与分析[J]. 电网技术，2014, 38(2): 538-543.

[11] Mark Lutz.《Python 学习手册》[M]. 北京：机械工业出版社，2009.

[12] 尹廷钧，李灵慧，周蕊. 大数据挖掘中的数据分类算法综述[J]. 数字技术与应用，2021, 39(01): 102-104.

[13] MICK.《SQL 基础教程（第 2 版）》[M]. 北京：人民邮电出版社，2020.